# 煤矿安全生产标准化
# 管理体系培训教材

宁尚根　主编

应 急 管 理 出 版 社

·北　京·

# 内 容 提 要

　　本教材共分 19 讲（40 课），包括概述、定级办法与评分方法、总则、理念目标和矿长安全承诺、组织机构、安全生产责任制及安全管理制度、从业人员素质、安全风险分级管控、事故隐患排查治理、通风、地质灾害防治与测量、采煤、掘进、机电、运输、露天煤矿、调度和应急管理、职业病危害防治和地面设施、持续改进等内容。

　　本教材是各类煤矿宣贯煤矿安全生产标准化管理体系的专用培训教材，同时也可供培训机构和有关院校师生参考。

# 本 书 编 委 会

# 前　　言

为深入推进全国煤矿安全生产标准化管理体系工作，持续提升煤矿安全保障能力，根据《中共中央　国务院关于推进安全生产领域改革发展的意见》要求"要大力推进企业安全生产标准化建设"和《安全生产法》中规定"生产经营单位必须推进安全生产标准化建设"的要求，为进一步加强煤矿安全基础建设，推进煤矿安全治理体系和治理能力现代化，国家煤矿安监局在总结近年安全生产标准化工作经验、广泛征求意见的基础上，2020 年 5 月 11 日以煤安监行管〔2020〕16 号发布了新制定的《煤矿安全生产标准化管理体系考核定级办法（试行）》和《煤矿安全生产标准化管理体系基本要求及评分方法（试行）》（以下简称《管理体系》），于 2020 年 7 月 1 日起实施。

各煤矿企业要认真学习，对照《管理体系》基本要求，建立健全安全生产管理要素，形成自主运行、持续改进的内生机制，推动煤矿安全管理水平不断提升。为此，我们组织有关煤矿安全生产标准化的专家和工程技术人员、培训机构教师编写了《管理体系》培训教材。

本教材共分 19 讲，共 40 课，模块化设置每讲（课）内容，涵盖了《管理体系》的理念目标和矿长安全承诺、组织机构、安全生产责任制及安全管理制度、从业人员素质、安全风险预分级管控、事故隐患排查治理、通风、地质灾害防治与测量、采煤、掘进、机电、运输、调度和应急救援、职业病危害防治和地面设施、露天煤矿、持续改进等内容。培训教学的学时数建议参考下表。

### 《管理体系》培训课程计划表

| 序号 | 培 训 内 容 | 学时 | 井工煤矿 | 露天煤矿 | 备注 |
|------|-------------|------|----------|----------|------|
| 1 | 第一讲 概述 | 4 | √ | √ | |
| 2 | 第二讲 定级办法与评分方法 | 2 | √ | √ | |
| 3 | 第三讲 总则 | 2 | √ | √ | |
| 4 | 第四讲 理念目标和矿长安全承诺 | 2 | √ | √ | |
| 5 | 第五讲 组织机构 | 2 | √ | √ | |
| 6 | 第六讲 安全生产责任制及安全管理制度 | 2 | √ | √ | |
| 7 | 第七讲 从业人员素质 | 2 | √ | √ | |
| 8 | 第八讲 安全风险分级管控 | 2 | √ | √ | |
| 9 | 第九讲 事故隐患排查治理 | 2 | √ | √ | |
| 10 | 第十讲 质量控制：通风 | 2 | √ | | |
| 11 | 第十一讲 质量控制：地质灾害防治与测量 | 2 | √ | | |
| 12 | 第十二讲 质量控制：采煤 | 2 | √ | | |
| 13 | 第十三讲 质量控制：掘进 | 2 | √ | | |
| 14 | 第十四讲 质量控制：机电 | 2 | √ | | |
| 15 | 第十五讲 质量控制：运输 | 2 | √ | | |
| 16 | 第十六讲 质量控制：露天煤矿 | 12 | | √ | |
| 17 | 第十七讲 质量控制：调度和应急管理 | 2 | √ | √ | |
| 18 | 第十八讲 质量控制：职业病危害防治和地面设施 | 2 | √ | √ | |
| 19 | 第十九讲 持续改进 | 2 | √ | √ | |
| 20 | 复习考试 | 2 | √ | √ | |
| 合计 | | | 40 | 40 | |

　　本教材是全国煤矿《管理体系》宣贯培训教材，适用于井工煤矿和露天煤矿，是针对煤矿领导层、管理层和操作层学习《管理体系》而专门编写，同时也可供培训机构和有关院校师生参考。

　　本教材由于编写时间紧、任务重，再加上编写人员水平和能力有限，教材中难免有不足之处，恳请大家多提宝贵意见。为此，我们特建立了读者服务 QQ 群（328713264），以便交流。

**编　者**

2020 年 5 月 20 日

# 目　　　　次

# 第1讲　概　　述

## 第1课　煤矿安全生产标准化的发展历程和意义

煤矿安全生产标准化管理体系是煤矿安全管理的基础性工作，是落实企业安全生产主体责任、提高企业安全生产工作的内在需要。《中共中央国务院关于推进安全生产领域改革发展的意见》指出：要大力推进企业安全生产标准化建设。《中华人民共和国安全生产法》（以下简称《安全生产法》）中规定：生产经营单位必须推进安全生产标准化建设。

### 一、煤矿安全生产标准化管理体系

《安全生产法》第四条明确规定，生产经营单位必须推进安全生产标准化建设，所以推动标准化工作是企业的责任与义务。政府部门有责任监督企业推行标准化工作。煤矿取得的安全生产标准化等级，是煤矿安全生产标准化工作主管部门对煤矿组织开展安全生产标准化建设情况的考核认定，是标准化主管部门对煤矿实行分类监管的一种有效手段，其实质是一项行政管理措施。

#### 1. 煤矿安全生产标准化管理体系的内涵

煤矿安全生产标准化管理体系的核心内容中增设和调整了"理念目标和矿长安全承诺""组织机构""安全生产责任制及安全管理制度""从业人员素质"和"持续改进"5项要素，同原有的"安全风险分级管控""事故隐患排查治理""质量控制"3项要素，共同形成具有8项要素的煤矿安全生产标准化管理体系。

煤矿是安全生产的责任主体，应通过树立安全生产理念和目标，实施安全承诺，建立健全组织机构，配备安全管理人员，建立并落实安全生产责任制和安全管理制度，开展风险分级管控、隐患排查治理、质量控制，通过持续改进，不断规范安全生产管理，将煤矿安全生产标准化管理软件与硬件相统一、动态与静态相统一、过程与结果相统一，提升煤矿安全保障能力，实现安全发展。

煤矿安全生产标准化管理体系包含煤矿安全理念目标和矿长安全承诺、组织机构、安全生产责任制及安全管理制度、从业人员素质、安全风险分级管控、事故隐患排查治理、质量控制（通风、地质灾害防治与测量、采煤、掘进、机电、运输、调度和应急救援、职业病危害防治和地面设施）、持续改进等相关生产环节和相关岗位的安全质量工作，必须符合法律、法规、规章、规程等规定，达到并保持良好的标准，保障矿工的安全、身体健康和矿井长治久安的需要，要逐步达到安全型矿井标准。

**2. 煤矿安全生产标准化管理体系的特点**

煤矿安全生产标准化管理体系的主要特点体现在六方面：

一是强化煤矿企业安全生产主体责任落实。《管理体系》将安全生产责任制和安全生产管理制度作为一项体系要素，对煤矿安全生产责任制的建立与考核、各项管理制度的建立、执行与考核进行了明确规定。

二是突出煤矿领导作用的发挥。《管理体系》的8项要素中，"理念目标和矿长安全承诺""组织机构""安全生产责任制及安全管理制度""从业人员素质""安全风险分级管控""事故隐患排查治理""持续改进"7项要素主要由煤矿领导推动实施，对矿长和管理层职责提出了明确要求。

三是完善煤矿安全风险预防控制体系。将重大风险管控与隐患排查相结合，把风险管控措施落实情况作为隐患排查的内容，实现了二者有机衔接。将安全风险管控工作向煤矿基层延伸。明确了区队、科室的风险管控责任，将重大风险的管控措施落实延伸到区队、班组，岗位作业人员在作业前进行安全风险辨识和安全确认，逐步推进全员、全过程、全方位的安全风险管控。

四是推动煤矿建立完善安全承诺制度。《管理体系》将"矿长安全承诺"作为一项考核要素，明确煤矿矿长承诺的内容、方式、兑现考核等要求。

五是强化管理制度落地和实操考核。一方面，从煤矿矿长到岗位作业人员实施现场考试考核，在考核煤矿责任制、制度有无的同时，抽查责任制是否落实，抽查制度是否有效执行；另一方面，从煤矿矿长到岗位作业人员实施现场考试考核，推动检查考核由查资料向查现场转变，使理念目标、风险、制度措施等各项内容内化于心、外化于行。

六是推动煤矿"一优三减"和人员素质提升。推动煤矿采用"一井一面""一井两面"生产模式。推动煤矿逐步取消调度绞车，鼓励在掘进工作面采用锚杆锚固质量无损检测技术、综掘机装备机载支护装置；推动煤矿智能化建设，鼓励煤矿建设智能化采煤工作面和智能化综合掘进系统；严把煤矿从业人员准入关口，对矿长、副矿长、总工程师、副总工程师、专业技术人员、特种作业人员和普通从业人员素质提出明确要求，并要求井下不得违规使用劳务派遣工。

**3. 煤矿安全生产标准化管理体系考核定级的新要求**

一是增加了基本条件。申报标准化等级的煤矿所具备的基本条件，由原来的4项调整为8项，达不到8项基本条件要求的煤矿不得参与考核定级。

二是强化隐患问题的整改。《定级办法》明确了考核合格的煤矿进行隐患整改的要求，煤矿考核通过后，应及时整改检查中发现的隐患，隐患整改到位后初审部门才能申报考核定级，定级部门方可进行公示公告。

三是增加了一级、二级煤矿否决条件。除得分达到要求外，从入井人数超员、发生事故、考核未通过、被降级或撤消等级、露天煤矿采剥工程外包、安全诚信和违规使用劳务派遣工等方面，分别明确了一级、二级煤矿的否决条件。

## 二、我国开展煤矿安全质量标准化工作的历史进程

我国开展煤矿安全质量标准化工作的历史进程大致可以划分以下几个时期：

### 1. 中华人民共和国成立初期

中华人民共和国成立初期，全国煤矿开展小班质量标准化管理，从加强工作面及巷道的工程质量管理入手，重点解决风道断面、工作面支护和工作面丢底煤等问题。局、矿、井逐级组织定期或临时抽查质量，各采掘班组都有兼职验收员进行班班验收。

### 2. 20 世纪 60 年代

20世纪60年代，大多数局、矿开展了清洁文明生产活动，编制了实施规划，制定了文明生产矿井和采掘工作面文明生产标准。在文明生产活动中，按照达标标准，组织工程会战，抓典型，树样板。特别是1964年在河北省开滦矿务局林西矿召开的全国煤矿质量标准化现场会议上，原煤炭工业部部长提出了"煤矿质量标准化"的概念，强调"质量是煤矿的命根子"，要"严把毫米关"，并亲自到开滦林西矿和平顶山四矿蹲点，指导建成了第一座标准化样板矿井，即平顶山四矿。全国煤矿立即开展了一场推行质量标准化工作的高潮，掀起严把毫米关、劣质工程推倒重来的一股热潮。1965年在河北省开滦矿务局林西矿召开了全国煤矿全矿井正规循环作业现场会议，提出"实现以质量标准化为中心的正规循环作业，是社会主义建设的百年大计，是具有战略意义的任务"，进一步推动了质量标准化工作的开展。全国煤矿事故死亡人数从20世纪60年代初的每年五六千人，降到1965年的一千人。

### 3. "文革" 时期

"文革"时期由于受政治运动和"左"的思想干扰，各项规章制度被打破，质量标准化被错误地受到批判，煤矿质量标准化工作被迫中断停止。

### 4. 1978—1985 年国民经济恢复时期

1978年，十一届三中全会以后，煤炭行业拨乱反正，对质量标准化工作重

新有了认识。在全国开展"质量月"活动中，煤炭工业部颁布了文明生产标准。从此，文明生产活动又得以恢复和发展。

但是，当时面对调整采掘失调，恢复和提高生产能力，保障煤炭供应等方面的繁重任务，大多数煤矿没能把质量标准化工作提到重要日程。1985 年我国煤矿进入又一个事故高发期，事故死亡人数由 1982 年的不到 5000 人，上升到 1985 年的 6659 人。

**5. 1986—1992 年质量标准化典型引路、启动发展时期**

1986 年，原煤炭工业部党组作出了关于在全国煤矿开展"质量标准化，安全创水平"活动的决定，提出了抓好"安全、效率、现代化"三件大事，取得了明显效果。1986 年 9 月，在山东省肥城矿务局召开了煤矿质量标准化现场经验交流会，会议精神迅速在全国煤矿推广。国有重点煤矿百万吨死亡率降到 3 人以下，创中华人民共和国成立以来最好水平。

1987 年颁布了首版《矿井质量标准化标准及检查评比办法》。原煤炭工业部在全国统配煤矿第一批命名了 4 个质量标准化矿务局，102 个质量标准化矿井。

1990 年达到质量标准化矿井的共有 344 个，占全国统配煤矿总公司所属矿井的 79%。百万吨死亡率为 1.4 人，实现了原煤炭工业部提出的 2 人以下的"七五"期间安全奋斗目标。1992 年全国煤矿事故死亡人数降到 5000 人以内。

**6. 1993—1997 年全面铺开，取得明显成效时期**

1993 年煤炭工业部恢复之后，把质量标准化工作摆到"生命工程""形象工程"的高度，在山东省肥城矿务局召开了"全国煤矿生产矿井质量标准化暨高产高效矿井工作会议"。副部长作了题为"坚持质量标准化，促进煤矿现代化，努力开创煤炭工业新局面"的讲话。部领导多次强调指出："质量标准化是煤矿一切工作的基础，是搞好煤矿安全生产的一大法宝"。建立健全了责任制，明确企业主要负责人是标准化工作的第一责任者；制定了质量标准化工作规划，提出了"九五"期间的进度目标。

1994 年，煤炭工业部发出了关于颁发国有重点煤矿生产矿井《质量标准化安全创水平标准及考核评级办法》的通知。

至 1997 年底全国共建成 31 个质量标准化矿务局，872 个质量标准化矿井，其中国有重点煤矿 337 个，国有地方煤矿 355 个，乡镇煤矿 140 个。五年大搞质量标准化，带动了煤矿技术面貌的巨大变化，促进安全生产，使煤矿顶板、机电、运输、水灾等方面的伤亡事故均降低了 25% 左右。

**7. 1998—2002 年部分局、矿质量下滑时期**

随着经济体制和煤炭工业管理体制的改革，煤炭企业的内外部环境发生了很大的变化。煤炭市场严重供大于求，对煤矿的生产经营活动产生了很大影响。由于部分局、矿片面追究经济效益最大化，放松了质量标准化要求，导致质量下滑，各类事故呈多发态势。

**8. 2003—2008 年煤矿安全质量标准化工作适应新情况、取得新进展，稳步发展时期**

2003 年，国家煤矿安全监察局和中国煤炭工业协会发布了《关于在全国煤矿深入开展安全质量标准化活动的指导意见》，要求全国煤矿建立健全安全质量标准化各项工作制度，加强监督检查，把安全质量标准化工作进展情况与收入分配、干部政绩考核和使用等工作挂钩，并在黑龙江省七台河矿务局召开全国煤矿质量标准化现场会。

2004 年，国家煤矿安全监察局制定了《煤矿安全质量标准化标准及考核评级办法》。国务院安委会发布了《关于推进乡镇煤矿安全质量标准化建设的意见》。

2004 年 2 月 23 日，对原部颁标准进行修订，以煤安监办字〔2004〕24 号文下发了《关于印发"煤矿安全质量标准化标准及考核评级办法（试行）"的通知》。

2008 年，原国家安全监督管理总局、国家煤矿安全监察局下发了《关于深入开展煤矿安全质量标准化工作的通知》。

**9. 2009—2012 年煤矿安全质量标准化稳步提升阶段**

2009 年 6 月，原国家安全监督管理总局和国家煤矿安全监察局下发了《关于深入持久地开展煤矿安全质量标准化工作的指导意见》。2009 年 8 月 8 日，国家安监总局、国家煤矿安监局对标准再次修订，联合颁布安监总煤行〔2009〕150 号关于印发《煤矿安全质量标准化标准及考核评级办法（试行）》的通知。

2011 年，国务院安全生产委员会下发了《关于深入开展企业安全生产标准化建设的指导意见》。国家煤矿安全监察局组织修订了《煤矿安全质量标准化标准》。

2012 年，国家煤矿安全监察局行管司征求《煤矿安全质量标准化基本要求及评分方法（征求意见稿）》修改意见。

**10. 2013 年至今煤矿安全生产标准化进一步拓展完善阶段**

2013 年 1 月 17 日，以煤安监行管〔2013〕1 号文件下发的《煤矿安全质量标准化考核评级办法（试行）》和《煤矿安全质量标准化基本要求及评分方法（试行）》。

2014 年，修订的《中华人民共和国安全生产法》第四条规定，生产经营单位必须推进安全生产标准化建设，提高安全生产水平，确保安全生产。

2016 年，《中共中央　国务院关于推进安全生产领域改革发展的意见》指出，大力推进企业安全生产标准化建设，实现安全管理、操作行为、设备设施和作业环境的标准化。

2017 年，印发的《安全生产"十三五"规划》指出，严格落实企业安全生产条件，保障安全投入，推动企业安全生产标准化达标升级，实现安全管理、操作行为、设备设施、作业环境标准化。将职业病危害防治纳入企业安全生产标准化范围，推进职业卫生基础建设。

2017 年 1 月 24 日，以煤安监行管〔2017〕5 号文件发布《煤矿安全生产标准化考核定级办法（试行）》和《煤矿安全生产标准化基本要求及评分方法（试行）》。

2020 年 5 月 11 日，以煤安监行管〔2020〕16 号文件发布《煤矿安全生产标准化管理体系基本要求及评分方法（试行）》，于 2020 年 7 月 1 日起实施。

### 三、煤矿安全生产标准化管理体系的目的和意义

**1. 构建煤矿安全生产标准化管理体系的目的**

一是深入贯彻落实习近平总书记关于应急管理和安全生产的一系列重要指示批示精神，持续强化煤矿风险防控和隐患排查，推动煤矿双重预防工作机制建设进一步深化和加强；二是贯彻落实党的十九大和十九届二中、三中、四中全会精神，强化事中、事后监管，扎实推进国家治理体系和治理能力现代化；三是构建一套具有我国煤炭行业特色的煤矿安全生产标准化管理体系模式，实现静态达标与动态达标、硬件达标和软件达标、内容达标和形式达标、过程达标和结果达标、制度设计和现场管理、考核检查和信息化的有机统一。

**2. 构建煤矿安全生产标准化管理体系的意义**

《管理体系》将推动煤矿安全基础管理由侧重质量管理向构建管理体系转变，进一步突出煤矿企业主体责任落实、煤矿领导作用的发挥、管理制度的现场落实、体系建设与安全管理的有机融合等，提升煤矿企业安全管理水平。同时，这也为煤矿安全生产实现根本好转并持续保持良好状态、为我国煤矿安全管理体系与国际通用标准体系接轨奠定了基础。

（1）突出了安全生产工作的重要地位。安全生产是制约我国煤炭工业持续健康发展的突出矛盾，始终是煤矿企业头等重要的工作任务。安全质量标准化，就是要求标准化的所有工作必须以安全生产为出发点和着眼点，紧紧围绕矿井安全生产来进行。

（2）强调安全生产工作的规范化和标准化。安全质量标准化要求煤矿的安全生产行为必须是合法的和规范的，安全生产各项工作必须符合《安全生产法》

等法律法规和规章、规程的要求。

（3）体现了安全与生产之间的紧密联系。它们之间存在着相辅相成、密不可分的内在联系。讲生产必须讲安全，任何时候都不能偏废。

（4）安全质量标准化的起点更高，标准更严。新形势下的煤矿安全生产标准化，是在全面建设小康社会的时代背景下进行的，是以多年来煤矿质量标准化工作为基础的。这就决定了这项工作必须符合走新型工业化道路的要求，满足职工群众日益增长的安全生产、文明生产的愿望；必须进一步开阔眼界，向国际、国内先进水平看齐，建设高标准的安全生产标准化矿井。同时，社会主义法制建设的不断加强，也对煤矿安全生产工作提出了更严格的标准，要求我们必须自觉遵守国家安全生产、环境保护、质量技术监督等方面的法律法规。煤矿安全生产工作的所有标准，必须符合有关法律规定，而且只能比法律规定的基本条件和基本要求更高。

煤矿安全生产标准化，即通过建立符合法律、法规、规章的标准体系，运用先进的技术、工艺、装备、材料及科学的管理方法，实施安全风险分级管控、事故隐患排查治理，提高工程和工作质量，使煤矿及其生产各系统、各岗位达到和保持规定的标准，规范安全生产行为，改善安全生产条件，实现煤矿的最佳安全生产效果。

# 第2课　大力推进《管理体系》建设工作

## 一、煤矿安全生产标准化管理体系建设工作的关键点

### 1. 煤矿企业应把握五个关键点

一要在思想上高度重视。煤矿安全生产标准化管理体系是对原有安全生产标准化的继承与发展，是一次管理要素的补充完善，将推动煤矿安全管理进一步走上正轨。煤矿企业要充分认识到煤矿安全生产标准化管理体系的重要作用，消除畏难情绪，积极开展新的安全生产标准化管理体系建设。

二要切实发挥领导作用。矿长、副矿长、总工程师等矿领导是"关键人"。特别是矿长，要切实发挥"一把手"的带头作用，将煤矿理念目标的制定和实施，安全承诺的实施和兑现，组织机构、安全生产责任制和安全管理制度的完善与运行，安全风险管控、隐患排查治理和从业人员素质提升等工作都提到议事日程上来，做到带头抓、亲自抓、持续抓，真正发挥头雁效应，推动安全管理水平不断提高。

三要抓好各项制度落实。抓住煤矿安全生产标准化管理体系创建契机，将本

矿各项管理制度全面梳理，构建一套既符合政策法规要求，又符合本矿实际、切实可行的安全管理制度体系。同时，要抓好制度落实，用制度规范煤矿安全生产工作，形成自主运行、持续改进的内生机制。

四要掌握本岗位的应知应会内容。煤矿安全生产标准化管理体系要求推行"逢查必考"，从矿长到普通作业人员全部设置了考试内容。这就要求作业人员要掌握本岗位的相关知识和要点，做到入脑入心。

五要运用好信息化手段。国家煤矿安监局正在对现有的"煤矿安全生产标准化管理体系信息系统"进行升级改造，将实现煤矿从自评、申报、初审、考核、公示、公告、抽查到撤消降级全流程的信息化管理，煤矿要用好信息化手段，将各项资料数字化，将更多的精力用在落实制度要求、提升管理水平上来。

**2. 相关部门抓好贯彻落实**

一是加强宣传贯彻。国家煤矿安监局将组织开展新体系的宣贯培训工作，各省级主管部门要积极组织做好煤矿安全生产标准化管理体系的宣传贯彻，用好网络视频、微博微信等手段，将培训工作覆盖到所有煤矿。

二是开展试点先行。各省要组织选拔一批试点煤矿，在煤矿安全生产标准化管理体系实施前，先行先试，为全省煤矿全面推行新体系筑牢基础。

三是严格检查考核。国家煤矿安监局将继续对申报一级的煤矿开展全覆盖的现场检查考核，确保一级煤矿的达标质量。各省级主管部门要组织对二级、三级煤矿严格考核，推动煤矿企业提升安全管理水平。

四是研究出台激励政策。在国家煤矿安监局公布的激励政策的基础上，各省级主管部门要积极研究适合本地区煤矿的激励政策，对达到一级、二级的煤矿进行激励，推动煤矿积极创建高水平的标准化管理体系，实现煤矿安全生产形势进一步稳定好转。

## 二、宣贯培训煤矿安全生产标准化管理体系

新修订发布的《煤矿安全生产标准化管理体系考核定级办法（试行）》《煤矿安全生产标准化管理体系基本要求及评分方法（试行）》（煤安监行管〔2020〕16号）于2020年7月1日起实施，各煤炭企业要立即行动起来，组织《管理体系》宣贯培训工作。

（1）明确培训责任。各地区制订全面细致的培训计划，层层明确培训责任，做到《管理体系》培训工作全覆盖。各级主管部门和煤矿企业要充分利用报刊、网站、微信等媒体，采取专家解读、专栏文章、专题研讨、群组交流等方式，分层次、多角度开展学习交流，营造全员知新标准、学新标准、论新标准、用新标

准的良好氛围。

（2）强化培训监督。各级主管部门要在组织开展培训的同时，将煤矿企业组织开展《管理体系》培训情况纳入安全培训日常检查范围。加强对从业人员，特别是矿长、副矿长、总工程师、副总工程师（技术负责人）等煤矿管理人员对《管理体系》掌握程度的考核，促进培训取得实效。对考核不合格的，要责令煤矿企业重新培训。

### 三、创建煤矿安全生产标准化管理体系工作的激励机制

**1. 保持持续生产**

在全国性或区域性调整、实施减量化生产措施时，一级标准化煤矿原则上不纳入减量化生产煤矿范围；在地方政府因其他煤矿发生事故采取区域政策性停产措施时，一级、二级标准化煤矿原则上不纳入停产范围。

**2. 实施等量产能置换**

优质产能煤矿生产能力核增时，一级标准化煤矿的产能置换比例不小于核增产能的 100% 。

**3. 优先复产验收**

停产煤矿复产验收时，优先对二级及以上标准化煤矿进行验收。

**4. 直接办理安全生产许可证延期**

二级及以上标准化煤矿在安全生产许可证有效期届满时，符合相关条件后，可以直接办理延期手续。

**5. 信贷支持**

国家煤矿安监局将会同国家发展改革委、国家能源局等有关部门定期向银行、证券、保险、担保等主管部门通报一级标准化矿井名单，作为煤矿企业信用评级的重要参考依据。

### 四、统筹协调推进煤矿安全生产标准化管理体系建设工作

**1. 做好新旧标准的过渡工作**

各级主管部门要进一步推进标准化试点工作，及时总结试点过程中积累的经验和好做法，督促辖区内煤矿企业对照新标准开展达标创建工作，做到主动过渡、早日达标。2020 年 7 月 1 日起，全国所有生产煤矿开展安全生产标准化工作都要按照《管理体系》执行。国家煤矿安监局将选择一批试点优秀的煤矿，在全国煤矿安全生产标准化工作现场推进会上予以命名公告。

**2. 充分利用煤矿全面安全"体检"成果**

各地区要紧密结合煤矿全面安全"体检"工作，督促煤矿企业认真对照

《管理体系》，制定巩固提高的目标措施，将全面安全"体检"的检查成果和整改情况，作为开展年度安全风险辨识的重要依据，让问题整改的过程成为对标创建的过程，进一步强基固本，夯实煤矿安全基础。

**3. 做好考核定级和动态监管衔接**

标准化等级的考核确认，是主管部门对煤矿安全生产标准化工作现状的认定，考核定级工作完成后，要加强对达标煤矿的动态监管，不但对工程、设备设施的"硬件"要把好验收关，并且也要对配备"五职"矿长、相关专业技术人员和各类员工基本素质的"软件"把好验收关，督促煤矿企业落实主体责任，实现持续达标、动态达标。每年按照一定比例对辖区内的各个等级的达标煤矿进行抽查，发现不再具备达标条件的，要及时降低或撤消其等级，并予以公开曝光。

**4. 全覆盖式检查考核**

国家煤矿安监局将采取政府购买服务的方式，委托专业化的考核队伍，对申报一级安全生产标准化的煤矿开展全覆盖式的检查考核，2020 年 7 月起，开始受理一级安全生产标准化煤矿考核申请。

**五、煤矿企业是做好煤矿安全生产标准化管理体系工作的主体**

为进一步促进煤矿企业落实安全生产主体责任，促进安全生产标准化管理体系创建工作深入开展，有效运行，实现煤矿标准化达标，夯实煤矿安全生产基础，促进全国煤矿安全生产标准化管理体系建设再上新台阶，指导煤矿标准化由静态达标向动态达标转变、由结果达标向过程达标转变、由形式达标向内在达标转变，进一步夯实煤矿安全生产基础，促进煤矿标准化管理体系工作上台阶，努力实现煤矿全员、全方位、全时段、全过程达标，煤矿企业必须做到：

一是切实提高对安全生产标准化管理体系工作重要性的认识。进一步提高对安全生产标准化管理体系工作重要性和必要性的认识，加强领导，精心组织，依法大力加强安全生产标准化管理体系工作，督促企业落实安全生产主体责任，强化安全基础管理，进一步规范企业安全生产行为，持续改进安全生产条件，有效防范事故，进一步保持安全生产形势持续稳定。

二是深入持续开展煤矿安全生产标准化管理体系工作。深入持续督促煤矿建立以安全生产标准化管理体系为基础的企业安全生产管理体系，保证按标准化管理体系有效运行，切实建立全员参与、全过程控制、持续改进的安全生产标准化管理体系工作机制，每月坚持开展对标全面自查一次，及时排查和整改安全隐患，年终完成自查总结报告。通过实施安全风险分级管控和事故隐患排查治理，规范行为，控制质量，提高装备和管理水平。取得等级的煤矿应在取得等级基础上，有目的、有计划地持续改进工艺技术、设备设施、管理措施，规范员工安全行为，进一步改善安全生产条件，使煤矿保持考核定级时的安全生产条件和等级标准，不断提高安全生产标准化管理体系水平，建立安全生产标准化长效机制，保障安全生产。

三是采取有效措施进一步确保标准化管理体系建设实效。一要严格责任，健全体制。督促各煤矿严格落实工作责任，以标准化工作为抓手，走出一条"向标准化要管理、向标准化要安全、向标准化要发展"的新路子。坚持开展安全生产标准化管理体系考评工作，指导煤炭主体企业和所属煤矿完成煤矿安全生产标准化持续达标工作。督促各煤矿建立健全标准化管理制度，完善煤矿安全生产标准化管理体系工作机构，做好责任和制度落实，稳扎稳打，以点带面，全面提升标准化创建水平。二要强化督导，注重实效。督促各主体公司加强对煤矿安全生产标准化管理体系工作的日常督导，坚持"抓动态，动态抓"的原则，以现场精细化管理为主要抓手，以"采、掘、机、运、通"为重点，以"一通三防"和防治水为核心，积极做好督促引导工作，促进"精品工程、精品头面、精品采区"建设，创建"精品矿井"，以点带面，整体推进，确保矿井全员、全过程、全方位动态达标。三要保证投入，不断提升标准化建设水平。坚持管理、装备、培训相结合，加大安全管理力度和安全生产投入，积极推广使用先进适用的技术装备，创造良好的安全作业环境，切实降低劳动强度、提高工作效率。四要加强培训，提升素质。督促各主体公司、各煤矿建立安全生产标准化管理体系业务培训制度，积极组织开展煤矿安全生产标准化管理体系业务培训，真正使职工懂得标准、掌握标准、能够运用标准并严格执行标准，提高职工的整体素质。督促企业适时组织人员外出学习、考察，积极学习和引进外单位安全生产标准化管理体系建设先进经验、成功做法，不断为煤矿安全生产标准化管理体系建设增添新方法、新思路，巩固成果，促进升级。在巩固标准化已有成果的基础上，坚持高起点、高标准，瞄准全省领先、全国一流的奋斗目标，着力推进矿井创建工程，积极促进矿井安全生产标准化管理体系提档升级，不断提高矿井本质安全化水平。五要创优评先，树立典范，建立激励约束机制，积极开展创优评先活动，提高煤矿企业安全生产标准化管理体系建设的积极性。把安全生产标准化管理体系作为煤矿安全生产的重要指标进行考核，按照"典型引路，以点带面，循序渐进，整体推进"的工作思路，营造比、学、赶、超的良好氛围，推动安全生产标准化活动深入、扎实、稳步地开展，进一步确保标准化建设实效。

# 第3课　新旧评分标准对比

## 一、评分方法权重对比分析

| 序号 | 管理要素 | | 标准分值 | 2017 版权重（$a_i$） | 2020 版权重（$a_i$） | | 增减 |
|---|---|---|---|---|---|---|---|
| 一 | 理念目标和矿长安全承诺 | | 100 | | 3% | | +3% |
| 二 | 组织机构 | | 100 | | 3% | | +3% |
| 三 | 安全生产责任制及安全管理制度 | | 100 | | 3% | | +3% |
| 四 | 从业人员素质 | | 100 | | 6% | | +6% |
| 五 | 安全风险分级管控 | | 100 | 10% | 15% | | +5% |
| 六 | 事故隐患排查治理 | | 100 | 10% | 15% | | +5% |
| 七 | 质量控制 | 通风 | 100 | 16% | 10% | 50% | −6% |
| | | 地质灾害防治与测量 | 100 | 11% | 8% | | −3% |
| | | 采煤 | 100 | 9% | 7% | | −2% |
| | | 掘进 | 100 | 9% | 7% | | −2% |
| | | 机电 | 100 | 9% | 6% | | −3% |
| | | 运输 | 100 | 8% | 5% | | −3% |
| | | 调度和应急管理 | 100 | 6% | 4% | | −2% |
| | | 职业病危害防治和地面设施 | 100 | 6% | 3% | | −3% |
| 八 | 持续改进 | | 100 | | 5% | | +5% |

## 二、理念目标和矿长安全承诺

（1）增加了安全生产理念、安全生产目标的相关要求。

（2）细化了 2017 年版标准中矿长安全承诺的要求。

## 三、组织机构

（1）新增了建立安全办公会议机制的要求。

（2）职责部门：增加了设置安全管理部门的要求；专业管理部门设置要求中，增加了设置负责矿井采掘生产技术管理的部门、综合行政管理部门、地面后勤保障部门的规定。

## 四、安全生产责任制及安全管理制度

（1）增加了建立安全生产责任制的要求。
（2）增加了建立安全管理制度的要求。

## 五、从业人员素质

### （一）人员配备及准入

（1）增加了对矿长、安全生产管理人员、专业技术人员、特种作业人员学历、经验方面的要求。
（2）明确总工程师为矿井防突和冲击地压防治工作技术负责人，对防治技术工作负责。
（3）明确了副总工程师、专业技术人员配备数量。
（4）增加了其他从业人员培训、实习的规定。
（5）增加了井下不使用劳务派遣工的规定。

### （二）安全培训

（1）基础保障：
①对安全培训管理制度的具体内容进行了规定。
②明确安全培训条件的标准是《安全培训机构基本条件》（AQ/T 8011—2016）。
③明确要求委托的机构必须具备安全培训条件。
（2）组织实施：
①增加了矿长组织制定并推动实施安全技能提升培训计划的要求。
②培训对象删除了劳务派遣者。
③删除了"特种作业人员经专门的安全技术培训（含复训）并考核合格"。
④增加了对防治水班组长的培训要求。
⑤增加了班组长按计划接受安全技能提升专项培训的要求。
⑥对班组长安全培训的实施单位做了规定。
⑦增加了制定应急救援预案培训计划的要求，培训内容增加了应急知识、自救互救和避险逃生技能。
⑧删除了煤矿主要负责人和安全生产管理人员取得资格证的期限。
⑨删除了持证上岗的要求。
⑩将"安全生产教育和培训档案"修改为"从业人员安全培训档案和企业安全培训档案"，实行一人一档、一期一档。
⑪删除了建立健全特种作业人员培训、复训档案的要求。

**（三）班组安全建设**

（1）制度建设中删除了班组长安全生产责任制、班后会制度、安全承诺制度。

（2）现场管理中要求作业前进行岗位安全风险辨识及安全确认。

**（四）不安全行为管理**

（1）增加了建立不安全行为管理制度的要求。

（2）增加了整理本矿上年度的不安全行为，从管理、现场环境、制度等方面进行分析，并制定行为控制措施的要求。

（3）增加了对有不安全行为的职工采取多种方法进行帮教的要求。

（4）增加了不安全行为人员再上岗规定。

（5）增加了建立不安全行为（含"三违"行为）台账的要求。

## 六、安全风险分级管控

（1）职责分工：

①除矿领导外，增加了"副总工程师、科室、区（队）安全风险分级管控的职责明确"；评分方法中，增加了职责内容不明确1项扣1分。

②删除了"有负责安全风险分级管控工作的管理部门"，转移到了"组织机构"部分中。

（2）年度辨识评估：

①增加了副总工程师要参加年度辨识评估。

②增加了对风险辨识评估范围和4类重大灾害评估的要求。

③增加了制定《煤矿重大安全风险管控方案》的要求，方案包括了旧标准的重大安全风险清单、管控措施，又增加了更加细致的要求，即每条措施落实的人员、时限、技术、资金等。评分方法中，增加了重大风险管控措施不完善或操作性不强1项扣0.2分。

④辨识评估结果应用范围增加了安全培训计划、安全费用提取和使用计划。

（3）专项辨识评估：

①明确要求编制专项辨识评估报告。

②"补充完善重大安全风险清单并制定相应管控措施"改成了"有新增重大风险或需调整措施的补充完善《煤矿重大安全风险管控方案》"。评分方法中，增加了"科室生产组织单位（区队）缺1个扣1分；风险辨识评估不符合本矿制度规定1处扣1分；重大风险管控措施不完善或操作性不强1项扣0.2分"。

③专项辨识评估的情况增加了反风演习、工作面通过空巷（采空区）、更换大型设备、采煤工作面初采和收尾、综采（放）工作面安装回撤、掘进工作面

贯通前；露天煤矿抛掷爆破；新工艺、新设备。

④"突出矿井过构造带及石门揭煤等高危作业实施前"单独作为一种情况，消除了旧版标准中表述的歧义（非突出矿井石门揭煤是否需要专项辨识评估）。

⑤新增了复工复产前专项辨识评估由矿长组织。

⑥"所在省份发生重特大事故"改为"全国煤矿发生重特大事故，所在省份或所属集团煤矿发生较大事故"。

（4）管控方案落实：

①"资金有保障"改为"资金满足要求"，更加合理。

②增加了"人数应符合有关限员规定，入口显著位置悬挂限员牌板"的要求。

③删除了矿长、分管负责人、带班领导对重大安全风险管控措施落实情况和管控效果进行检查分析的要求，转移到了事故隐患排查治理工作中。

④增加了对矿领导掌握重大风险管控措施的要求。

⑤增加了对区（队）长、班组长和关键岗位人员掌握重大风险管控措施的要求。

⑥增加了区（队）长、班组长组织作业时对管控措施落实情况进行现场确认的要求。

⑦增加了矿长每年组织对重大安全风险管控措施落实情况和管控效果进行总结分析的要求。

（5）公告报告：

①井口要求必须是行人井口，运输、通风井口不算。

②"或"改成了"和"，要求都要公示，而不是公示一处即可。

（6）教育培训：

①增加了对培训时效性的规定：年度辨识评估完成后 1 个月内、专项辨识评估完成后 1 周内。增加了对年度辨识评估培训时长的规定：不少于 2 学时。

②培训对象删除了"地面关键岗位人员"。

③增加了对培训时效性的规定：年度风险辨识评估前；增加了对培训时长的规定：不少于 4 学时。

（7）其他安全风险管控。属于新增内容，鼓励煤矿开展全面安全风险管控，不仅要掌握重大安全风险及管控措施，还要管控其他安全风险及管控措施。

## 七、事故隐患排查治理

（1）删除了"有负责事故隐患排查治理管理工作的部门"，转移到了"组织机构"部分中。

（2）评分方法中，职责不明确"不得分"改成了"1项扣1分"；矿领导不清楚职责1人扣"2分"改成了"1分"。

（3）增加了关于事故隐患排查治理制度的要求：对事故隐患分级标准、排查、登记、治理、督办、验收、销号、分析总结、检查考核工作作出规定。

（4）删除了关于《事故隐患年度排查计划》的要求。

（5）隐患排查内容增加了"重大风险管控措施落实情况检查和管控效果检验"。评分方法中增加了"未包含重大风险管控措施落实情况检查和管控效果检验不得分"；未制定工作方案扣1分改为1次扣1分，可以累计。

（6）明确了分管负责人的范围：分管采掘、机电运输、通风、地测防治水、冲击地压防治的负责人，分管经营、安全、纪委书记等不需要组织隐患排查。

（7）修改了分管负责人的隐患排查频次：每旬改为每半月。

（8）分管负责人的隐患排查内容增加了"分管范围重大风险管控措施落实情况检查和管控效果检验"。评分方法中，增加了"未包含重大风险管控措施落实情况检查和管控效果检验不得分"；不符合要求1项扣2分改为扣1分。

（9）增加了对带班领导的"双防"工作要求。未跟踪排查1人次扣1分，记录内容未反映现场情况1处扣0.2分。

（10）评分方法中，明确了要抽查《班组隐患台账》，未排查的由不得分改为扣1班次0.1分，可以累计。

（11）登记上报中明确了隐患台账必须登记外部检查的事故隐患。评分方法中，登记不全，缺1项扣0.5分改为缺1条扣0.2分。

（12）分级治理中：将事故隐患治理"五落实"范围明确为"重大事故隐患"；将组织制定方案和组织实施方案的负责人确定为矿长；将不能立即治理完成的事故隐患治理方案确定为"四落实"，即：治理责任单位（责任人）、治理措施、资金、时限。明确要求要有《班组隐患台账》，未建立台账每班扣1分（注意：每班指每个班组，不是每个班次），台账记录不全1处扣0.2分。评分方法中，不做记录扣3分改为未建立台账每班扣1分；记录不全1处扣0.5分改为0.2分，可以累计。

（13）安全措施中：明确了"治理过程中存在危险的"事故隐患要有安全措施；"安全技术措施"改为"安全措施"。评分方法中，无措施或措施不落实不得分改为1条扣0.5分。明确了哪些是治理过程危险性较大的事故隐患：指可能危及治理人员及接近治理区人员安全，如爆炸、人员坠落、坠物、冒顶、电击、机械伤人等；增加了制定现场处置方案。

（14）验收销号中"验收责任单位（部门）"修改为"验收责任单位（部

门）或人员"。评分方法中，"验收单位不符合要求扣 2 分"修改为"验收单位或人员不符合要求 1 次扣 1 分"。

（15）公示监督中：公示位置"井口"改为"行人井口"；举报途径的"举报电话"改为"举报联系方式"。评分方法中，未定期通报或未及时公示扣 2 分改为 1 分；通报和公告内容每缺 1 项扣 1 分改为 0.5 分；未设立举报电话扣 2 分改为 1 分。

（16）改进完善中事故隐患治理会议内容增加了"分析重大安全风险管控情况""布置月度安全风险管控重点"，将"提出加强事故隐患排查治理的措施"改为"提出预防事故隐患的措施"。评分方法中，报告内容不符合要求扣 2 分改为 1 处扣 0.5 分。

（17）资金保障评分方法中，去掉了"执行"。

（18）教育培训中：将旧标准笼统的安全管理技术人员专项培训改为矿长、分管负责人、副总工程师及生产、技术、安全科室相关人员和区（队）管理人员为专项培训；规定了培训时长 4 学时。评分方法中，增加了矿长、分管负责人或副总工程师缺 1 人扣 1 分；其他人员缺 1 人扣 0.2 分；培训学时不符合要求扣 1 分。增加了对入井（坑）岗位人员进行事故隐患排查治理基本技能培训的要求，但是并没有要求是"专项培训"。

（19）考核管理中在新标准项目"工作机制"的内容"制度建设"中已有统一要求，这里不再要求"日常检查制度"。评分方法中，未开展检查不得分改为 1 次扣 1 分，检查结果未纳入考核扣 1 分改为 1 次扣 1 分。

## 八、质量控制

### （一）通风

（1）系统管理：

①评分方法增加了安全措施有缺陷或与《煤矿安全规程》不符 1 处扣 2 分的要求。

②将反风设施每 6 个月检查维修 1 次，改为每季度 1 次，并且要有记录。

（2）风量配置：

①将技术改造及更换叶片的主要通风机视同新安装风机进行性能测定和试运转工作。

②增加了对井下测风站（点）及测风记录牌板的要求。

（3）装备措施：

①增加了对局部通风机人员上岗签字并进行切换试验的要求，并要有切换记录，不符合要求一处扣 2 分。

②删除了低噪声局部通风机和除尘风机可以不安装消音器的情形。

③增加了"各部件连接完好，不漏风"的要求，不符合要求一处扣 2 分。

（4）风筒敷设：

①增加了对自动切换的交叉风筒的敷设要求。

②删除了使用抗静电、阻燃风筒的规定。

③增加了软质风筒无丝绳或者卡箍捆扎的要求。

（5）设施管理：

①增加了有构筑通风设施设计方案及安全措施的要求。

②增加了风门及采空区密闭每周、其他设施每月至少检查 1 次设施完好及使用情况，有设施检修记录及管理台账的要求。

（6）风门风窗：

①明确主要进、回风巷之间的联络巷设的反向风门不少于 2 道。

②将通车风门"有保护风门及人员的安全措施"修改为"设有发出声光信号的装置，且声光信号在风门两侧都能接收"。

（7）鉴定及措施中，煤层瓦斯含量、瓦斯压力等参数测定和矿井瓦斯等级鉴（认）定及瓦斯涌出量测定的依据中增加了《煤矿瓦斯等级鉴定办法》。

（8）瓦斯检查：

①要求矿长、总工程师等人员下井时，不仅要携带便携式甲烷检测报警仪，还得开机使用。

②将《瓦斯检查日报》规范为《通风瓦斯日报》。

（9）现场管理：

修改瓦斯超限后的处置程序为先停止工作、撤出人员，再按规定切断电源。

（10）突出管理：

①增加了新水平、新采区设计有防突设计篇章的要求。

②增加了所有区域防突措施的设要经企业技术负责人审批的要求。

③增加了技术资料符合《煤矿安全规程》《防治煤与瓦斯突出细则》规定的要求。

（11）设备设施：

①安全防护措施中将"防突风门"修改为"反向风门"，增加了"远距离爆破"。

②增加了对突出煤层的采掘工作面、井巷揭煤工作面悬挂牌板的要求。

③增加了对各类图纸的要求。

④将《防治煤与瓦斯突出规定》修改为《防治煤与瓦斯突出细则》。

⑤增加了对施工记录、录像等的要求。

（12）装备设置：

主要针对《煤矿安全监控系统及检测仪器使用管理规范》（AQ 1029—2019）进行了修改。

①删除了传感器、分站备用量不少于应配备数量的 20% 的要求。

②要求"断电范围"也符合《煤矿安全规程》规定。

③安全监控系统的工作主机与备用主机自动切换时间由 5 min 修改为 60 s。

④中心站在线式不间断电源工作时间由 2 h 修改为 4 h。

⑤增加了中心站监控使用录音电话，录音保存 3 个月以上的要求。

⑥删除了分站、传感器等在井下连续使用 6～12 个月升井全面检修的规定。

（13）调校测试：

①要求所有类型的甲烷传感器应使用标准气样和空气气样在设备设置地点调校。

②增加了采用激光原理的甲烷传感器的调校周期为每 6 个月 1 次。

③要求一氧化碳、风速、温度传感器等其他传感器按使用说明书要求定期调校。

（14）资料管理中增加了报警断电记录月报经矿长、总工程师签字的要求。

（15）粉尘防治设备设施：

①将"开采设计"修改为"矿井防止自然发火设计"。

②删除了采煤机、掘进机内外喷雾装置使用正常的规定，因为按照现在的技术条件采煤机、掘进机内外喷雾不可能正常使用。

（16）爆炸物品管理：

①删除了电雷管编号制度。

②将电雷管"进行导通试验"修改为"用电雷管检测仪逐个测试电阻值，并将脚线扭结成短路"。

（17）删除了组织保障，转移到了"组织机构"部分。

（18）资料管理中

删除了"安全监控及防突方面的记录、报表、账卡、测试检验报告等资料符合 AQ 1029 及《防治煤与瓦斯突出规定》要求"。

（19）职工素质及岗位规范：

①增加了班组长执行本岗位安全生产责任制的要求。

②新标准要求作业前对作业范围内空气环境、设备运行状态及作业地点支护和顶底板完好状况等实时观测，进行岗位安全风险辨识及安全确认。

### （二）地质灾害防治与测量

**1. 煤矿地质灾害防治与测量技术**

（1）制度建设中增加了应急处置制度，删除了岗位安全生产责任制度。

（2）资料管理中增加了建立纸质或电子目录索引、借阅记录台账的要求。

（3）电子文档定期备份改为至少每半年备份1次。

（4）岗位规范评分方法中，增加了不掌握岗位安全职责、管理制度、操作规程、安全技术措施等发现1次扣3分。

（5）删除了"设立负责地质灾害防治与测量部门，配备相关人员"的要求，转移到"组织机构"部分。

（6）装备管理中增加了至少各有1种为煤矿地质和水文地质工作服务的物探装备的要求。评分方法中，增加了未建立地测信息系统不得分。

**2. 煤矿地质**

（1）地质观测与分析中增加了跟踪地质变化，进行地质分析，及时提供分析成果及相关图件的要求。

（2）综合分析资料能满足生产工作需要的要求转移到了"地质说明书及采后总结"项目中。

（3）增加了关于地质勘探的要求：

①井上下钻探、物探、化探工程应有设计、有成果和总结报告。

②按规定开展煤矿地质补充调查与勘探。

③按规定针对性地开展综合勘查与分析研究，编制研究报告。

（4）评分方法中，增加了未按时编制半年回采率总结，缺1项扣3分。

**3. 煤矿测量**

（1）过断层、冲击地压带、突出区域概括为过特殊地质异常区。

（2）各种通知单在发放前增加了按规定审批的要求。

（3）增加了建立测量仪器检校台账，定期进行仪器检校的要求。

**4. 煤矿防治水**

（1）将发生重大及以上突（透）水事故重新进行水文地质类型划分的要求修改为发生较大及以上水害事故或者因突水造成采掘区域或矿井被淹。

（2）增加了对受老空水影响的煤层按规定划分可采区、缓采区、禁采区的要求。

（3）将《煤矿防治水细则》中关于矿井水文地质补充勘探的规定纳入到要求内容。

（4）将《煤矿防治水细则》中建立健全水害防治技术管理制度、水害隐患排查治理制度、探放水制度、重大水患停产撤人制度的规定纳入到要求内容。

（5）删除了编制水文地质报告的要求。

（6）防治水电子基础台账每季度修正 1 次改为至少每半年修正 1 次。

（7）评分方法中，增加了专用原始记录本或记录本不全，缺 1 种扣 2 分；台账内容不全 1 处扣 1 分。

（8）增加了在采掘工程平面图和矿井充水性图上标绘出井巷出水点的位置及涌水量，积水的井巷及采空区范围、底板标高、积水量和水患异常区的要求。

（9）水害预报：

①在水害威胁区域掘进前增加了提出水文地质情况分析报告和水害防治措施，由煤矿总工程师组织生产、安检、地测等有关部门审批的要求。

②工作面回采前，增加了应提出专门水文地质情况评价报告和水害隐患治理情况分析报告，经煤矿总工程师组织生产、安检、地测等有关部门审批。发现断层、裂隙或者陷落柱等构造充水的，应当采取注浆加固或者留设防隔水煤（岩）柱等安全措施的要求。

③增加了所有矿井年初都要编制年度水害分析预测表及水害预测图的要求。

（10）防排水系统中增加了采区、工作面防排水系统健全完善的要求。

（11）防治水工程的技术要求：

①增加了按规定编制探放水设计、井下探放水执行"三专两探一撤"。

②增加了按规定落实地面防治水与井下防水工程要求的规定。

③增加了防水闸门与防水闸墙按要求设计、施工、竣工验收的要求。

④增加了制定并严格执行水害应急专项预案和现场处置方案的要求。

**5. 煤矿防治冲击地压**

（1）制度保障：

①删除了按规定设立专门的防冲机构并配备专门防冲技术人员的要求。

②增加了建立冲击地压防治安全技术管理制度、冲击地压防治培训制度、冲击地压事故报告制度，建立实时预警、处置调度和处理结果反馈制度的要求。

（2）监测预警：

①区域监测系统覆盖范围由所有冲击地压危险区域改为所有采掘区域。

②增加了局部监测应覆盖冲击地压危险区域的采掘地点和煤（半煤岩）巷道、硐室等地点的要求。

③增加了按规定确定冲击危险性预警临界指标的要求，评分方法中也增加了相应内容。

（3）区域防冲措施：

①增加了采掘部署、煤柱留设及开采保护层等符合规定的要求。

②增加了保护层采空区留煤柱要及时上图的要求。

（4）评分方法中，增加了未制定防冲措施不得分。

（5）安全防护：

①增加了躲炮时间不小于 30 min 的要求。

②增加了评价为强冲击地压危险的区域不得存放备用材料和设备；巷道内杂物应清理干净，保持行走路线畅通的要求。

③"冲击危险区各类管路吊挂高度不应高于 0.6 m"修改为"冲击危险区各类管路应吊挂在巷道腰线以下，吊挂高度高于 1.2 m 的必须采取固定措施"。

（6）台账资料：

①增加了冲击地压危险区域必须进行日常实时监测，并编制监测日报的要求。

②评分方法中增加了未建立冲击地压记录卡和统计表 1 项扣 2 分；未建立监测日报 1 处扣 2 分，内容不全 1 处扣 0.5 分。

**（三）采煤**

（1）监测：

①明确了是锚杆支护的巷道才要有顶板离层监测。

②要求观测记录数据符合实际。

③增加了异常情况有处理意见并落实。

④增加了对观测数据进行规律分析，有分析结果的要求。

（2）规程措施：

①将矿总工程师定期组织复审明确为每两个月。

②增加了工作面过钻孔、过陷落柱等制定安全技术措施并组织实施的要求。

（3）管理制度中删除了"岗位安全生产责任制度""变化管理制度"。

（4）顶板管理：

①增加了现场每台支架有检测仪表的要求。

②增加了支架最大仰俯角遇断层、构造带、应力集中区在保证支护强度条件下，应满足作业规程或专项安全措施要求的规定。

③增加了进回风顺槽工作面端口处及时退锚的要求。

④悬顶面积大于 10 m² 修改为超过作业规程规定

（5）安全出口与端头支护：

①工作面两端第一组支架与巷道支护间距修改为间净距。

②可以使用工作面端头支架和两巷超前支护液压支架的矿井增加了冲击地压矿井。

（6）安全设施中明确了刮板输送机和带式输送机的盖板和过桥设置要求。

（7）设备管理：

①增加了液压系统连接销使用规范的要求。

②带式输送机机头处"防灭火器材"修改为"消防设施"。

③安设通信和信号装置的范围由"沿线"明确为"机头、机尾及全线"，并要求安设间距不超过 200 m。

④要求带式输送机安设沿线急停装置必须是有效的。

（8）增加了优化系统的附加项内容：

①采用"一井一面""一井两面"生产模式。

②采用智能化采煤工作面，生产时作业人数不超过 5 人。

**（四）掘进**

（1）掘进机械中：

①增加了激光指向仪、工程质量验收使用的器具（仪表）完好精准的要求。

②删除了高瓦斯、煤与瓦斯突出和有煤尘爆炸危险性的矿井煤巷、半煤岩巷掘进工作面和石门揭煤工作面，不使用钢丝绳牵引的耙装机的要求，同时删除了评分方法中的相应内容。

③增加了掘进机械设备有管理台账和检修维修记录的要求。

（2）运输系统：

①增加了行人跨越处应设过桥的要求。

②带式输送机机头处"防灭火器材"修改为"消防设施"。

③安设通信和信号装置的范围由"沿线"明确为"机头、机尾及全线"，并要求安设间距不超过 200 m。

（3）监测控制增加了根据围岩预报调整支护设计并实施的要求。

（4）现场图牌板作业场所增加了安设避灾路线图、临时支护图的要求。

（5）规程措施：

①"矿总工程师定期组织对作业规程的贯彻、执行情况进行检查"修改为"矿总工程师至少每两个月组织对作业规程及贯彻实施情况进行复审，且有复审意见"。

②增加了设计、工艺、支护参数等发生较大变化时需要修改完善作业规程或补充安全措施的要求。

（6）安全管控删除了"运输设备完好"的要求。

（7）内在质量：

①锚杆（索）抗拔力修改为拉拔力。

②倾斜巷道每增加 5° 修改为 5° ~ 8°。

（8）专业技能删除了"建立并执行本岗位安全生产责任制"的要求。

（9）增加了附加项内容，包括无损检测、智能化、超前支护等。

**（五）机电**

（1）钢丝绳牵引带式输送机、滚筒带式输送机、压风系统增加了电动机及主要轴承温度和振动监测的要求；

（2）滚筒驱动带式输送机：

①减速器与电动机采用软连接或采用软启动控制，增加了要求：不应使用离心式联轴器。

②增加了采用非金属聚合物制造的输送带、托辊和滚筒包胶材料的阻燃性能和抗静电性能符合有关标准的规定的要求。

③增加了在大于 16° 的倾斜井巷中应当设置防护网，并采取防止物料下滑、滚落等安全措施的要求。

（3）矿井及采区主排水系统增加了"水位观测装置"；"水泵联合试运转"改为"水泵联合试运转排水试验"。

（4）热风炉安全性能合格证颁发单位由"煤炭安全监察部门"改为"主管部门"。

（5）高压开关柜的功能调整为：要具有防止误分合断路器、防止带负荷分合隔离开关、防止带电挂（合）接地线（接地开关）、防止带接地线（接地开关）合断路器（隔离开关）、防止误入带电间隔和通信功能。

（6）防爆电气设备及小型电器防爆合格率 100% 修改为无失爆。

（7）井下供电系统中，保护接地增加了要符合《煤矿安全规程》的要求。

（8）井下供电系统中，信号照明系统删除了"其他 220 V 单相供电系统"。

（9）组织保障中，删除了"有负责机电管理工作的职能机构，有负责供电、电缆、小型电器、防爆、设备、配件、油脂、输送带、钢丝绳等日常管理工作职能部门"，部分转移到了"组织机构"部分中。1. 删除了"矿及生产区队配有机电管理和技术人员，责任、分工明确"的要求。

（10）管理制度中，删除了岗位安全生产责任制，转移到了"安全生产责任制及安全管理制度"部分。增加了：变电所有停送电管理制度、变电所有停送电记录。

（11）技术管理中，明确了业务保安责任，"监督"专项检查，增加了"技术指导"。

（12）设备技术性能测试中，需要检测的设备中删除了"瓦斯抽采泵"。

（13）管网的各种管路标识增加了载体、流向。

**（六）运输**

（1）在巷道车场中去除了"车房"的设计要求。

（2）在硐室车房中增加了对"绞车房"的要求。

（3）在轨道线路中增加了"井筒"的轨道要求。

（4）在窄轨架线电机车牵引网络中增加了井下不得使用钢铝线的要求。

（5）在运输方式改善中删除了逐步淘汰斜巷（井）人车提升的要求。

（6）在运输设备中删除了运输设备综合完好率等要求。

（7）在架空乘人装置：

①增加了对架空乘人装置钢丝绳间距、吊椅、乘坐间距等要求。

②要求工作制动装置和安全制动装置必须是"失效安全型"，安全制动装置必须设置在驱动轮上。

③增加了"安全保护装置发生保护动作后，需经人工复位，方可重新启动"。

④删除了"便于人员操作的紧急停车装置"。

⑤增加了"除采用固定抱索器的架空乘人装置外，应当设置乘人间距提示或者保护装置""倾斜巷道中架空乘人装置与轨道提升系统同巷布置时，必须设置电气闭锁，2 种设备不得同时运行；倾斜巷道中架空乘人装置与带式输送机同巷布置时，必须采取可靠的隔离措施""巷道应当设置照明"。

（8）在机车、平巷人车、矿车、专用车辆中，明确了"新建"的时间节点：2016 年 10 月 1 日；增加了要求：机车、平巷人车、矿车、专用车辆完好。

（9）调度绞车增加了新要求：滚筒钢丝绳排列整齐，绞车有钢丝绳伤人防护措施。

（10）在无轨胶轮车中增加了"井下无轨胶轮车应符合排气标准规定"。

（11）在挡车装置和跑车防护装置：

①增加了"轨道斜巷挡车装置和跑车防护装置符合《煤矿安全规程》规定要求"。

②增加了"无轨胶轮车运行的长坡段巷道内必须采取车辆失速安全措施，巷道转弯处设置防撞装置"。

（12）在连接装置中将"滑头"修改为"连接钩头"，扩大了范围。

（13）制度保障：

①增加了关于各岗位各工种的操作规程的要求。

②删除了"岗位安全生产责任制度"，转移到了"安全生产责任制及安全管理制度"部分。

（14）技术资料：

①增加了架空乘人装置专项设计。

②增加了人行车、架空乘人装置、机车、调度绞车、无极绳连续牵引车、卡

轨车、绳牵引单轨吊车、单轨吊车、齿轨车、无轨胶轮车、矿车、专用车等运输设备编号管理。

（15）检测检验：

①新增了架空乘人装置、窄轨车辆连接链、窄轨车辆连接插销、斜井人车进行检测检验，有完整的试验、检测检验报告；无轨胶轮车、单轨吊车进行试验、检测检验，有完整的试验、检测检验报告。

②删除了斜巷提升连接装置每年进行 1 次 2 倍于其最大静荷重的拉力试验，有完整的拉力试验报告。

③全性能进行试验中增加了异型轨卡轨车、防跑车装置，删除了架空乘人装置、无轨胶轮车。

（16）在附加项中增加了全矿井取消调度绞车运输、实现矿井连续化辅助运输的要求。

**（七）调度和应急管理**

（1）基础工作中删除了"有调度指挥部门，岗位职责明确"的要求，转移到了"组织机构"部分。

（2）管理制度中：

①增加了调度会议制度。

②删除了岗位安全生产责任制，转移到了"安全生产责任制及安全管理制度"部分。

（3）增加了对矿井灾害预防和处理计划、应急救援预案修订更新的要求。

（4）增加了组织召开日调度会及会议内容的要求。

（5）应急处置中明确由调度人员下达撤人指令、按规定报告事故。

（6）调度记录：

①增加了日调度会会议记录要求。

②删除了值班记录整洁、清晰，完整、无涂改的要求。

③增加了对台账（记录）内容的具体要求。

（7）调度汇报中增加了发生影响生产安全的突发事件，应在规定时间内向矿负责人和有关部门报告的要求。

（8）通信设备中，有线调度通信系统增加了监听功能。

（9）人员（车辆）位置监测中，增加了装备露天煤矿车辆定位系统的要求。

（10）岗位规范中，明确了调度人员需要熟悉和掌握的知识，检查时要现场抽考。要求调度人员持证上岗。

（11）删除了对组织机构的要求，转移到了"组织机构"部分。

（12）增加了设置井下避灾路线指示标识的要求。

（13）要求入井人员能熟练使用自救器，不会使用 1 人次扣 0.2 分。

（14）授予遇险处置权的人员中增加了跟班人员、安检员；明确了现场作业人员都有紧急避险权。

（15）要求矿山救护队必须符合规定。

（16）将设立兼职救护队的情形修改为上级公司未设立矿山救护队或行车时间超过 30 分钟的。

（17）应急救援预案的编制依据中增加了年度安全风险辨识评估报告。

（18）明确应急救援预案依据《生产安全事故应急条例》规定进行修订。

（19）要求现场作业人员随身携带应急处置卡，1 人未随身携带扣 0.2 分。

（20）要求依法向社会公布应急救援预案。

（21）要求至少每半年组织 1 次生产安全事故应急救援预案演练。

（22）要求将应急演练总结报县级以上地方政府负有安全生产监督管理职责的部门。

（23）应急资料保存期限由 2 年修改为 3 年。

（24）删除了文明办公的相关内容。

**（八）职业病危害防治和地面设施**

（1）职业病危害防治：

①删除了设立领导机构、管理机构，配备专职人员的要求，转移到了"组织机构"部分。

②删除了主要负责人、领导机构、管理机构、专职人员的职责要求，转移到了"安全生产责任制及安全生产管理制度"部分。

③删除了关于档案管理的要求。

④删除了关于职业病危害防治实施方案的要求。

⑤删除了关于劳务派遣工参加工伤保险的要求（因为新标准规定井下不使用劳务派遣工）。

⑥删除了"检测、评价结果向煤矿安全监察机构报告"的要求，因为这项业务调整到了卫健委。

⑦删除了关于劳务派遣工发放个体防护用品的要求（因为新标准规定井下不使用劳务派遣工）。

⑧删除了关于公告警示的要求。

⑨删除了关于监测人员的要求。

⑩删除了关于配备粉尘浓度测定设备的要求。

⑪明确了设置粉尘浓度传感器的具体位置。

⑫删除了关于应急检查的要求。

⑬删除了关于职业病诊断的要求。

⑭删除了关于诊断、鉴定资料的要求。

⑮删除了关于工会监督方面的要求。

（2）职工食堂中，工作人员《健康证》改为《健康证明》。《健康证明》是指《从业人员预防性健康检查合格证明》（即俗称的《健康证》），是由有资质的机构如：疾控中心、医疗机构在对证件持有者进行了相关项目的健康体检后，出具的证件持有者身体健康体检合格的证明。

（3）职工澡堂中：

①明确了满足职工洗浴要求的具体标准。

②增加了"更衣室、浴室有冬季取暖设施、有防寒滑烫安全设施"的要求。

（4）职工宿舍中，删除了关于洗衣房的要求。

（5）增加了职工生活服务，包括班中餐、洗衣、业余活动及网络服务4个方面要求。

## 九、持续改进

这一部分其实就是煤矿安全生产标准化实施办法的一部分，是对标准化体系各要素检查、评价、总结分析、提出改进措施并实施的过程。

# 第2讲 定级办法与评分方法

## 第4课 定 级 办 法

为进一步加强煤矿安全基础建设，推进煤矿安全治理体系和治理能力现代化，国家煤矿安监局在总结近年安全生产标准化工作经验、广泛征求意见的基础上，组织制定了《煤矿安全生产标准化管理体系考核定级办法（试行）》和《煤矿安全生产标准化管理体系基本要求及评分方法（试行）》。

《定级办法》的变化主要有：

一是进一步严格达标条件。《定级办法》将同一等级的各部分得分统一分值，取消差异，要求更加严格，去除原2017版本中各等级的特殊分值，便于统一掌握。

二是在一、二级中增加了否决项要求。

三是实行煤矿承诺，等级直接延期。对运用《管理体系》考核确定为一级的煤矿，满足一定条件的，在3年期满时，煤矿做出承诺，可以自动延期。同时，强化对自动延期煤矿的动态抽查，现场发现达不到一级要求的，及时降级和撤消等级，被降级的1年内不得再申报一级，被撤消等级的2年内不得再申报一级。

四是充分运用信息化手段开展煤矿安全生产标准化管理体系创建。各个等级煤矿的自查自评、等级申报、考核定级、公示公告、动态检查、撤消降级全部通过系统完成。同时，提高考核检查中的信息化水平，设置检查终端功能，现场检查的问题直接录入系统，升井后自动汇总得出考核结果，大力提升信息化水平。

五是对能够保持一级、二级标准化的煤矿给定了10项特殊支持，可以说是名利双收。

### 一、适用范围

适用于全国所有合法的生产煤矿。新建、改扩建、技改煤矿可参照执行。

全国所有合法的生产煤矿，包括中央直属、省属、市县属、乡属及个体煤矿等各类生产煤矿。

## 二、申报的必备条件和否决条件

### 1. 必备条件

申报安全生产标准化管理体系等级的煤矿必须是国内的合法生产煤矿，还必须同时具备《管理体系》总则设定的 8 项基本条件。申报煤矿应具备的 8 个基本条件为：

（1）采矿许可证、安全生产许可证、营业执照齐全有效。

（2）树立体现安全生产"红线意识"和"安全第一、预防为主、综合治理"方针，与本矿安全生产实际、灾害治理相适应的安全生产理念。

（3）制定符合法律法规、国家政策要求和本单位实际的安全生产工作目标。

（4）矿长作出持续保持、提高煤矿安全生产条件的安全承诺，并作出表率。

（5）安全生产组织机构完备（井工煤矿有负责安全、采煤、掘进、通风、机电、运输、地测、防治水、安全培训、调度、应急管理、职业病危害防治等工作的管理部门；露天煤矿有负责安全、钻孔、爆破、采装、运输、排土、边坡、机电、地测、防治水、防灭火、安全培训、调度、应急管理、职业病危害防治等工作的管理部门），配备管理人员。

煤（岩）与瓦斯（二氧化碳）突出矿井、水文地质类型复杂和极复杂矿井、冲击地压矿井按规定设有相应的机构和队伍。

（6）矿长、副矿长、总工程师、副总工程师按规定参加安全生产知识和管理能力考核，取得考核合格证明。

（7）建立健全安全生产责任制。

（8）不存在重大事故隐患。

### 2. 否决条件

《管理体系》中设定的 8 项基本条件中，有任一条不具备的，不得参与考核定级。

（1）存在下列情形的不得评定一级：

①井工煤矿井下单班作业人数超过有关限员规定的；

矿井单班作业人数、采煤工作面单班作业人数、掘进工作面单班作业人数不符合《煤矿井下单班作业人数限员规定（试行）》等要求的，不得评定一级。

按照矿井规模，矿井单班井下作业人数限值见表 2 - 1，采煤、掘进工作面单班作业人数限值见表 2 - 2。

②发生生产安全死亡事故，自事故发生之日起，一般事故未满 1 年、较大及重大事故未满 2 年、特别重大事故未满 3 年的。

表2-1　全矿井单班井下作业人数标准

| 核定能力 $K$/（万 t·a$^{-1}$） | 灾害严重矿井/人 | 其他矿井/人 |
|---|---|---|
| $K \leqslant 30$ | $\leqslant 100$ | $\leqslant 80$ |
| $30 < K \leqslant 60$ | $\leqslant 200$ | $\leqslant 100$ |
| $60 < K < 120$ | $\leqslant 300$ | $\leqslant 180$ |
| $120 \leqslant K < 180$ | $\leqslant 400$ | $\leqslant 200$ |
| $180 \leqslant K < 300$ | $\leqslant 600$ | $\leqslant 280$ |
| $300 \leqslant K < 500$ | $\leqslant 800$ | $\leqslant 400$ |
| $K \geqslant 500$ | $\leqslant 850$ | $\leqslant 450$ |

表2-2　采煤、掘进工作面单班作业人数标准

| 瓦斯（灾害）等级 | 机械化采煤工作面/人 | | 炮采工作面/人 | 综掘工作面/人 | 炮掘工作面/人 |
|---|---|---|---|---|---|
| | 检修班 | 生产班 | | | |
| 灾害严重矿井 | $\leqslant 40$ | $\leqslant 25$ | $\leqslant 25$ | $\leqslant 18$ | $\leqslant 15$ |
| 其他矿井 | $\leqslant 30$ | $\leqslant 20$ | $\leqslant 25$ | $\leqslant 16$ | $\leqslant 12$ |

　　③安全生产标准化管理体系一级检查考核未通过，自考核定级部门检查之日起未满1年的。

　　④因管理滑坡或存在重大事故隐患且组织生产被降级或撤消等级未满1年的。

　　⑤露天煤矿采煤对外承包的，或将剥离工程承包给2家（不含）以上施工单位的。

　　⑥被列入安全生产"黑名单"或在安全生产联合惩戒期内的。

　　⑦井下违规使用劳务派遣工的。

　　（2）存在下列情形的不得评定二级：

　　①井工煤矿井下单班作业人数超过有关限员规定的。

　　②发生生产安全死亡事故，自事故发生之日起，一般事故未满半年、较大事故未满1年、重特大事故未满3年的。

　　③因存在重大事故隐患且组织生产被撤消等级未满半年的。

　　④被列入安全生产"黑名单"或在安全生产联合惩戒期内的。

### 三、煤矿安全生产标准化等级

　　煤矿安全生产标准化等级分为一级、二级、三级3个等次。煤矿安全生产标

准化等级实行有效期管理。一级、二级、三级的有效期均为3年。

**1. 井工煤矿安全生产标准化定级标准（表2-3）**

表2-3 井工煤矿安全生产标准化定级标准

| 序号 | 管理要素 | | 标准分值 | 权重（$a_i$） | 一级 | 二级 | 三级 |
|---|---|---|---|---|---|---|---|
| 1 | 理念目标和矿长安全承诺 | | 100 | 3% | ≥90 | ≥80 | ≥70 |
| 2 | 组织机构 | | 100 | 3% | ≥90 | ≥80 | ≥70 |
| 3 | 安全生产责任制及安全管理制度 | | 100 | 3% | ≥90 | ≥80 | ≥70 |
| 4 | 从业人员素质 | | 100 | 6% | ≥90 | ≥80 | ≥70 |
| 5 | 安全风险分级管控 | | 100 | 15% | ≥90 | ≥80 | ≥70 |
| 6 | 事故隐患排查治理 | | 100 | 15% | ≥90 | ≥80 | ≥70 |
| 7 | 质量控制 | 通风 | 100 | 10% | ≥90 | ≥80 | ≥70 |
| | | 地质灾害防治与测量 | 100 | 8% | ≥90 | ≥80 | ≥70 |
| | | 采煤 | 100 | 7% | ≥90 | ≥80 | ≥70 |
| | | 掘进 | 100 | 7% | ≥90 | ≥80 | ≥70 |
| | | 机电 | 100 | 6% | ≥90 | ≥80 | ≥70 |
| | | 运输 | 100 | 5% | ≥90 | ≥80 | ≥70 |
| | | 调度和应急管理 | 100 | 4% | ≥90 | ≥80 | ≥70 |
| | | 职业病危害防治和地面设施 | 100 | 3% | ≥90 | ≥80 | ≥70 |
| 8 | 持续改进 | | 100 | 5% | ≥90 | ≥80 | ≥70 |
| 9 | 加权平均总分 | | | 100% | ≥90 | ≥80 | ≥70 |

**2. 露天煤矿安全生产标准化定级标准（表2-4）**

表2-4 露天煤矿安全生产标准化定级标准

| 序号 | 管理要素 | 标准分值 | 权重（$a_i$） | 一级 | 二级 | 三级 |
|---|---|---|---|---|---|---|
| 1 | 理念目标和矿长安全承诺 | 100 | 3% | ≥90 | ≥80 | ≥70 |
| 2 | 组织机构 | 100 | 3% | ≥90 | ≥80 | ≥70 |
| 3 | 安全生产责任制及安全管理制度 | 100 | 3% | ≥90 | ≥80 | ≥70 |
| 4 | 从业人员素质 | 100 | 6% | ≥90 | ≥80 | ≥70 |
| 5 | 安全风险分级管控 | 100 | 15% | ≥90 | ≥80 | ≥70 |
| 6 | 事故隐患排查治理 | 100 | 15% | ≥90 | ≥80 | ≥70 |

表 2-4（续）

| 序号 | 管理要素 | | 标准分值 | 权重（$a_i$） | 一级 | 二级 | 三级 |
|---|---|---|---|---|---|---|---|
| 7 | 质量控制 | 钻孔 | 100 | 3% | ≥90 | ≥80 | ≥70 |
| | | 爆破 | 100 | 7% | ≥90 | ≥80 | ≥70 |
| | | 采装 | 100 | 7% | ≥90 | ≥80 | ≥70 |
| | | 运输 | 100 | 8% | ≥90 | ≥80 | ≥70 |
| | | 排土 | 100 | 5% | ≥90 | ≥80 | ≥70 |
| | | 机电 | 100 | 5% | ≥90 | ≥80 | ≥70 |
| | | 边坡 | 100 | 5% | ≥90 | ≥80 | ≥70 |
| | | 疏干排水 | 100 | 3% | ≥90 | ≥80 | ≥70 |
| | | 调度和应急管理 | 100 | 4% | ≥90 | ≥80 | ≥70 |
| | | 职业病危害防治和地面设施 | 100 | 3% | ≥90 | ≥80 | ≥70 |
| 8 | 持续改进 | | 100 | 5% | ≥90 | ≥80 | ≥70 |
| 9 | 加权平均总分 | | | 100% | ≥90 | ≥80 | ≥70 |

## 四、考核定级

煤矿安全生产标准化管理体系等级实行分级考核定级。

（1）一级标准化申报煤矿。

①初审：省级煤矿安全生产标准化工作主管部门组织。

②考核定级：国家煤矿安全监察局组织。

（2）二级、三级标准化申报煤矿。

①初审：省级煤矿安全生产标准化工作主管部门组织。

②考核定级：省级煤矿安全生产标准化工作主管部门组织。

## 五、考核定级的程序和时限要求

考核定级程序：自评申报→检查初审→组织考核→公示监督→公告认定。

考核定级时限：煤矿安全生产标准化考核定级部门原则上应在收到煤矿企业申请后的 60 个工作日内完成考核定级。

### 1. 自评申报

煤矿对照《管理体系》全面自评，形成自评报告，填写煤矿安全生产标准化等级申报表，依拟申报的等级自行或由隶属的煤矿企业向负责初审的煤矿安全生产标准化工作主管部门提出申请。申请材料主要包括：

（1）煤矿安全生产标准化管理体系等级自评报告。井工煤矿安全生产标准化管理体系自评报告内容一般应包括下列内容：

### ××煤矿×级煤矿安全生产标准化管理体系自评报告

第一章　概述

　　第一节　考评对象、依据和时间

　　第二节　煤矿基本情况

第二章　煤矿安全生产标准化管理体系各部分考评情况

　　第一节　理念目标和矿长安全承诺

　　第二节　组织机构

　　第三节　安全生产责任制及安全管理制度

　　第四节　从业人员素质

　　第五节　安全风险分级管控

　　第六节　事故隐患排查治理

　　第七节　质量控制

　　　　一、通风

　　　　二、地质灾害防治与测量

　　　　三、采煤

　　　　四、掘进

　　　　五、机电

　　　　六、运输

　　　　七、调度和应急救援

　　　　八、职业病危害防治和地面设施

　　第八节　持续改进

第三章　考评结论

第四章　存在问题及建议

　　附各部分评分表

　　附矿井证件证书影印件

（2）煤矿安全生产标准化等级申报表。煤矿安全生产标准化等级申报表要按照国家煤矿安全监察局的统一制表填报。

（3）煤矿企业自主随时申报。任何矿井只要认为具备了申报条件都可以随时申报相应等级；煤矿可以自己申报，也可以由其上一级的企业组织申报。

**2. 检查初审**

负责初审的煤矿安全生产标准化工作主管部门收到企业申请后，应及时进行材料审查和现场检查，经初审检查合格、检查发现的隐患整改合格后上报负责考核定级的部门。

**3. 组织考核**

考核定级部门在收到经初审合格的煤矿企业安全生产标准化管理体系等级申请后，应及时组织对上报的材料进行审核，并在审核合格后，进行现场检查或抽查，对申报煤矿进行考核定级。

（1）组织考核的流程和内容。考核定级部门在收到经初审合格的煤矿企业安全生产标准化管理体系等级申请后，应及时组织对上报的材料进行审核，并在审核合格后，进行现场检查或抽查，对申报煤矿进行考核定级。

（2）对自评材料弄虚作假的煤矿的处理。对自评材料弄虚作假的煤矿，煤矿安全生产标准化工作主管部门应取消其申报安全生产标准化管理体系等级的资格，认定其不达标，且 1 年内不受理该矿二级以上等级申请。煤矿整改完成后方可重新申报。

（3）现场检查或抽查达不到申报等级的以及自评材料弄虚作假的煤矿，煤矿整改完成后 1 年以上方可重新申报。

（4）考核检查方式：

①全覆盖式的现场检查。

②按比例进行抽查。

（5）考核检查主客体：

①一级安全生产标准化煤矿：国家局采用政府购买服务的方式，委托有关单位对申报矿井进行全覆盖的检查考核。

②二级、三级安全生产标准化煤矿：省局负责对申报矿井进行全覆盖的现场检查考核。

（6）申报矿井诚信要求。在申报表格和现场检查表格中设置：

①企业承诺真实性。

②对矿井生产现状描述的相关内容。

**4. 公示监督**

对考核合格的申报煤矿，由初审单位组织监督检查该矿隐患整改落实情况，并将整改报告报送考核定级部门，考核定级部门应在本部门或本级政府的官方网站向社会公示，接受社会监督。公示时间不少于 5 个工作日。

**5. 公告认定**

对公示无异议的煤矿，煤矿安全生产标准化管理体系考核定级部门应确认其等级，并予以公告。省级煤矿安全生产标准化工作部门应同时将公告名单经信息系统报送国家煤矿安监局。

对考核未达到一、二级等级要求的申报煤矿，初审部门组织按下一个标准化管理体系等级进行考核。

## 六、达标煤矿的复查和延期

### 1. 复查

煤矿取得安全生产标准化管理体系等级后，考核定级部门每 3 年进行一次复查复核。由煤矿在 3 年期满前 3 个月重新自评申报，各级标准化工作主管部门按规定对其初审和考核定级。

（1）复查对象：取得安全生产标准化管理体系等级的煤矿。

（2）复查部门：考核定级部门。

（3）复查期限：每 3 年进行一次复查复核。

（4）复查程序：煤矿在 3 年期满前 3 个月重新自评申报，各级标准化工作主管部门按规定对其初审和考核定级。

### 2. 延期

2020 年 7 月 1 日后考核确定为一级安全生产标准化等级的煤矿，符合下列条件的可在 3 年期满时直接办理延期：

（1）煤矿作出达到并持续保持一级体系需求的承诺。

（2）煤矿一级标准化等级 3 年期限内保持瓦斯"零超限"和井下"零突出""零透水""零自燃""零冲击（无冲击地压事故）"。

（3）井工煤矿采用"一井一面"或"一井两面"生产模式。

（4）煤矿采掘（剥）机械化程度达到 100%；露天煤矿采剥机械化程度达到 100%。

## 七、达标煤矿的监管

（1）对取得安全生产标准化管理体系等级的煤矿应加强动态监管。各级煤矿安全生产标准化工作主管部门应结合属地监管原则，每年按照检查计划按一定比例对达标煤矿对照《管理体系》进行抽查。

（2）动态监管处理：

①对工作中发现已不具备原有标准化水平的煤矿，应降低或撤消其取得的安全生产标准化管理体系等级。

②对发现存在重大事故隐患且组织生产的煤矿，应撤消其取得的安全生产标准化管理体系等级。

③对停产超过 6 个月的煤矿，应撤消其原有安全生产标准化管理体系等级。

④各级煤矿安全监察机构在工作中发现达标煤矿存在重大事故隐患且组织生产的，应及时通报相应的考核定级部门予以撤消等级。

（3）对发生生产安全死亡事故的煤矿，各级煤矿安全生产标准化工作主管部门应自事故发生之日起降低或撤消其取得的安全生产标准化管理体系等级。

①一级、二级煤矿发生一般事故时降为三级，发生较大及以上事故时撤消其等级；

②三级煤矿发生一般及以上事故时撤消其等级。

（4）降低或撤消煤矿所取得的安全生产标准化管理体系等级后，应及时通过信息系统将相关情况报送原等级考核定级部门，由原等级考核定级部门进行公告并更新系统相关信息。

（5）对安全生产标准化管理体系等级被撤消的煤矿，实施撤消决定的标准化工作主管部门应依法责令其立即停止生产，进行整改，待整改合格后重新提出申请。

（6）各级煤矿安全生产标准化工作主管部门每年组织对直接延期的安全生产标准化管理体系一级煤矿开展重点抽查。对达不到一级等级要求的煤矿，应予以降级或撤消等级，并将有关情况通过信息系统上传国家煤矿安监局。被降级的煤矿1年内不受理一级等级申请，被撤消等级的煤矿2年内不受理一级等级申请。

（7）安全生产标准化管理体系达标煤矿应加强日常检查，每季度至少组织开展1次全面的自查，并将自查结果录入信息系统，煤矿上级企业每半年至少组织开展1次全面自查（没有上级企业的煤矿自行组织开展），形成自查报告，并依据自身的安全生产标准化管理体系等级，通过信息系统向相应的考核定级部门报送自查结果。安全生产标准化管理体系一级煤矿的自评结果应报送省级煤矿安全生产标准化工作主管部门汇总，于每年年底通过信息系统向国家煤矿安全监察局报送1次。

（8）各级煤矿安全生产标准化工作主管部门应按照职责分工每年至少通报一次辖区内煤矿安全生产标准化管理体系考核定级情况，以及等级被降低和撤消的情况，并通告相关煤矿安全监管监察部门。

**八、激励政策**

（1）奖励政策要求：各级煤矿安全生产标准化工作主管部门和煤矿企业应建立安全生产标准化激励政策。

（2）奖励对象：对被评为一级、二级安全生产标准化的煤矿给予鼓励。

（3）激励政策根据国家有关煤炭产业政策，一级、二级标准化煤矿享受如下激励政策：

①在地方政府因其他煤矿发生事故采取区域政策性停产措施时，二级及以上标准化煤矿原则上不纳入停产范围。

②停产后复产验收时，二级及以上标准化煤矿优先进行复产验收。

③在安全生产许可证有效期届满时，符合相关条件的，二级及以上标准化煤矿可以直接办理延期手续。

④在全国性或区域性调整、实施减量化生产措施时，一级标准化煤矿原则上不纳入减量化生产煤矿范围。

⑤一级标准化煤矿在生产能力核增时，产能置换比例不小于核增产能的100%，通过改扩建、技术改造增加优质产能超过120万 t/a 以上的，所需产能置换指标折算比例可提高为200%。

⑥取得一级标准化等级的大型煤矿核增生产能力时，核定后的服务年限原则上不少于20年。

⑦定期向银行保险、证券、担保等主管部门通报一级标准化煤矿名单，作为对煤矿企业信用评级重要参考依据。

⑧各级煤矿安全监管监察部门适当减少对一级标准化煤矿的检查频次。

⑨将一级标准化煤矿纳入2019—2022年煤矿安全改造专项资金重点支持范围。

⑩有关法律法规、政策文件作出的其他规定。

# 第5课　评　分　方　法

## 一、井工煤矿安全生产标准化管理体系评分方法

（1）井工煤矿安全生产标准化管理体系考核满分为100分，采用各部分得分乘以权重的方式计算，各部分的权重见表2–3。

（2）井工煤矿安全生产标准化管理体系各部分在不存在重大事故隐患的前提下，按照各部分评分表进行现场检查打分。

（3）各部分考核得分乘以该部分权重（质量控制部分为各专业权重）之和即为井工煤矿安全生产标准化管理体系考核得分，采用式（1）计算：

$$M = \sum_{i=1}^{15} (a_i \times M_i) \tag{1}$$

式中　$M$——井工煤矿安全生产标准化管理体系考核得分；

　　　$M_i$——理念目标和矿长安全承诺、组织机构、安全生产责任制及安全管理制度、从业人员素质、安全风险分级管控、事故隐患排查治理、通风、地质灾害防治与测量、采煤、掘进、机电、运输、调度和应急管理、职业病危害防治和地面设施、持续改进等15项的安全生产标准化考核得分；

　　　$a_i$——理念目标和矿长安全承诺、组织机构、安全生产责任制及安全管理

制度、从业人员素质、安全风险分级管控、事故隐患排查治理、通风、地质灾害防治与测量、采煤、掘进、机电、运输、调度和应急管理、职业病危害防治和地面设施、持续改进等15项权重值。

**二、露天煤矿安全生产标准化评分方法**

（1）露天煤矿安全生产标准化管理体系考核满分为100分，采用各部分得分乘以权重的方式计算，各部分的权重见表2-4。

（2）露天煤矿安全生产标准化管理体系各部分在不存在重大事故隐患的前提下，按照各部分评分表进行现场检查打分。

（3）各部分考核得分乘以该部分权重（质量控制部分为各专业权重）之和即为露天煤矿安全生产标准化管理体系考核得分，采用式（2）计算：

$$N = \sum_{i=1}^{17} (b_i \times N_i) \tag{2}$$

式中　$N$——露天煤矿安全生产标准化管理体系考核得分；

　　　$N_i$——理念目标和矿长安全承诺、组织机构、安全生产责任制及安全管理制度、从业人员素质、安全风险分级管控、事故隐患排查治理、钻孔、爆破、采装、运输、排土、机电、边坡、疏干排水、调度和应急管理、职业病危害防治和地面设施、持续改进等17项的安全生产标准化考核得分；

　　　$b_i$——理念目标和矿长安全承诺、组织机构、安全生产责任制及安全管理制度、从业人员素质、安全风险分级管控、事故隐患排查治理、钻孔、爆破、采装、运输、排土、机电、边坡、疏干排水、调度和应急管理、职业病危害防治和地面设施、持续改进等17项权重值。

（4）在考核评分中，如缺项，可将该部分的加权分值平均折算到其他部分中去，折算方法如式（3）：

$$T = \frac{100}{100 - P} \times Q \tag{3}$$

式中　$T$——实得分数；

　　　$Q$——加权得分数；

　　　$P$——缺项加权分数（缺项权重值乘以100）。

**三、煤矿理念目标和矿长安全承诺评分方法**

按《煤矿理念目标和矿长安全承诺标准化评分表》评分，总分为100分。按照所检查存在的问题进行扣分，各小项分数扣完为止。

### 四、煤矿组织机构评分方法

按《煤矿组织机构标准化评分表》评分，总分为 100 分。按照所检查存在的问题进行扣分，各小项分数扣完为止。

### 五、煤矿安全生产责任制及安全管理制度评分方法

按《煤矿安全生产责任制及安全管理制度标准化评分表》评分，总分为 100 分。按照所检查存在的问题进行扣分，各小项分数扣完为止。

### 六、煤矿从业人员素质评分方法

（1）存在重大事故隐患的，本部分不得分。

（2）按《煤矿从业人员素质标准化评分表》评分，总分为 100 分。按照所检查存在的问题进行扣分，各小项分数扣完为止。

（3）项目内容中缺项时，按式（4）进行折算：

$$A = \frac{100}{100 - B} \times C \tag{4}$$

式中　$A$——实得分数；

　　　$B$——缺项标准分数；

　　　$C$——检查得分数。

### 七、煤矿安全风险分级管控评分方法

（1）按《煤矿安全风险分级管控标准化评分表》进行评分，总分为 100 分。按照所检查存在的问题进行扣分，各小项分数扣完为止。

（2）项目内容中缺项时，按式（4）进行折算。

（3）附加项评分。符合要求的得分，不符合要求的不得分也不扣分。附加项得分计入本部分总得分。

### 八、煤矿事故隐患排查治理评分方法

（1）存在重大事故隐患的，本部分不得分。

（2）按《煤矿事故隐患排查治理标准化评分表》评分，总分为 100 分。按照所检查存在的问题进行扣分，各小项分数扣完为止。

（3）项目内容中缺项时，按式（4）进行折算。

### 九、煤矿通风评分方法

（1）存在重大事故隐患的，本部分不得分。

（2）按《煤矿通风标准化评分表》评分，通风10个大项每大项标准分为100分，按照所检查存在的问题进行扣分，各小项分数扣完为止。

（3）以10个大项的最低分作为通风部分得分。

（4）"局部通风"大项以所检查的各局部通风区域中最低分为该大项得分；"通风设施"大项以所检查的分项的平均分之和为该大项得分；不涉及的大项，如突出防治或者瓦斯抽采等，该大项不考核。

（5）大项内容缺项时，按式（4）进行折算。

**十、煤矿地质灾害防治与测量评分方法**

（1）存在重大事故隐患的，本部分不得分。

（2）按照《煤矿地质灾害防治与测量技术管理标准化评分表》《煤矿地质标准化评分表》《煤矿测量标准化评分表》《煤矿防治水标准化评分表》和《煤矿防治冲击地压标准化评分表》评分，每个表总分为100分。按照所检查存在的问题进行扣分，各小项分数扣完为止。

（3）地质灾害防治与测量安全生产标准化考核得分采用下列方法计算：

①无冲击地压灾害，水文地质类型简单和中等矿井按式（5）计算：

$$A = J \times 15\% + D \times 30\% + C \times 25\% + F_1 \times 30\% \tag{5}$$

②无冲击地压灾害，水文地质类型复杂和极复杂矿井按式（6）计算：

$$A = J \times 15\% + D \times 25\% + C \times 20\% + F_1 \times 40\% \tag{6}$$

③冲击地压矿井，水文地质类型简单和中等矿井按式（7）计算：

$$A = J \times 15\% + D \times 20\% + C \times 15\% + F_1 \times 20\% + F_2 \times 30\% \tag{7}$$

④冲击地压矿井，水文地质类型复杂及以上矿井按式（8）计算：

$$A = J \times 15\% + D \times 15\% + C \times 15\% + F_1 \times 25\% + F_2 \times 30\% \tag{8}$$

式中　　$A$——煤矿地质灾害防治与测量部分安全生产标准化考核得分；

　　　　$J$——煤矿地质灾害防治与测量技术管理标准化考核得分；

　　　　$D$——煤矿地质标准化考核得分；

　　　　$C$——煤矿测量标准化考核得分；

　　　　$F_1$——煤矿防治水标准化考核得分；

　　　　$F_2$——煤矿防治冲击地压标准化考核得分。

**十一、采煤评分方法**

（1）存在重大事故隐患的，本部分不得分。

（2）采煤工作面评分。按《煤矿采煤标准化评分表》评分，总分为100分。按照所检查存在的问题进行扣分，各小项分数扣完为止。

水力采煤、柔性掩护支架开采急倾斜煤层、台阶式采煤、房柱式采煤、充填开采等本部分未涉及的工艺方法，其评分参照工艺相近或相似工作面的评分标准执行。

项目内容中有缺项时按式（9）进行折算：

$$A_i = \frac{100}{100 - B_i} \times C_i \tag{9}$$

式中　$A_i$——采煤工作面实得分数；

$\quad\quad B_i$——采煤工作面缺项标准分数；

$\quad\quad C_i$——采煤工作面检查得分数。

（3）采煤部分评分。按照所检查各采煤工作面的平均考核得分作为采煤部分标准化得分，按式（10）进行计算：

$$A = \frac{1}{n} \sum_{i=1}^{n} A_i \tag{10}$$

式中　$A$——煤矿采煤部分安全生产标准化得分；

$\quad\quad n$——检查的采煤工作面个数；

$\quad\quad A_i$——检查的采煤工作面实得分数。

（4）附加项评分。符合要求的得分，不符合要求的不得分也不扣分。附加项得分计入本部分总得分。

### 十二、煤矿掘进评分方法

（1）存在重大事故隐患的，本部分不得分。

（2）掘进工作面评分。按《煤矿掘进标准化评分表》评分，总分为100分。按照所检查存在的问题进行扣分，各小项分数扣完为止。

项目内容中有缺项时按式（11）进行折算：

$$A_i = \frac{100}{100 - B_i} \times C_i \tag{11}$$

式中　$A_i$——掘进工作面实得分数；

$\quad\quad B_i$——掘进工作面缺项标准分数；

$\quad\quad C_i$——掘进工作面检查得分数。

（3）掘进部分评分。按照所检查各掘进工作面的平均考核得分作为掘进部分标准化得分，按式（12）进行计算：

$$A = \frac{1}{n} \sum_{i=1}^{n} A_i \tag{12}$$

式中　$A$——煤矿掘进部分安全生产标准化得分；

$\quad\quad n$——检查的掘进工作面个数；

$A_i$——检查的掘进工作面实得分数。

（4）附加项评分。符合要求的得分，不符合要求不得分也不扣分。附加项得分计入本部分总得分。

### 十三、煤矿机电评分方法

（1）存在重大事故隐患的，本部分不得分。

（2）按《煤矿机电标准化评分表》评分，总分为 100 分。按照所检查存在的问题进行扣分，各小项分数扣完为止。

（3）项目内容中有缺项时按式（4）进行折算。

### 十四、运输评分方法

（1）存在重大事故隐患的，本部分不得分。

（2）按《煤矿运输标准化评分表》评分，总分为 100 分。按照所检查存在的问题进行扣分，各分值单元项分数扣完为止。

（3）项目内容中缺项时，按式（4）进行折算：

（4）运输部分未涉及的设备、工艺，参照《煤矿安全生产标准化管理体系基本要求及评分方法》制定相应的标准并执行。

### 十五、露天煤矿评分方法

（1）存在重大事故隐患的，本部分不得分。

（2）按《露天煤矿标准化评分表》进行评分，各部分总分为 100 分。按照所检查存在的问题进行扣分，各小项分数扣完为止。

（3）项目内容中有缺项时，按式（4）进行折算。

（4）露天煤矿采用单一工艺时，对应采用该工艺的评分表进行评分；采用多工艺时，按照所采用工艺考核平均计分，按式（13）进行计算：

$$P = \frac{1}{n} \sum_{i=1}^{n} A_i \tag{13}$$

式中　$P$——综合得分；

　　　$n$——工艺个数；

　　　$A_i$——各工艺考核得分。

（5）拉斗铲工艺集采装、运输、排土为一体，《露天煤矿拉斗铲采装标准化评分表》得分代表采装、运输、排土 3 个部分的实得分。

### 十六、煤矿调度和应急管理评分方法

（1）按《煤矿调度和应急管理标准化评分表》进行评分，总分为 100 分。

按照所检查存在的问题进行扣分，各小项分数扣完为止。

（2）项目内容中有缺项时，按式（4）进行折算。

### 十七、煤矿职业病危害防治和地面设施评分方法

（1）按《煤矿职业卫生和地面设施标准化评分表》进行评分，总分为100分，各小项分数扣完为止。

（2）项目内容中有缺项时，按式（4）进行折算。

### 十八、煤矿持续改进评分方法

按《煤矿持续改进标准化评分表》评分，总分为100分。按照所检查存在的问题进行扣分，各小项分数扣完为止。

# 第3讲 总 则

## 第6课 基 本 条 件

安全生产标准化管理体系达标煤矿应具备以下条件，任一项不符合的，不得参与安全生产标准化管理体系考核定级。

（1）采矿许可证、安全生产许可证、营业执照齐全有效。

【培训要点】

"必须证照齐全有效"是指煤矿生产必须要取得"三证"（也称"两证一照"），煤矿必须具有的合法有效的"三证"，"三证"指的是：采矿许可证（国土资源部门核发）、安全生产许可证（安全生产监督管理部门核发）和营业执照（工商行政管理部门核发）。煤矿"两证一照"统计见表3-1。

表3-1 煤矿"两证一照"统计表

| 序号 | 名称证件 | 颁发部门 | 申请条件 | 合法期限 | 依据的法律法规 |
|---|---|---|---|---|---|
| 1 | 采矿许可证 | 国土资源部门 | 1. 合法登记企业<br>2. 有相应的资金、技术、设备等资质条件<br>3. 矿区范围已经登记机关批准划定，并在矿区范围预留期内<br>4. 经有矿山工程设计资质单位编制的开发利用方案及附图<br>5. 非探矿权人自行出资勘查探明矿产地的采矿权价款已经评估、确认<br>6. 采矿登记管理机关规定的其他条件 | 小型矿井：10年<br>中型矿井：20年<br>大型矿井：30年 | 1.《中华人民共和国矿产资源法》（中华人民共和国主席令第74号）<br>2.《矿产资源开采登记管理办法》（国务院令第241号） |
| 2 | 安全生产许可证 | 煤矿安全监察部门 | 1. 建立、健全主要负责人、分管负责人、安全生产管理人员、职能部门、岗位安全生产责任制；制定安全目标管理、安全奖惩、安全技术审批、事故隐患排查治理、安全检查、安全办公会议、地质灾害普查、井下劳动组织定员、矿领导带班下井、井工煤矿入井检身与出入井人员清点等安全生产规章制度和各工种操作规程<br>2. 安全投入满足安全生产要求，并按照有关规定足额提取和使用安全生产费用 | 3年 | 1.《安全生产许可证条例》<br>2.《煤矿企业安全生产许可证实施办法》（原国家安全生产监督管理总局令第86号） |

表 3 – 1（续）

| 序号 | 名称证件 | 颁发部门 | 申请条件 | 合法期限 | 依据的法律法规 |
|---|---|---|---|---|---|
| 2 | 安全生产许可证 | 煤矿安全监察部门 | 3. 设置安全生产管理机构，配备专职安全生产管理人员；煤与瓦斯突出矿井、水文地质类型复杂矿井还应设置专门的防治煤与瓦斯突出管理机构和防治水管理机构<br>4. 主要负责人和安全生产管理人员的安全生产知识和管理能力经考核合格<br>5. 参加工伤保险，为从业人员缴纳工伤保险费<br>6. 制定重大危险源检测、评估和监控措施<br>7. 制定应急救援预案，并按照规定设立矿山救护队，配备救护装备；不具备单独设立矿山救护队条件的，与邻近的专业矿山救护队签订救护协议<br>8. 制定特种作业人员培训计划、从业人员培训计划、职业危害防治计划<br>9. 法律、行政法规规定的其他条件 | | |
| 3 | 营业执照 | 工商行政管理部门 | 1. 股份有限公司<br>（1）股东符合法定人数即由 2 个以上 50 个以下股东共同出资设立<br>（2）股东出资达到法定资本最低限额；以生产经营为主的公司需 50 万元人民币以上；以商品批发为主的公司需 50 万元人民币以上；以商品零售为主的公司需 30 万元人民币以上；科技开发咨询服务公司需 10 万元人民币以上<br>（3）股东共同制定公司章程<br>（4）有公司名称，建立符合有限责任公司要求的组织机构<br>（5）有固定的生产经营场所和必要的生产经营条件<br>2. 有限责任公司<br>（1）有符合规定的名称<br>（2）有固定的经营场所和设施<br>（3）有相应的管理机构和负责人<br>（4）有符合规定的经营范围<br>（5）实行非独立核算 | 有限公司营业执照有效期一般为 10 年 | 《公司登记管理条例》（国务院令第 156 号发布，第 451 号修订） |

（2）树立体现安全生产"红线意识"和"安全第一、预防为主、综合治理"方针，与本矿安全生产实际、灾害治理相适应的安全生产理念。

【培训要点】

贯彻落实"安全第一，预防为主，综合治理"的安全生产方针，牢固树立安全生产"红线意识"，用先进的安全生产理念、明确的安全生产目标，指导煤矿开展安全生产各项工作。

1. 安全生产"红线意识"理念

我国的安全生产事业经历了从抓革命促生产到抓生产要安全，再到抓安全促生产，最后到必须坚守安全红线的新时期。可以说，安全红线是生产力发展到一定阶段的必然产物，是让百姓共享改革发展成果的需要。

习近平总书记于 2013 年 6 月 6 日做出重要批示，"人命关天，要始终把人民生命安全放在首位，发展决不能以牺牲人的生命为代价。这必须作为一条不可逾越的红线"；习近平总书记强调"要牢固树立发展决不能以牺牲安全为代价的红线意识，以防范和遏制重特大事故为重点，坚持标本兼治、综合治理、系统建设，统筹推进安全生产领域改革发展"。

安全红线被正式明确提出，同时也一针见血地点出了安全红线的重要性，安全不是发展的牺牲品，安全红线只有成为发展坚守的底线，发展为了人民才能变成美好现实。煤矿安全作为全国安全生产的重中之重，必须坚守煤矿安全红线，始终把矿工生命安全与健康放在首位。

《中共中央国务院关于推进安全生产领域改革发展的意见》明确，要坚守"发展决不能以牺牲安全为代价"这条不可逾越的红线。这条红线是确保人民生命财产安全和经济社会发展的保障线，是煤炭行业各单位确保安全生产的责任线。

这条红线是一条生命线。坚守这条红线，就要敬畏生命，生命至上。生命权是最基本的人权，尊重生命，爱护生命，是最基本的社会伦理，也是经济社会发展的底线。坚守这条红线，就是尊重生命，尊重人民，尊重矿工。天地之间，人的生命最宝贵，发展的根本目的是人民的幸福，这是我们党全心全意为人民服务的宗旨、我们国家的社会主义性质所决定的，也是坚持科学发展、实现中国梦的必然要求。发展不可能一帆风顺，不可能没有一点代价，但决不能以牺牲人的生命为代价。我们要的是人民得实惠的发展，不要以牺牲人的生命为代价的发展；我们要的是人民更幸福的发展，不要损害健康损害生命的发展。

这条红线是一条高压线。坚守这条红线，就要以人为本，安全第一。再多的GDP，再大的政绩，也无法弥补事故造成的人民生命财产损失。坚守这条红线，就要摆正安全与发展的关系，始终把矿工的生命安全与健康放在首位，搞建设，谋发展，首先要看看是不是对人民有利，人民生命安全有没有保障。发展为了人民，发展必须安全，不能以任何借口放松安全生产。安全生产事关人民生命财产安全，事关经济健康发展，事关社会稳定，事关党和政府形象。安全生产的极端重要性，怎么强调都不为过。

这条红线是一条责任线。坚守这条红线，就要高度负责，严防死守。切实保障人民生命财产安全，是党和政府的责任。责重山岳。我们要时刻保持如履薄冰、如临深渊的状态，以对党和人民高度负责的精神，抓好煤矿安全生产，防范煤矿重特大事故的发生。防患于未然，在预防上下更大功夫。坚持"关口前移、重心下移"，将安全防线建立在区队班组一线。我们要深入第一线，到事故多发地、易发地，彻查隐患，及时处理。要针对发现的问题，完善安全生产措施，严格监督考核，加强安全监管。只有思想认识上坚定到位、制度保证上严密周全、技术支撑上科学先进、监督检查上严格细致，才能将隐患消灭在萌芽之中。

2. 安全生产方针理念

煤矿安全生产方针，是煤炭生产建设事业的总方针、总政策；是党和国家针对煤矿生产建设的特殊性而制定的产业工作方针；是社会主义制度优越性的具体体现。

经过长期的安全生产管理实践与经验总结，我国提出了"安全第一，预防为主，综合治理"的煤矿安全生产方针。煤矿安全生产方针是我国对煤矿安全生产工作所提出的一个总的要求和指导原则，它为煤矿安全生产指明了方向。

"安全第一"是指在看待和处理安全同生产和其他工作的关系上，要突出安全，要把安全放在一切工作的首要位置。当生产和其他工作同安全发生矛盾时，安全是主要的、第一位的，生产和其他工作要服从于安全，做到不安全不生产，风险不管控不生产，隐患不排除不生产，安全措施不落实不生产。因此，应把安全放在第一位。

"预防为主"是指在事故预防与事故处理的关系上，以预防为主，防患于未然。依靠安全风险分级管控和事故隐患排查治理双重预防等有效的防范措施，把风险挺在隐患前面，把隐患挺在事故前面，把事故消灭在发生之前。因此，应把风险管控作为事故控制的主要措施。

"综合治理"是预防事故和危害的一种最佳方法，在全行业、全系统、全企业各部门的业务关系上，要把安全工作看作一项复杂而艰巨的工作，进行齐抓共管，综合治理；坚持"管理、装备、素质、系统"并重原则，全员、全过程、全方位搞好安全工作。

（3）制定符合法律法规、国家政策要求和本单位实际的安全生产工作目标。
【培训要点】

结合本单位实际，制定可考核的安全生产目标：建立安全生产目标管理制度，明确各级安全目标责任人的相关职责，分解制定完成目标的工作任务，定期分析完成情况，实施目标考核；将安全生产目标纳入年度生产经营考核指标。目标内容应结合实际提出"零死亡""零超限""零突出""零透水""零自燃""零冲击（无冲击地压事故）"等宏观目标，以及对隐患、违章、事故的量化指标，对重大安全风险管控的效果等。

安全生产目标是以目标管理原理和方法为指导，通过目标层层分解、措施层层落实、工作层层开展来实现煤矿员工的全员管控和全过程管控，从而有效地提高煤矿安全管理水平。

安全生产目标制定要符合国家政策法规要求和本单位实际情况。安全生产目标要以各级管理人员对安全目标管理认识的提高为先导，以完善的、系统的安全管理制度为基础，以全员参与管理的形式，责、权、利有机结合为手段，通过目标自上而下层层分解，措施自下而上层层保证，使安全生产目标管理形成完善健全的网络体系。

煤矿结合本年度安全目标完成情况，于每年年末研究制定下一年度安全目标及相关指标。矿属各部门根据矿井下达的安全生产目标，自上而下、层层分解到每个基层单位、班组及员工，严格落实、严格考核，确保全面实现安全目标。

安全生产目标管理是一个闭合循环，其中包括总目标的制定与分解、目标的执行和考核，最后通过反馈为下一期的安全目标奠定基础。

（4）矿长作出持续保持、提高煤矿安全生产条件的安全承诺，并作出表率。

【培训要点】

矿长是煤矿组织实施安全承诺的第一负责人，按照承诺书的要求组织开展各项工作，在法律法规允许的范围内开展生产经营活动，对承诺的各项内容负有直接责任，定期对承诺书的落实情况进行自检。

矿长安全承诺主要涵盖安全生产、安全投入、保障职工权益等方面，是尊重客观规律，依法组织生产，落实主体责任的体现。由矿长作出表率，职工实施监督。

（5）安全生产组织机构完备（井工煤矿有负责安全、采煤、掘进、通风、机电、运输、地测、防治水、安全培训、调度、应急管理、职业病危害防治等工作的管理部门；露天煤矿有负责安全、钻孔、爆破、采装、运输、排土、边坡、机电、地测、防治水、防灭火、安全培训、调度、应急管理、职业病危害防治等工作的管理部门），配备管理人员。

煤（岩）与瓦斯（二氧化碳）突出矿井、水文地质类型复杂和极复杂矿井、冲击地压矿井按规定设有相应的机构和队伍。

【培训要点】

1.《煤矿安全规程》相关规定

（1）煤矿企业必须设置专门机构负责煤矿安全生产与职业病危害防治管理工作，配备满足工作需要的人员及装备。

（2）煤矿建设、施工单位必须设置项目管理机构，配备满足工程需要的安全人员、技术人员和特种作业人员。

（3）水文地质条件复杂、极复杂的煤矿，应当设立专门的防治水机构。

（4）矿井防治冲击地压工作应当设专门的机构与人员。

2.《煤矿防治水细则》相关规定

煤矿应当根据本单位的水害情况，配备满足工作需要的防治水专业技术人员，配齐专用的探放水设备，建立专门的探放水作业队伍，储备必要的水害抢险救灾设备和物资。

水文地质类型复杂、极复杂的煤矿，还应当设立专门的防治水机构、配备防治水副总工程师。

3.《防治煤与瓦斯突出细则》相关规定

突出矿井的矿长、总工程师、防突机构和安全管理机构负责人、防突工应当满足下列要求：

（1）矿长、总工程师应当具备煤矿相关专业大专及以上学历，具有3年以上煤矿相关工作经历。

（2）防突机构和安全管理机构负责人应当具备煤矿相关中专及以上学历，具有2年以上煤矿相关工作经历。

（3）防突机构应当配备不少于2名专业技术人员，具备煤矿相关专业中专及以上学历。

（4）防突工应当具备初中及以上文化程度（新上岗的煤矿特种作业人员应当具备高中及以上文化程度），具有煤矿相关工作经历，或者具备职业高中、技工学校及中专以上相关专业学历。

4.《防治煤矿冲击地压细则》相关规定

有冲击地压矿井的煤矿企业必须明确分管冲击地压防治工作的负责人及业务主管部门，配备相关的业务管理人员。冲击地压矿井必须明确分管冲击地压防治工作的负责人，设立专门的防冲机构，并配备专业防冲技术人员与施工队伍，防冲队伍人数必须满足矿井防冲工作的需要，建立防冲监测系统，配备防冲装备，完善安全设施和管理制度，加强现场管理。

（6）矿长、副矿长、总工程师、副总工程师按规定参加安全生产知识和管理能力考核，取得考核合格证明。

【培训要点】

（1）煤矿矿长、副矿长、总工程师、副总工程师应当具备煤矿相关专业大专及以上学历，具有3年以上煤矿相关工作经历。煤矿安全生产管理机构负责人应当具备煤矿相关专业中专及以上学历，具有2年以上煤矿安全生产相关工作经历。

（2）煤矿矿长、副矿长、总工程师、副总工程师应当自任职之日起6个月内通过考核部门组织的安全生产知识和管理能力考核，并持续保持相应水平和能力。煤矿矿长、副矿长、总工程师、副总工程师应当自任职之日起30日内，按照规定向考核部门提出考核申请，并提交其任职文件、学历、工作经历等相关材料。

（3）煤矿矿长、副矿长、总工程师、副总工程师的考试应当在规定的考点采用计算机方式进行。考试试题从国家级考试题库和省级考试题库随机抽取，其中抽取国家级考试题库试题比例占80%以上。考试满分为100分，80分以上为合格。

（4）煤矿矿长、副矿长、总工程师、副总工程师考试合格后，考核部门公布考试成绩之日起10个工作日内颁发安全生产知识和管理能力考核合格证明。考核合格证明在全国范围内有效。煤矿矿长、副矿长、总工程师、副总工程师考试不合格的，可以补考一次；经补考仍不合格的，一年内不得再次申请考核。煤矿矿长、副矿长、总工程师、副总工程师所在煤矿企业或其任免机关调整其工作岗位。

（7）建立健全安全生产责任制。

【培训要点】

企业主要负责人负责建立、健全企业的全员安全生产责任制。企业要按照《安全生产法》《职业病防治法》等法律法规规定，参照《企业安全生产标准化基本规范》（GB/T 33000—2016）和《企业安全生产责任体系五落实五到位规定》（安监总办〔2015〕27号）等有关要求，结合企业自身实际，明确从主要负责人到一线从业人员（含实习学生等）的安全生产责任、责任范围和考核标准。安全生产责任制应覆盖本企业所有组织和岗位，其责任内容、范围、考核标准要简明扼要、清晰明确、便于操作、适时更新。企业一线从业人员的安全生产责任制，要力求通俗易懂。

主要负责人对本单位安全生产工作全面负责，主要技术负责人负有安全生产技术决策和指挥职责，其他分管负责人和相关人员在履行岗位职责的同时履行相应的安全生产工作职责。煤矿建立、健全并落实安全生产责任制，组织制定副总工程师、煤矿业务部门及区（队）安全生产责任制，明确各岗位的责任人员、责任范围和考核标准。

（8）不存在重大事故隐患。

【培训要点】

根据《煤矿重大安全生产隐患判定标准》（修订）（原国家安全生产监督管理总局令第85号），煤矿不得存在以下15个方面的重大事故隐患：

（1）超能力、超强度或者超定员组织生产。

（2）瓦斯超限作业。

（3）煤与瓦斯突出矿井，未依照规定实施防突出措施。

（4）高瓦斯矿井未建立瓦斯抽采系统和监控系统，或者不能正常运行。

（5）通风系统不完善、不可靠。

（6）有严重水患，未采取有效措施。

（7）超层越界开采。

（8）有冲击地压危险，未采取有效措施。

（9）自然发火严重，未采取有效措施。

（10）使用明令禁止使用或者淘汰的设备、工艺。

（11）煤矿没有双回路供电系统。

（12）新建煤矿边建设边生产，煤矿改扩建期间，在改扩建的区域生产，或者在其他区域的生产超出安全设计规定的范围和规模。

（13）煤矿实行整体承包生产经营后，未重新取得或者及时变更安全生产许可证而从事生产，或者承包方再次转包，以及将井下采掘工作面和井巷维修作业进行劳务承包。

（14）煤矿改制期间，未明确安全生产责任人和安全管理机构，或者在完成改制后，未重新取得或者变更采矿许可证、安全生产许可证和营业执照。

（15）其他重大事故隐患。

# 第7课　基　本　原　则

## 一、突出理念引领

贯彻落实"安全第一，预防为主，综合治理"的安全生产方针，牢固树立安全生产红线意识，用先进的安全生产理念、明确的安全生产目标，指导煤矿开展安全生产各项工作。

【培训要点】

理念是行动的先导，贯彻落实"安全第一，预防为主，综合治理"的安全生产方针，牢固树立发展决不能以牺牲安全为代价的红线意识，坚持系统治理、依法治理、综合治理、源头治理，警惕"黑天鹅"，防范"灰犀牛"，推进煤矿安全生产标准化体系建设首先要在理念上进行引领，用先进的安全生产理念、明确的安全生产目标，指导煤矿开展安全生产各项工作。

安全核心理念：安全生产标准化、安全管理明细化、生产至上、安全为天。对于煤炭企业必须遵循"安全为天、质量为本"这一安全核心理念，安全生产标准化是安全工作的基础。它包括岗位作业标准化和工程质量标准化的两个方面。

同时煤矿要系统地将"一切事故都是可以预防和控制的"确立为事故理念、"只有不到位的管理，没有抓不好的安全"确立为安全管理理念、"安全是最大幸福、质量是最根本保证、违章是最大的威胁、事故是最大的损失"确立为安全价值理念、"管生产必须管安全、自己的安全自己管"确立为岗位安全理念。

## 二、发挥领导作用

领导作用是煤矿安全生产管理的关键。煤矿矿长应发挥领导表率作用，具有风险意识，实施并兑现安全承诺，落实安全生产主体责任，提供必要的机构、人员、制度、技术、资金等保障，有效推动安全生产标准化管理体系运行，实现安全管理全员参与。

【培训要点】

煤矿领导包含煤矿企业主要负责人和煤矿企业安全生产管理人员。煤矿企业主要负责人主要包括煤矿企业的董事长、总经理，矿务局局长，煤矿矿长等人员；煤矿企业安全生产管理人员主要包括煤矿企业分管安全、采煤、掘进、通风、机电、运输、地测、防治水、调度等工作的副董事长、副总经理、副局长、副矿长、矿长助理，总工程师、副总工程师和技术负责人。

矿长是指对矿区的生产经营和安全负全面责任的人员。煤矿矿长是本煤矿安全生产管理的第一责任人，矿长要带头履行下列安全生产工作职责。

（1）贯彻执行国家及上级有关安全生产的方针政策、法律法规和技术规范，杜绝非法违法组织生产，履行法律、法规和国家规定的其他安全生产职责。

（2）建立、健全并落实安全生产责任制和安全生产承诺制度。

（3）组织制定安全生产规章制度、作业规程和操作规程，并督促落实。

（4）组织制定并实施安全生产教育和培训计划。

（5）保证安全生产投入的有效实施。

（6）督促、检查安全生产工作，按照国家规定带班下井。

（7）组织开展安全风险分级管控和隐患排查治理工作，制定并实施生产安全事故应急预案、年度灾害预防和处理计划。

（8）严格落实煤矿安全监管监察指令。

（9）及时、如实报告生产安全事故。

（10）营造全员参与标准化建设的氛围和环境，保障安全生产标准化管理体系的有效运行。

### 三、强化风险意识

建立风险分级管控、隐患排查治理双重预防机制，增强煤矿矿长、总工程师等管理人员、专业技术人员风险意识，实现安全生产源头管控，不断推动关口前移。

**【培训要点】**

煤矿矿长、总工程师等管理人员、专业技术人员要牢固树立风险意识，建立风险分级管控和隐患排查治理双重预防工作机制，把风险挺在隐患前面，把隐患挺在事故前面，切实把总书记关于煤矿安全生产重要论述不折不扣落实到位，不断在推进安全生产上有新思路，在遏制重大事故上有新举措，在保护矿工生命安全上有新成效，实现风险源头管控，不断推动安全生产关口前移。

通过培训提升全体员工的风险意识。对于大部分煤矿来说，安全风险分级管控是个新鲜事物，目前绝大部分煤矿员工并不了解风险为何物。因此，要通过各种形式向全体员工宣传风险管理的理念，使员工充分认识安全风险分级管控对于保障员工安全的重要作用，真正树立起风险意识。

构建"双重预防机制"就是针对安全生产领域"认不清、想不到"的突出问题，强调安全生产的关口前移，从隐患排查治理前移到安全风险管控。要强化风险意识，分析事故发生的全链条，抓住关键环节采取预防措施，防范安全风险管控不到位变成事故隐患、隐患未及时被发现和治理演变成事故。

### 四、注重过程控制

过程控制是煤矿安全生产管理的核心。建立并落实管理制度，强化现场管理，定期开展安全生产检查和管理行为、操作行为纠偏，实施安全生产各环节的过程控制。

**【培训要点】**

过程控制是煤矿安全生产管理的核心。过程控制强调的是通过生产过程的严格控制来实现安全生产。过程控制就是在煤矿生产经营活动过程中，通过对过程要素（项目、活动、作业）、对象要素（作业环境、设备、材料、人员）、时间要素和空间要素的系统控制，消除生产经营活动中可能出现的各种风险与隐患，实现安全生产的目标。属于过程控制的方法很多，如"四全"管理（全过程、全方位、全天候、全员管理）、标准化作业、安全检查、危险作业安全监护、手指口述安全确认法、安全审批制、风险分级管控法、定置管理法、安全站位管理等。

1. 作业过程控制

坚持"一会二检三查四标准"的工作步骤。即:第一,组织召开好班前会,严格对事故进行预防性控制,从而提高班中安全意识;第二,开工前检查作业现场情况,做到心中有数,先排查隐患后进行生产;第三,当班生产中,班组长、跟班队干、安全员、质量验收员要进行动态检查和监督;第四,班组职工要严格按岗位作业标准进行作业。

2. 重点环节控制

作业过程中的重点环节、重点工序必须有针对性的措施,班组长现场指挥,并由有经验的老工人进行监护。

## 五、依靠科技进步

健全技术管理体系,开展技术创新,推广先进实用技术、装备、工艺,优化生产系统,推动煤矿减水平、减头面、减人员;努力提升煤矿机械化、自动化、信息化、智能化水平,升级完善安全监控系统,持续提高安全保障能力。

【培训要点】

1. 健全技术管理体系,开展技术创新

健全技术管理体系,开展技术创新,必须把煤矿安全生产管理中的重、难点和薄弱点作为创新的基础点。针对安全生产、安全管理、安全技术中存在的问题,开展以降本增效、技术攻关、技术创新、管理创新、安全创新等为重点内容的创新活动,促进技术进步和安全技能的提高。围绕煤矿提高煤矿安全生产标准化和新技术、新工艺、新材料、新设备的开发、推广和应用,广泛开展有针对性的创新活动,促进企业技术创新,增强企业发展后劲,提高煤矿的应急能力和安全效益。

2. 不断引进先进实用技术、装备、工艺,优化生产系统

依靠科技进步,国家煤矿安监局推进"一优三减"(优化生产系统、减少生产水平、减少采掘工作面、减少人员),实现煤矿安全高效。坚持"管理、装备、素质、系统"并重原则,不断引进先进实用技术、装备、工艺,优化生产系统。

(1)优化生产组织。

①合理下达生产计划。煤矿企业应严格按照生产能力编制生产计划,合理向所属煤矿下达采掘计划,并督促其均衡生产,不得下达超能力生产计划。煤矿不应以商品煤指标等代替原煤产量变相超能力生产。杜绝不顾地质条件和灾害威胁程度,盲目增大煤矿产能。

②强化灾害超前治理。坚持先治灾、后生产,不在重大灾害治理区域安排各类生产活动;煤矿根据地质条件和灾害情况划定缓采区、禁采区,主动从灾害暂

时难以彻底治理区域或开采经济不合理的区域退出，不与灾害"拼刺刀"。

③大力培育生产服务专业化队伍。煤矿企业应创造条件，培育或引进综采工作面安装回撤、瓦斯抽采打钻、水害探查、巷道修复、设备维修、物料运输等生产服务专业化队伍，推行专业化施工。通过提高工作效率，减少生产辅助作业人员。

（2）优化生产布局。

①优化开拓部署。在煤层赋存条件允许、确保安全、经济合理的情况下，适当增加矿井水平垂高，扩大采（盘）区和工作面开采范围，加大工作面的面长和推进长度，采用一次采全高或综采放顶煤工艺，减少工作面搬家次数；正常生产煤矿原则上应在一个水平组织生产，同时生产的水平不超过2个，尽可能减少生产水平的采区数量，减少生产环节。

②优化巷道设计。科学论证巷道用途、岩性、埋深、服务年限，合理确定巷道层位和支护方式、支护参数，预留巷道变形空间；深部开采及矿压显现明显的煤矿要合理布置工作面、合理安排接续顺序，避免形成"孤岛"和高应力集中区；有条件的煤矿推广应用沿空留巷技术。减少巷道变形，减少采动影响，降低巷道失修率，减少巷道维护人员。

③减少采掘工作面数量。保持接续平衡，大力推行"一矿（井）一面""一矿（井）两面"生产模式，减少采煤工作面个数、控制掘进工作面个数。原则上，同时生产的采煤工作面与回采巷道掘进工作面个数的比例控制在1:2以内。

（3）优化运输系统。

①优化矿井主运输系统。选用带式输送机构成主运输系统，实现从工作面到井底车场或地面的连续运输。大力推广使用长运距、大运量带式输送机和可转弯带式输送机。对于运输路线长、环节多的矿井，应通过优化巷道布置，整合优化运输系统，减少主运输转载环节，缩短主运输距离。

②优化矿井辅助运输系统。使用单轨吊车、架空乘人装置、齿轨式卡轨车等有轨辅助运输系统；巷道坡度变化大、辅助运输环节多的煤矿，使用无极绳绞车运输替代多级、多段运输。淘汰斜巷串车提升。采掘工作面走向（倾斜）长度大于1000 m推广使用单轨吊等设备运送人员、物料。

（4）优化井下劳动组织。

①优化生产组织管理。坚持正规循环作业，推行岗位标准化作业流程，严格控制加班加点。优化调整设备检修、巷道修复、物料运输、安装回撤等作业时间，避免在同一工作地点安排检修班与生产班平行或交叉作业，避免在同一作业区域安排多个单位、多头指挥混岗作业。

②减少井下交接班人员。完善井下作业人员交接班制度，除带班人员、班组

长、安全检查员和瓦斯检查员等关键岗位人员在井下作业现场交接班外，其他人员应减少在井下作业现场交接班；特殊情形下需要实行井下作业现场交接班时，应尽量错时交接班，避免人员聚集。

③逐步减少井下作业岗位。加强安全培训，提高职工劳动技能。在法律法规和政策范围内，探索实施"一人多岗、一岗多能"，对井下部分作业岗位进行整合。整合职能相近的管理机构，实施扁平化管理，减少管理环节。

④实施夜班"瘦身"作业。减少夜班作业，减少在夜班进行采煤工作面安装回撤、两巷超前支护以及巷道修复等作业，尽量避免在夜班进行瓦斯排放、突出煤层揭煤、火区启封及密闭等高风险作业。煤矿井下逐步取消夜班生产。

⑤合理确定井下劳动定员。煤矿企业应对矿井近期、中期、远期的劳动组织及劳动定员进行合理规划，修订一次本企业的劳动定员标准，确定不同作业地点的劳动定员；建设规划实施完成后对本企业的劳动定员标准重新修订。

⑥控制作业人数。将减少井下作业人数纳入安全生产工作目标和计划，积极创造条件减少井下作业人数。矿井单班作业人数、采煤工作面单班作业人数、掘进工作面单班作业人数符合《煤矿井下单班作业人数限员规定（试行）》等要求。

3. 推进科技创新，大力推进机械化、自动化、信息化、智能化"四化"建设，完善安全监控系统

形成煤矿开拓设计、地质保障、生产、安全等主要环节的信息化传输、自动化运行技术体系，基本实现掘进工作面减人提效、智能快速掘进、复杂条件智能综采、连续化辅助运输、综采工作面内少人或无人操作、井下和露天煤矿固定岗位的无人值守与远程监控、重大危险源智能感知与预警、煤矿机器人及井下数码电子雷管等技术与装备。加快推进大型煤机装备、煤矿机器人研发及产业化应用，实施机械化换人、自动化减人专项行动，提高智能装备的成套化和国产化水平。

（1）全面推进采煤机械化。积极推进中小煤矿和开采薄煤层煤矿采用综采成套装备实现机械化开采，淘汰炮采工艺；所有采煤工作面推广使用端头支架及两巷超前支护液压支架。

（2）大力推广掘进机械化。推广使用大功率岩巷掘进机及配套带式输送机或梭车等成套装备；积极推动岩巷盾构机施工工艺试点应用；推广使用锚杆（锚索）支护台车、掘锚护一体机；溜煤眼、煤仓等特殊巷道优先采用反井钻机施工。

（3）推广使用各类机械化装备。使用多功能巷道修复机、卧底机等巷道修复设备，实现巷道扩刷、卧底挖掘、装载输送一体化和机械化作业，替代巷道修

复过程中的人工架设、破碎、装载、转运等作业。推广使用煤矿小型机械装备，如水仓清淤泥机、矿车清挖机、履带（轨道）打眼机、喷浆自动上料机、斜井平车场机械化推车装置等小型机械装备，替代人工作业。

（4）推广物料运输信息化管理模式。利用无线射频识别（RFID）、二维码等物联网技术，对井下物料运输进行全程跟踪、识别、定位，提高运输效率，减少物料运转环节和"运料员"等运输作业人员。

（5）实施井下机电设备智能监控。应用智能监控技术，实现矿井主运输设备、水泵房、变电所、乳化液泵站、压风机房、绞车房、瓦斯抽采泵站、主通风机房、局部通风机等远程集中控制和无人值守；应用远程诊断技术，实现井下设备故障远程诊断，减少固定岗位人员。

（6）积极推进煤矿智能化建设。按照《煤炭工业智能化矿井设计标准》《智能煤矿建设规范》等，推进煤矿智能化建设。推进煤矿企业安全生产信息管理系统及双重预防体系信息平台建设。

（7）完善监测监控系统。在人员定位系统增设超员报警模块，依据作业地点的劳动定员数量设定相应区域同时作业人数的上限，当区域人数超过上限时自动报警。按国家煤矿安监局要求的时间节点完成瓦斯监控系统升级改造。

## 六、加强现场管理

加强岗位安全生产责任制落实，强化现场作业人员安全知识与技能的培养和应用，上标准岗、干标准活，实现岗位作业流程标准化。

【培训要点】

现场安全管理的重点在各个岗位。岗位是煤矿企业安全管理的基本单元。岗位现场安全管理是煤矿企业安全管理的核心。煤矿岗位现场安全管理的重点内容包括岗位安全生产责任管理和岗位作业流程标准化管理两大部分。

煤矿岗位作业流程标准化以辨识管控岗位作业风险、排查治理作业过程隐患和规范管理员工岗位操作为基本要求，根据不同岗位制定针对性的作业流程标准，在岗位作业过程中实行流程化管理、标准化作业的一种管理模式。

## 七、推动持续改进

根据安全生产实际效果，强化目标导向、问题导向和结果导向，不断调整完善安全生产标准化管理体系和运行机制，推动安全管理水平持续提升。

【培训要点】

推动持续改进最有效的方法之一就是进行 PDCA 循环改进。PDCA 循环是煤矿安全生产标准化管理体系所应遵循的科学程序。煤矿安全生产标准化管理体系运行的全部过程，就是安全生产标准化标准的制订和组织实现的过程，这个过程就是按照 PDCA 循环，不停顿地周而复始地运转的。

PDCA 循环是能使任何一项活动有效进行的一种合乎逻辑的工作程序，特别是在煤矿安全生产标准化管理体系中得到了广泛的应用。P、D、C、A 四个英文字母所代表的意义如下：

（1）P（Plan）——计划。包括煤矿安全生产标准化管理体系方针和目标的确定以及活动计划的制定。

（2）D（DO）——执行。执行就是煤矿安全生产标准化管理体系具体运作，实现计划中的内容，达到安全生产标准化管理体系的运行效果。

（3）C（Check）——检查。就是要总结煤矿安全生产标准化管理体系运行的结果，分清哪些对了，哪些错了，明确效果，找出问题，分析原因，制定对策。

（4）A（Action）——处理。对总结检查的结果进行处理，成功的经验加以肯定，并予以标准化，结合生产条件的变化，不断调整完善管理体系要素内容，或制定实施指南（或执行说明），便于以后工作时遵循；对于失败的教训也要总结，以免重现。对于没有解决的问题，应提给下一个 PDCA 循环中去解决，推动安全管理水平持续提升。

# 第8课 体 系 要 素

煤矿安全生产标准化管理体系包括理念目标和矿长安全承诺、组织机构、安全生产责任制及安全管理制度、从业人员素质、安全风险分级管控、事故隐患排查治理、质量控制、持续改进等8个要素。

## 一、理念目标和矿长安全承诺

是指企业树立的安全生产基本思想，设定的安全生产目标和煤矿矿长向全体职工作出的安全事项承诺。理念和目标体现了煤矿安全生产的原则和方向，用于引领和指导煤矿安全生产工作。

矿长安全承诺主要涵盖安全生产、安全投入、保障职工权益等方面，是尊重客观规律，依法组织生产，落实主体责任的体现。由矿长作出表率，职工实施监督。

【培训要点】

1. 安全理念

以习近平新时代中国特色社会主义思想为指导，煤矿安全生产工作应当以人为本，弘扬"生命至上、安全第一"的思想，坚持"安全第一、预防为主、综合治理"的方针，树立事故可防可控的理念，坚持发展决不能以牺牲安全为代价的红线意识，自觉践行安全发展理念，认真贯彻落实安全生产方针和国家安全生产法律法规，遵循"管理、装备、素质、系统"并重，始终坚持正确的理念引领、始终坚持准确的价值导向、始终坚持实实在在抓"三基"、不断完善安全生产长效机制，为建设智能化矿山提供坚实安全生产保障。

2. 安全目标

（1）矿井杜绝重伤及以上人身事故和二级非人身事故，地面单位杜绝各类人身事故和三级非人身事故。各单位杜绝重大职业病危害事故，无新增职业病例。

（2）依法依规有序生产，防范重大风险、消灭重大隐患。深化双重预防机制建设，完善煤矿安全生产标准化管理信息系统，各类风险预控、隐患治理时时处于有效管控状态。

（3）生产矿井保持一级安全生产标准化等级标准；基建矿井工程质量合格，单位工程优良；矿山救护大队质量标准化保持特级标准。

（4）全面完成年度安全培训目标，"三项岗位"人员持证上岗率、新从业人员岗前培训合格率、全员年度安全再培训率、典型违章和"触线"人员安全心智培训率、安全培训教师知识更新培训率均达100%。

（5）严格全员安全生产责任制考核，全员安全诚信履职。

（6）应急预案完善、物储到位、响应及时、处置高效。

3. 安全承诺范围

（1）矿长每年在职工代表大会上向全体员工公开承诺：牢固树立安全生产"红线意识"，及时消除事故隐患，保证安全投入，持续保持和改进矿井安全生产条件和作业环境，保护矿工生命安全。

（2）矿长每年向集团公司法人代表进行书面承诺，即签订安全生产承诺书。

4. 安全承诺程序

（1）承诺人必须在安全生产承诺书上亲笔签字。安全生产承诺书一式两份，一份由集团公司存档，另一份由矿长保存。

（2）安全生产承诺书每年初签订，有效期为1年。

（3）矿长安全生产承诺书要在矿井明显位置公示。

## 二、组织机构

是指根据煤矿安全生产实际需要，建立健全煤矿安全生产的管理部门，为安全生产工作提供组织保障。

【培训要点】

煤矿企业应落实安全生产组织领导机构,成立安全生产委员会,并应按照有关规定设置安全生产和职业卫生管理机构,或配备相应的专职或兼职安全生产和职业卫生管理人员,按照有关规定配备注册安全工程师,建立健全从管理机构到基层班组的管理网络。

(1) 煤矿应当配备矿长、总工程师和分管安全、生产、机电的副矿长,以及负责采煤、掘进、机电运输、"一通三防"、地质测量的专业机构和副总工程师。

(2) 安全生产组织机构完备,有负责安全、采煤、掘进、通风、机电、运输、地测、防治水、调度和应急管理、安全培训、职业病危害防治等工作的管理部门,配备管理人员。

(3) 煤(岩)与瓦斯(二氧化碳)突出矿井(以下简称突出矿井)、水文地质类型复杂极复杂矿井、冲击地压矿井按规定设有相应的管理机构,配备管理人员。

(4) 煤矿建立健全区队班组,配备班组长和群监员。

### 三、安全生产责任制及安全管理制度

是指建立完善安全生产责任制和管理制度,明确全体从业人员的岗位职责,是开展各项工作的基本遵循。

【培训要点】

煤矿实行全员安全生产责任制度。主要负责人对本单位安全生产工作全面负责,主要技术负责人负有安全生产技术决策和指挥职责,其他分管负责人和相关人员在履行岗位职责的同时履行相应的安全生产工作职责。

(1) 健全全员安全生产责任制,让每个员工都明白应该干什么。煤矿要建立从主要负责人到每个岗位、每个员工的全员安全生产责任制。责任制的内容要涵盖责任人、责任范围和考核标准。责任人要明确到每个岗位,明确到员工,人员有变化的要立即更新。要将风险辨识的结果纳入责任制范围,明确到每个员工;责任范围要与每个员工的实际工作相适应,涵盖每个风险点,不得以对安全生产工作的要求作为责任范围的内容。煤矿生产区队、班组、岗位从业人员等的安全生产责任制要通俗易懂、便于操作。考核标准要与责任范围相对应,要制定落实考核机制,确保员工的收入与考核挂钩。

(2) 健全安全生产管理制度和操作规程,让每个员工都明白不该干什么、该怎么干。煤矿企业的安全生产管理制度和操作规程要覆盖煤矿生产经营全过程,符合国家法律法规及其标准规范的要求;要对应法律法规、标准规范及其煤矿生产经营实际的变化,及时更新,每年一调整、三年一修订。

## 四、从业人员素质

是指通过严格准入、规范用工，开展安全培训，提高从业人员素质和技能，控制人的不安全行为，为煤矿安全生产提供人才保障。

【培训要点】

1. 人员准入

（1）煤矿矿长应当具备煤矿主体专业大专以上学历和中级以上技术职称，从事 5 年以上煤矿安全生产工作并具有安全生产技术、管理岗位 2 年以上的经历，取得矿长资格证。

（2）煤矿总工程师应当具备煤矿主体专业大专以上学历、中级以上技术职称和 5 年以上的煤矿技术管理经验。

（3）特种作业人员应当具备高中以上文化程度，经有关主管部门考核合格，取得特种作业操作资格证书。

（4）其他从业人员应当具备初中以上文化程度，经安全教育培训合格并取得相应合格证明。

2. 规范用工

（1）煤矿从业人员有依法获得安全生产保障的权利，并应当依法履行安全生产方面的义务。

（2）取消井下劳务派遣工。

（3）推广实施"取消夜班"做法。

3. 安全培训

企业应对从业人员进行安全生产和职业卫生教育培训，保证从业人员具备满足岗位要求的安全生产和职业卫生知识，熟悉有关的安全生产和职业卫生法律法规、规章制度、操作规程，掌握本岗位的安全操作技能和职业危害防护技能、安全风险辨识和管控方法，了解事故现场应急处置措施，并根据实际需要，定期进行复训考核。未经安全教育培训合格的从业人员，不应上岗作业。

4. 作业行为

（1）企业应依法合理进行生产作业组织和管理，加强对从业人员作业行为的安全管理，对设备设施、工艺技术以及从业人员作业行为等进行安全风险辨识，采取相应的措施，控制作业行为安全风险。

（2）企业应监督、指导从业人员遵守安全生产和职业卫生规章制度、操作规程，杜绝违章指挥、违规作业和违反劳动纪律的"三违"行为。

（3）企业应为从业人员配备与岗位安全风险相适应的、符合 GB/T 11651 规定的个体防护装备与用品，并监督、指导从业人员按照有关规定正确佩戴、使用、维护、保养和检查个体防护装备与用品。

5. 岗位达标

（1）企业应建立班组安全活动管理制度，开展岗位作业流程标准化达标活动，明确岗位达标的内容和要求。

（2）从业人员应熟练掌握本岗位安全职责、安全生产和职业卫生操作规程、安全风险及管控措施、防护用品使用、自救互救及应急处置措施。

（3）各班组应按照有关规定开展安全生产和职业卫生教育培训、安全操作技能训练、岗位作业危险预知、作业现场隐患排查、事故分析等工作，并做好记录。

6. 安全技能提升

提升职工基本技能水平和操作规程执行、岗位风险管控、安全隐患排查及初始灾害应急处置的能力，构建针对性培训课程体系和考核标准。要分岗位对全体员工考核一遍，考核不合格的，按照新上岗人员的培训标准进行离岗培训，考核合格后再上岗。

1）新上岗人员

新上岗人员安全生产与工伤预防培训不得少于72学时，考核合格后方可上岗；要建立健全并严格落实师带徒制度，出徒后方可独立上岗。煤矿企业新上岗的井下作业人员安全培训合格后，应当在有经验的工人师傅带领下，实习满四个月，并取得工人师傅签名的实习合格证明后，方可独立工作。工人师傅一般应当具备中级工以上技能等级、三年以上相应工作经历和没有发生过"三违"等条件。

2）岗位调整或离岗一年以上的人员

企业井下作业人员调整工作岗位或者离开本岗位一年以上重新上岗前，以及煤矿企业采用新工艺、新技术、新材料或者使用新设备的，应当对其进行相应的安全培训，经培训合格后，方可上岗作业。

3）特种作业人员

煤矿特种作业人员必须经专门的安全技术培训和考核合格，由省级煤矿安全培训主管部门颁发《中华人民共和国特种作业操作证》后，方可上岗作业。煤矿特种作业人员在参加资格考试前应当按照规定的培训大纲进行安全生产知识和实际操作能力的专门培训，初次培训的时间不得少于90学时。

4）管理层人员

本着"缺什么、补什么"和学以致用的原则，对企业主要负责人和安全生产管理人员进行以新法律法规、新标准、新规程、新技术、新工艺、新设备、新材料为主要内容的素质提升"七新"再培训，提高安全生产管理人员的安全意识、法治意识和综合管理素质,提升风险辨识和隐患治理水平,增强应急处置能力。

## 五、安全风险分级管控

是指对生产过程中发生不同等级事故、伤害的可能性进行辨识评估,预先采取规避、消除或控制安全风险的措施,避免风险失控形成隐患,导致事故。

【培训要点】

煤矿应制定实施具有实用性、针对性和可操作性较强风险分级管控程序(技术路线),抓好风险分级的过程管理,按照程序有序组织实施,才能确保识别出的危险源(风险点)、风险大小的判定以及风险控制措施的策划的真实性和科学性。

安全风险分级管控是指按照风险级别、所需管控资源、管控能力、管控措施复杂及难易程度等因素而确定不同管控层级的风险管控方式。风险分级管控的基本原则是:风险越大,管控级别越高;上级负责管控的风险,下级必须负责管控,并逐级落实具体措施。

安全风险分级管控是隐患排查治理的前提和基础,通过强化安全风险分级管控,从源头上消除、降低或控制相关风险,进而降低事故发生的可能性和后果的严重性。隐患排查治理是安全风险分级管控的强化与深入,通过隐患排查治理工作,查找风险管控措施的失效、缺陷或不足,采取措施予以整改,同时,分析、验证各类危险有害因素辨识评估的完整性和准确性,进而完善风险分级管控措施,减少或杜绝事故发生的可能性。

## 六、事故隐患排查治理

是指对煤矿生产过程中安全风险管理措施和人的不安全行为、物的不安全状态、环境的不安全条件和管理的缺陷进行检查、登记、治理、验收、销号,避免隐患导致事故。

【培训要点】

风险管控措施失效或弱化极易形成隐患,酿成事故。企业要建立完善隐患排查治理制度,制定符合企业实际的隐患排查治理清单,明确和细化隐患排查的事项、内容和频次,并将责任逐一分解落实,推动全员自主参与隐患排查,尤其要强化对存在重大风险的场所、环节、部位的隐患排查。要通过与政府部门互联互通的隐患排查治理信息系统,全过程记录报告隐患排查治理情况。对于排查发现的重大事故隐患,应当在向负有安全生产监督管理职责的部门报告的同时,制定并实施严格的隐患治理方案,做到责任、措施、资金、时限和预案"五落实",实现隐患排查治理的闭环管理。事故隐患整治过程中无法保证安全的,应停产停业或者停止使用相关设施设备，及时撤出相关作业人员。

通过制定事故隐患分类规定、确定事故隐患排查方法和事故隐患风险评价标准，并对不同风险等级的事故隐患采取不同的治理措施，即为隐患排查治理。隐患排查治理措施一般包括：法制措施、管理措施、技术措施、应急措施等四个层次。

## 七、质量控制

是指通过设定通风、地质灾害防治与测量、采煤、掘进、机电、运输等环节（露天煤矿为钻孔、爆破、采装、运输、排土、机电、边坡、疏干排水等环节）的质量和工作指标，以及调度和应急管理、职业病危害防治和地面设施等方面的管理标准，规范煤矿生产技术、设备设施、工程质量、岗位作业行为等方面的管理工作。

【培训要点】

1. 煤矿生产技术管理

煤矿企业要建立健全煤矿技术管理体系，完善工作制度，开展技术创新，加强技术队伍建设，明确和落实各级技术管理责任，健全以总工程师为核心的技术管理体系。

1）技术管理范围

（1）制定生产、基本建设、技术改造、科研及技术开发、设备更新、地质勘探、安全技术、环境保护等中长期规划及年度计划。

（2）基本建设、技术改造、开拓延深及矿井配套工程建设方案的设计管理。

（3）地质勘探及储量管理。

（4）矿井生产水平及采区接替工程管理。

（5）采掘工作面作业规程的管理。

（6）工程质量管理。

（7）机电设备管理。

（8）科研及技术开发管理。

（9）防治水、火、瓦斯、煤尘、顶板及机电、运输等重大灾害的安全技术管理。

（10）煤矿安全生产标准化管理体系。

（11）煤矿安全双重预防机制。

2）技术管理体系组织机构

（1）总工程师对煤矿企业生产技术管理负总责。设立采掘生产技术、矿井"一通三防"、地质测量、水害防治、职业危害防治、工程设计和科研等安全技术管理机构，配齐技术管理和工作人员。

（2）各专业副矿长及副总工程师对煤矿技术管理体系主要负责人负责，是本专业技术管理的领导核心。

（3）生产系统各科室必须按要求配备技术人员，生产基层单位必须配备专职技术负责人。

2. 煤矿作业规程与技术措施的质量管理

煤矿作业规程、操作规程、安全技术措施是保证安全生产、正确指导作业、实行科学管理的基础，是进行采掘活动的主要依据，也是采掘工作面的基本法规。

根据《煤矿安全规程》规定，回采、掘进工作面在开工之前，都必须按照采区设计或巷道设计编制作业规程；在采掘工作面地质情况、施工条件发生变化时，如初采、收尾、贯通、过断层、过老巷、工作面调采等，临时性工程如巷道起底、扩帮、铺轨、各类小型硐室施工、机电设备安装等，均须编制专项安全技术措施。

1）管理原则

（1）作业规程、操作规程、安全技术措施必须严格遵守《安全生产法》《煤炭法》《矿山安全法》《煤矿安全规程》等国家有关安全生产的法律、法规、标准、规章、规程和相关技术规范。

（2）坚持"安全第一、预防为主、综合治理"的方针，积极推广采用新技术、新工艺、新设备、新材料和先进的管理手段，提高经济效益。

（3）单项工程、单位工程开工之前，必须严格按照"一工程、一规程；一变化、一措施"的原则编制作业规程，不得沿用、套用作业规程，严禁无规程、无措施组织施工。

（4）作业规程、操作规程、安全技术措施由总工程师负责，总工办具体落实作业规程、操作规程、安全技术措施的编制、审批、贯彻、管理考核等各个环节的工作。

2）作业规程、安全技术措施的编制

（1）编制作业规程、安全技术措施，由主管业务科室根据工作衔接安排或工作计划提前一个月下达"规程（措施）编制通知单"（通知单必须明确计划开工时间）。

（2）技术人员接到"规程（措施）编制通知单"后，在编制作业规程安全技术措施之前，技术员应对开工地点及邻近煤层进行现场勘查，检查现场的施工条件，预测施工中可能遇到的各种情况，讨论制定有针对性的安全措施，明确施工的程序和任务，为作业规程的编制做好准备工作。

（3）编制作业规程、安全技术措施必须具备下列文件、资料：

①由总工办提供的经过批准的有关设计（采、掘工作面等设计）及文件、资料。

②由地测科提供的经过批准的地质说明书、施工现场地质条件变化的勘查资料、同一煤层或相邻工作面的矿压观测、煤岩层综合柱状图以及水害等资料。

③由通风科提供的经过批准的通风系统图、洒水降尘图、监控系统图、瓦斯等级和煤尘的爆炸性、煤的自燃倾向性鉴定资料，以及风量计算等"一通三防"和监测监控的相关资料。

④由机电科提供的经过批准的供电系统图、设备布置图、运输系统图以及供电设计等相关资料。

⑤由安全科提供的经过批准的避灾路线图。

⑥有《煤矿安全规程》、煤矿安全技术操作规程等。

⑦安全风险年度辨识结果和专项安全风险辨识结果。

⑧有关安全生产的管理制度，如岗位责任制、工作面交接班制度、"一通三防"管理制度、爆破管理制度、巷道维修制度、机电设备维修保养制度、通风安全仪表使用维修制度、矿井灾害预防与处理计划等。

（4）作业规程、安全技术措施的编制要做到：内容齐全，语言简明、准确、规范；图表满足施工需要，采用规范图例，内容和标注齐全，比例恰当、图面清晰，按章节顺序编号，采用作业规程模板格式编制。

（5）作业规程、安全技术措施编制的内容应结合现场的实际情况，具有针对性。

3）作业规程、安全技术措施的审批

（1）技术员完成煤矿作业规程编制之后，自己必须先自查一遍，发现问题应及时修改或补充，然后征求科长的意见，获得科长同意并签字后，方可上报审批。

（2）生产技术科对规程进行内审后，主管技术员持作业规程或安全技术措施首先到主管领导审核，主管领导要严格把关。规程（措施）经审核后，由主管业务科室下达"规程（措施）审批通知单"，通知单上要明确规程（措施）必须参加审批的业务科室和对口专业副总。各副总及各业务科室规程（措施）审批人员必须坚持"安全第一"的原则，严格把关，对本专业审批内容全面负责，并将审批内容记录在案。科室审批时间最多不超过 1 d。技术员对各单位审批情况进行记录。

（3）提交的作业规程（安全技术措施）经各业务科室、分管副总传审完毕，在工程开工 10 d 前组织集体会审，集体会审必须是矿总工程师主持（矿总工程师外出时可由指派的矿临时技术负责人主持），由矿总工组织，参加集体会审的部门及人员分别为：各分管副总、安全监察科、生产技术科、机电运输科、调度室、通风科、地测科等相关队组负责人和技术员。

（4）参加集体会审的单位由本单位主管和相关科室科长参加，参加会审时要持本人对规程的传阅审批记录。审核过程中要认真细致，对本专业审批内容全面负责、严格把关，并写出会审意见，施工单位按照各部门提出的审查意见修改后，经过相关单位和人员核实符合审查意见要求并签字后，报各分管矿领导审核并签字，然后报总工程师审批。

（5）会审应建立"规程措施集体会审记录"（工程名称、会审时间、地点、参加人提出的问题和意见等）。

（6）执行"谁会审、谁审批、谁签字、谁负责"制度，各职能部门由参加会审的人员对规程、措施进行审核签字，并且由签字者对规程、措施中相关专业内容的科学性、针对性、安全技术有效性负责。

（7）各类作业规程、安全技术措施的编制、审查严重违背《煤矿安全规程》和有关技术规范，造成重大失误的；各类作业规程、安全技术措施中应明确的事项而未明确，存在严重缺陷的，按照矿有关规定进行责任追究。

（8）作业规程、安全技术措施未经审批、批准（生效）和贯彻，主管部门不得下达开工通知书，开工通知书应提前3 d由主管部门送达参加会审的部门和主管领导、施工单位。

（9）作业规程、安全技术措施由各业务科室具体落实。

（10）经批准的作业规程、安全技术措施文本由总工进行统一编号，并在安全监察科等部门备案、交档案室存档。

（11）批准程序和权限：

①作业规程经参加会审各相关部门负责人审核签字后，报矿相关领导签字批准，由矿总工程师签发执行。

②批准程序依次为生产矿长、安全矿长、机电矿长、总工程师、矿长，其他人员无权代替批准（领导外出时可委托副总以上人员代替批准，受委托人同委托人负同等责任）。

③安全技术措施经各相关部门负责人审核签字后，报矿总工程师签发执行。

④矿总工程师要对主管部门提交的经集体会审后的规程和安全技术措施进行全面检查，写出批示意见并签名后方可生效。

（12）一切新编制的规程、措施或经修改、补充的规程、措施都必须经过审批签字后方可生效。

（13）坚持规程、措施复审制度，每月底由生产技术科将各采掘工作面在用的规程、措施报总工程师，由总工程师主持（矿总工程师外出时可由指派的矿临时技术负责人主持），矿总工组织，参加复审的部门及人员分别为：各分管副总、安全监察科、生产技术科、机电运输科、调度室、通风科、地测科、相关队组技术员。

（14）工作面地质条件发生变化，改变作业工艺时必须另外制定补充措施，补充措施同样具有作业规程的法律效力。

（15）当工作面发生瓦斯积聚、有透水预兆、突遇地质构造等特殊情况时，要由分管副矿长召集有关业务部门，集体研究制定临时处理措施，必要时组织有关科室现场办公乃至跟班作业，进行现场指导。

4）作业规程、安全技术措施的贯彻学习

（1）规程一经会审完毕，参加会审人员签字后，即具法律效力，必须严格遵照执行，任何个人无权随意修改。当由于地质条件或施工工艺改变确需对规程进行修改时，必须由总工程师负责召集规程会审人员对需修改部分共同研究、讨论，认定后方可修改。

（2）作业规程、安全技术措施的贯彻学习，必须在工作面开工之前完成；由生产技术科技术员组织所有参加施工人员学习、贯彻。参加学习的人员，经考试合格方可上岗。考试合格人员的考试成绩应登记在本规程的学习考试记录表上，并签名，考试卷要存档。作业规程、安全技术措施贯彻学习要有记录备查。

（3）为了提高工人的技术素质，要求采掘区队每月要有不少于一次的有关安全规程、操作规程、作业规程、工种岗位责任制、安全制度以及有关安全技术措施的全员学习，同时在平时班前会、学习会上开展经常性的规程、措施学习。

（4）作业规程、安全技术措施的执行必须严格认真，一丝不苟。采、掘区队干部、工人必须严格按作业规程规定进行生产管理和操作。作业规程、安全技术措施在执行过程中，因地质条件或生产条件与规程、措施不符时，应及时修改作业规程或补充安全技术措施，并经有关部门审签和领导签发后贯彻执行。

5）作业规程、安全技术措施的实施

（1）作业规程、安全技术措施由施工单位负责实施。所有现场工作人员都必须按照作业规程、安全技术措施要求进行作业和施工。

（2）作业规程、安全技术措施的实施应进行全过程、全方位的管理，重点抓好下列工作：

①工程技术人员负责施工现场规程的指导、落实、修改和补充工作。

②每月对作业规程执行情况进行一次复查。

③工作面的地质、施工条件发生变化时，首先进行专项安全风险辨识，然后及时修改补充安全技术措施，并履行审批和贯彻程序。

6) 作业规程、安全技术措施的管理

（1）作业规程在开工前10 d完成审批工作，安全技术措施在开工前3 d完成审批工作。

（2）作业规程、安全技术措施的编制和贯彻执行作为安全检查的重要内容，每月进行一次，由总工组织，安全、调度、生产、通风等部门参加，对作业规程、安全技术措施及其执行情况，进行定期和不定期的监督检查。发现生产现场不按规程要求施工，应责令及时整改；如有规程不满足现场需要的情况，应责令其及时补充、修改。

（3）对于违反作业规程、安全技术措施所造成的各类事故，要按照"四不放过"的原则，严格进行追查处理，以便吸取教训，进一步抓好安全生产。

（4）施工结束后，一个月内施工单位必须写出作业规程的执行总结，连同作业规程、安全技术措施及修改补充措施一起存档。存档的作业规程文本、电子文档不得修改。

3. 现场管理和过程控制

煤矿现场应严格执行《煤矿安全规程》、作业规程、操作规程和安全技术措施等，各区队现场作业，应指定跟班队干部负责安全生产工作，矿领导、安监部门、相关职能部门应对生产现场进行定期和不定期的监督检查，确保对各生产环节的过程控制，煤矿每月至少开展一次安全生产标准化管理体系达标自检工作，并在等级有效期内每年由隶属的煤矿企业组织（企业和煤矿一体的由煤矿组织）开展一次全面自查，并形成自查报告，并能够做到闭环管理。煤矿宜制定相关安全生产标准化奖罚制度，根据自检结果，对煤矿各单位进行奖罚兑现。

4. 设备设施管理

煤矿安全设施、设备是指企业在生产经营活动中，将危险、有害因素控制在安全范围内，以及减少、预防和消除危害所配备的装置（设备）和采取的措施。

（1）煤矿成立设备管理领导小组，配备专职设备管理员，各主要使用设备单位要有一名专职或兼职设备管理员，使矿设备管理工作形成上管成线、下管成网，专职管理与群众管理制度相结合的良好局面。按上级有关规定对设备统一分类编号，实行台账、卡片、微机管理，主要固定设备须建立技术特征卡片，固定运转设备须一设备一档案。定期检查账、卡、物、微机四对口，做到账账、账物、账卡相符。

（2）煤矿安全设施、设备的设计必须符合国家有关法律法规、行业技术标准、《煤矿安全规程》等。

（3）煤矿安全设施、设备必须与主体工程同时设计、同时施工、同时交付使用。

（4）煤矿井下安全设施、设备凡属矿用安全标志产品的必须具有矿用产品安全标志。

（5）煤矿安全设施投运前，结合实际制定相关安全设施、设备的安全操作规程，及时贯彻到位，操作人员要掌握安全设施、设备的工作原理操作方法、安全注意事项、维护保养知识等，按规定经考试合格持证后，方可上岗。

5. 工程质量控制

煤矿工程质量是煤炭企业安全生产的基础，直接影响着煤炭企业的健康发展，同时也是保证煤矿从业人员安全的首要条件。严格控制工程质量，不放过任一环节质量，才能有效保障煤炭企业安全高效生产。

## 八、持续改进

是指对管理体系运行情况的内部自查自评和对外部检查结果进行总结分析，评价管理体系运行情况，查找问题和隐患产生的原因，提出改进意见，提高体系运行质量。

【培训要点】

煤矿生产是持续的动态过程，标准化考核结果仅能反映当时的安全生产状况，不能代表永远。应根据安全生产标准化管理体系的评定结果和安全预警系统，对安全生产目标与指标、规章制度、操作规程等进行修改完善，制定完善安全生产标准化的工作计划和措施，持续改进，不断提高安全绩效。

持续改进，就是不断发现问题、不断纠正缺陷、不断自我完善、不断提高的过程，使安全状况越来越好。

持续改进更重要的内涵是，企业负责人通过对一定时期后的评定结果进行认真分析，及时将某些部门做得比较好的管理方式及管理方法，在企业内所有部门进行全面推广；对发现的系统问题及需要努力改进的方面及时作出调整和安排；在必要的时候，把握好合适的时机，及时调整安全生产目标、指标，或修订不合理的规章制度、操作规程，使企业的安全生产管理水平不断提升。

企业负责人还要根据安全生产预警指数数值大小，对七、分析查找趋势升高、降低的原因，对可能存在的隐患及时进行分析、控制和整改，并提出下一步安全生产工作的关注重点。

在企业安全生产标准化管理体系初步建立并运行一段时间后，经过了有效的评定，各单位应根据评定过程中发现的问题，认真分析这些问题出现的最根本原因是什么，有针对性地开展整改。要彻底改变许多企业以往分析问题时的应付了事现象，做到真正的举一反三，以点带面，提升本部门、本单位的安全管理水平。

# 第4讲 理念目标和矿长安全承诺

## 第9课 工 作 要 求

### 一、理念目标

制定煤矿安全生产理念和目标，向全体职工公示，形成安全生产共同愿景，用于指导和引领安全生产各项工作。

#### 1. 树立安全生产理念

安全生产理念应体现以人为本、生命至上的思想，体现机械化、自动化、信息化、智能化发展趋势，体现煤矿职工获得感、幸福感、安全感的需求和主人翁地位、体面劳动、尊严生活的要求。煤矿应加强安全生产理念宣贯，使各级管理人员、职工理解、认同并践行本单位安全生产理念，并将安全生产理念贯穿于安全生产决策、管理、执行的全过程，融会到全体职工的具体工作中。

【培训要点】

安全生产理念应做到4个体现：

(1) 体现以人为本、生命至上的思想。

(2) 体现机械化、自动化、信息化、智能化发展趋势。

(3) 体现煤矿职工获得感、幸福感、安全感的需求。

(4) 体现煤矿职工主人翁地位、体面劳动、尊严生活的要求。

#### 2. 制定安全生产目标

结合本单位实际，制定可考核的安全生产目标：建立安全生产目标管理制度，明确各级安全目标责任人的相关职责，分解制定完成目标的工作任务，定期分析完成情况，实施目标考核；将安全生产目标纳入年度生产经营考核指标。目标内容应结合实际提出"零死亡""零超限""零突出""零透水""零自燃""零冲击（无冲击地压事故）"等宏观目标，以及对隐患、违章、事故的量化指标，对重大安全风险管控的效果等。

【培训要点】

安全生产目标要具体明确，根据需要综合确定，充分体现先进性、合理性和可行性。以年度为周期，制定年度安全生产目标。

1. 制定依据

依据党和国家的安全方针政策，上级下达的安全指标、签订的安全或经营目标责任书，按照煤业公司要求，结合矿井安全生产发展实际。

2. 目标内容

目标内容应至少包括：

（1）煤矿安全生产"四零"目标（零死亡、零超限、零突出、零透水）。

（2）风险、隐患、违章、事故的量化指标。

（3）重大风险的管控效果目标。

（4）安全奋斗目标，主要包括：①矿井生产百万吨死亡率；②千人轻伤率；③非人身事故。

（5）安全工作目标，主要包括：①安全生产标准化建设；②安全投入保障；③安全教育培训；④安全风险控制；⑤职业安全卫生；⑥隐患排查治理监控；⑦应急体系建设。

3. 制定程序

综合办公室和安全监察处于每年年底前牵头组织制定下一年度安全生产目标，征求有关领导、科室意见后，提出安全生产目标建议，提交党政联席会讨论确定。

（1）建立安全生产目标管理制度。

（2）明确各级安全生产目标责任人的相关职责。

（3）分解制定完成目标的工作任务。

4. 目标分解

（1）矿井年度安全生产目标是各基层单位分目标的依据，各单位要服从矿井总体目标，逐级细化分解责任目标，明确划分各单位、各科室及个人的目标任务。

（2）逐级签订安全生产目标责任书，开展安全承诺活动，职工人人写出安全保证书，形成层层分解、逐级保证的安全生产目标管理体系。

5. 目标考核

（1）定期分析完成情况，实施目标考核。

（2）将安全生产目标纳入年度生产经营指标考核。

## 二、矿长安全承诺

### 1. 承诺的实施与兑现

煤矿矿长每年对全体职工作出安全承诺，保障安全生产条件，维护职工权益和福利。安全承诺应在显著位置进行公示，接受职工监督，每年应在职工代表大会上公开安全承诺兑现情况，经职工代表大会评议，并将评议结果纳入矿长绩效管理。

【培训要点】

（1）承诺要求。煤矿矿长每年对全体职工作出安全承诺，保障安全生产条件，维护职工权益和福利。

（2）承诺监督。安全承诺应在显著位置进行公示，接受职工监督。

（3）承诺评议。每年应在职工代表大会上公开安全承诺兑现情况，经职工代表大会评议，并将评议结果纳入矿长绩效管理。

**2. 承诺的内容**

煤矿矿长安全承诺应包含但不限于：保证落实安全生产主体责任，保证建立健全安全生产管理体系，保证杜绝超能力组织生产，保证生产接续正常，保证安全费用提足用好，保证矿领导带班下井（坑），保证本人和矿领导班子成员不违章指挥，保证严格管控安全风险，保证如实报告重大安全风险，保证及时消除事故隐患，保证安全培训到位，保证职工福利待遇，保证职工合法权益，保证不加班延点，保证不迟报、漏报、谎报和瞒报事故。

# 第 10 课 标 准 要 求

## 一、安全生产理念

### 1. 理念内容

体现牢固树立安全生产红线意识，贯彻"安全第一、预防为主、综合治理"的安全生产方针，体现以人为本、生命至上的思想，体现机械化、自动化、信息化、智能化发展趋势，体现煤矿职工获得感、幸福感、安全感的需求和主人翁地位、体面劳动、尊严生活的要求。

### 2. 理念贯彻

（1）对安全生产理念的建立、公示、宣贯和修订做出具体规定并落实。

（2）管理人员和职工理解、认同并践行本单位安全生产理念。

### 3. 理念落实

安全生产理念融会贯穿于安全生产实际工作。

## 二、安全生产目标

建立安全生产目标管理制度，对安全目标和任务及措施的制定、责任分解、考核等工作作出规定。

【培训要点】

（1）煤矿要制定安全生产目标管理制度，并行文公布。

（2）制度要包含安全目标和任务的制定、责任分解、统计考核等要素。

**1. 目标内容**

（1）年度安全生产目标应符合本单位安全生产实际，将安全生产目标纳入企业的总体生产经营考核指标。

【培训要点】

（1）煤矿要切合本矿实际制定年度安全生产目标。

（2）年度安全生产目标要纳入企业的总体生产经营目标。

（3）总体生产经营目标不得超设计（核定）生产能力。

（2）目标应可考核，内容应包含事故防范、灾害治理、风险管控、隐患治理等方面，体现"零死亡"，瓦斯"零超限"和井下"零突出""零透水""零自燃""零冲击（无冲击地压事故）"等方面要求。

**2. 目标措施及执行**

分解、制定完成目标的工作任务和措施，明确分层级、专业或科室，以及每项任务的责任岗位、支持条件（人、财、物）和完成时限。

【培训要点】

（1）煤矿要逐级制定安全目标实施意见，安全监察处对各级单位安全目标实施过程进行监控，制定安全生产目标的工作任务配档表。

（2）分层级（领导层、管理层、操作层）、分专业（采煤、掘进、地测、通风、机电、运输、调度、应急等）、分科室（技术科、机电科、安监处等）进行目标分解。

（3）每项目标工作任务要有责任岗位、支持条件(人、财、物)和完成时限等。

**3. 目标考核**

（1）每季度统计目标任务完成情况，未按时完成的应分析原因，提出改进措施。

【培训要点】

煤矿各单位要结合自身实际，加强安全目标效果评估等，定期针对目标完成情况及未完成原因进行分析、通报，改进措施，保证安全目标顺利实施；煤矿要每季度考核一次，撰写分析报告，分析报告要包含以下内容：①目标完成情况统计表；②发现的问题；③原因分析；④改进措施。

（2）制定年度安全目标考核方案，有具体的考核指标、奖惩措施。

（3）根据年度安全生产目标完成情况，对每项目标任务的责任人进行考核，纳入年度绩效管理。

【培训要点】

（1）煤矿要建立健全完善安全绩效考核和安全奖惩制度，加强安全目标责任考核。

（2）定期对矿属各单位安全目标完成情况检查，依据安全奖惩考核办法按阶段兑现奖罚并公布考核结果。

（3）年底对各单位该年度目标完成情况进行分析汇总考核。

（4）年度安全目标实现与否要作为评先树优、绩效薪金兑现的重要依据，未完成安全目标的实行安全"一票否决"制。

## 三、矿长安全承诺

### 1. 建立公示

（1）煤矿矿长应对安全承诺的建立、公示、兑现、考核做出规定。

（2）煤矿矿长每年向本单位全体职工进行公开承诺，签署承诺书并在井口（露天煤矿交接班室）公示。

【培训要点】

（1）公示时间：每年年初。

（2）公示对象：全体职工。

（3）公示地点：井口（露天煤矿交接班室）。

（4）公示内容：矿长签订的承诺书。

### 2. 承诺内容

矿长安全承诺内容应包含但不限于：保证落实安全生产主体责任，保证建立健全安全生产管理体系，保证杜绝超能力组织生产，保证生产接续正常，保证安全费用提足用好，保证矿领导带班下井（坑），保证本人和矿领导班子成员不违章指挥，保证严格管控安全风险，保证如实报告重大安全风险，保证及时消除事故隐患，保证安全培训到位，保证职工福利待遇，保证职工合法权益，保证不加班延点，保证不迟报、漏报、谎报和瞒报事故。

### 3. 兑现

矿长严格兑现安全承诺。

### 4. 考核

矿长将承诺兑现情况纳入年度述职内容和工作报告，经职工代表评议，并将评议结果纳入矿长年度绩效管理。

【培训要点】

（1）矿长将承诺兑现情况纳入年度述职内容和工作报告。

（2）煤矿要向全体职工公开矿长承诺兑现情况。

（3）矿长将承诺兑现情况经职工代表评议，并将评议结果纳入矿长年度绩效管理。

# 第 5 讲 组 织 机 构

## 第 11 课 工 作 要 求

（1）建立由矿长牵头、分管负责人参加的安全办公会议机制，负责煤矿重大安全事项的制定和调整。

**【培训要点】**

凡属重大问题决策、重要干部任免、重大项目安排和大额度资金的使用，都属于重大事项。凡重大事项、重大问题、人事决策、工程立项等都必须经集体讨论、民主决策、科学决策、依法决策。

（1）坚持集体决策原则。重大事项的研究决策，必须严格执行矿党委、行政的议事规则和程序。通过党委会、党政联席会、职工代表大会、专题会等研究决策形式，根据职责、权限和议事规则，集体研究决定重大事项。

（2）坚持科学决策原则。切实强化重大事项决策前期的调研、可行性研究和经济效率、风险评估等工作，保证决策科学、务实高效。

（3）坚持民主决策原则。充分发扬民主，广泛听取意见，集思广益，发挥参与决策人员的作用，保证重大事项的研究决策民主。

（4）坚持依法决策原则。严格遵守和执行国家法律法规、党内条规、矿规矿纪和议事规则，确保重大事项的研究决策合法合规。

（2）明确负责煤矿安全生产各环节职责的部门，并严格履行相应职责。

**【培训要点】**

（1）安监处负责安全生产规章制度、操作规程和事故应急预案拟定，安全生产教育培训，安全管理措施的督促落实，安全风险分级管控、事故隐患排查治理，应急救援演练的组织，职业病危害防治，"三违"行为的制止和纠正等安全生产管理工作职责。

（2）技术科负责矿井采、掘（露天煤矿采、剥）工程技术方案设计，年度、月度生产计划的编制，采、掘、巷修（露天煤矿采、剥）工程技术措施、作业规程等技术文件的审批及现场落实执行的监督检查等工作职责。

（3）调度室负责矿井生产的调度指挥、应急管理，安全监测监控及井上下

（露天煤矿坑上下）通信系统管理等工作职责。

（4）通防科负责矿井通风、防尘、防治瓦斯、防灭火、爆破、安全监控（露天煤矿采空区、火区、边坡、爆破、交通运输、安全监控）等技术方案、规划、措施及作业规程的编制、审批及现场贯彻落实监督检查等工作职责。

（5）机电科负责矿井机电、运输、提升、自动化信息化（露天煤矿穿、采、运、排、机电、自动化信息化）管理等技术方案、规划、规程、措施的编制审批及现场落实执行的督促检查等工作职责。

（6）地测科负责矿井防治水、水文地质、工程地质、瓦斯地质、测量工程（露天煤矿防排水、水文地质、工程地质、测量工程）管理及相关规划、技术及措施、规程的编制、审批并现场监督落实执行等工作职责。

# 第12课　标　准　要　求

## 一、安全办公会议机制

建立由矿长牵头、分管负责人参加的安全办公会议机制，议定内容包括安全生产理念和目标、机构配置和人员定编、年度安全投入计划、重大灾害治理方案、应急救援预案、重大风险管控方案、采掘（采剥）接续计划等工作的制定和调整等，形成会议纪要。

## 二、职责部门

### 1. 安全管理

（1）设有安全生产监督管理部门，并明确制定安全生产规章制度、现场监督检查、"三违"行为的制止和纠正等职责。

【培训要点】

（1）煤矿要成立负责煤矿安全生产标准化管理体系办公室（或负责部门），建立标准化管理体系档案室。

（2）煤矿要明确安监处负责安全生产监督管理综合工作，并行文公布。

（3）安监处要尽职尽责，积极履行部门职责。

（4）煤矿要制定部门职责考核细则。

（2）明确负责安全生产理念目标、安全承诺、安全生产监督管理、绩效考核和持续改进管理职责的部门。

【培训要点】

（1）煤矿要明确安监处负责这项工作，并行文公布。

（2）安监处要尽职尽责，积极履行部门职责。

（3）煤矿要制定部门职责考核细则。

**2. 专业管理**

（1）明确负责安全风险分级管控、事故隐患排查治理工作职责的部门。

**【培训要点】**

（1）煤矿要明确安监处负责这项工作，并行文公布。

（2）安监处要尽职尽责，积极履行部门职责。

（3）煤矿要制定部门职责考核细则。

（4）部门职责考核要严格，有记录，有奖惩。

（2）设有负责矿井采掘（露天煤矿钻孔、爆破、采装、运输、排土）生产技术管理的部门，并明确技术管理及现场监督检查执行情况等工作职责。

**【培训要点】**

（1）煤矿要明确技术科（技术部）负责这项工作，并行文公布。

（2）技术科（技术部）要尽职尽责，积极履行部门职责。

（3）煤矿要制定部门职责考核细则。

（3）设有负责安全生产调度管理的部门，明确矿井生产调度指挥、应急管理，安全监测监控（露天煤矿调度监控）及井上下（露天煤矿坑上下）通信系统管理等工作职责。

**【培训要点】**

（1）煤矿要明确调度室负责这项工作，并行文公布。

（2）调度室要尽职尽责，积极履行部门职责。

（3）煤矿要制定部门职责考核细则。

（4）设有负责矿井通防管理的部门，明确矿井通风、防尘、防治瓦斯、防灭火、防突、爆破（露天煤矿采空区、火区、边坡）管理及现场监督检查执行情况等工作职责。

**【培训要点】**

（1）煤矿要明确通防科（通防部）负责这项工作，并行文公布。

（2）通防科（通防部）要尽职尽责，积极履行部门职责。

（3）煤矿要制定部门职责考核细则。

（5）设有负责矿井机电运输管理的部门，明确机电、运输、自动化信息化（露天煤矿机电、信息化）等技术管理及现场监督检查执行情况等工作职责。

**【培训要点】**

（1）煤矿要明确机电科（机运部）负责这项工作，并行文公布。

（2）机电科（机运部）要尽职尽责，积极履行部门职责。

（3）煤矿要制定部门职责考核细则。

（6）设有负责矿井水文地质管理工作的部门，明确防冲、防治水、水文地质、矿井地质、瓦斯地质、矿井测量（露天煤矿防排水、水文地质、工程地质、测量工程）管理及现场监督检查落实执行情况等工作职责。

【培训要点】

（1）煤矿要明确地测科（防治水）负责这项工作，并行文公布。

（2）地测科（防治水）要尽职尽责，积极履行部门职责。

（3）煤矿要制定部门职责考核细则。

（7）设有负责煤矿安全培训管理的部门，明确培训、班组建设等工作职责。

【培训要点】

（1）煤矿要明确培训部门、班组管理部门负责这项工作，并行文公布。

（2）培训部门要尽职尽责，积极履行部门职责。

（3）煤矿要制定安全培训、班组建设管理办法和考核细则。

（4）培训部门和班组管理部门职责考核要严格，有记录，有奖惩。

（8）设有负责职业病危害防治、综合行政管理以及地面后勤保障等工作职责的部门，职责明确。

【培训要点】

（1）煤矿要明确职业病危害防治、综合行政管理以及地面后勤保障部门负责这项工作，并行文公布。

（2）职业病危害防治、综合行政管理以及地面后勤保障部门要尽职尽责，积极履行部门职责。

（3）煤矿要制定部门职责考核细则。

# 第6讲　安全生产责任制及安全 管 理 制 度

## 第13课　工　作　要　求

### 一、建立和履行安全生产责任制

建立煤矿矿长（法定代表人、实际控制人）为安全生产第一责任人的安全生产责任制。采取自下而上、全员参与的方式，制定各部门、各岗位的安全生产责任制，建立责任清单，明确责任范围、考核标准，并在适当位置进行长期公示，切实让各岗位职工明责、履责、尽责，确保责任无空档。

【培训要点】

煤矿安全生产责任是对煤矿员工选择安全工作任务和行为方式、履行岗位安全职责、进行协作劳动的一种基本规定。煤矿安全生产责任能够为煤矿员工提供必要的知识、能力要求，也能够影响煤矿员工的安全态度，因此建立煤矿安全生产责任制是煤矿安全管理的方法之一。

1. 煤矿安全生产责任制的内涵

煤矿安全生产责任制规范了煤矿各单位、各级管理人员和每个员工在各自职责范围内应承担的安全生产责任，它是贯彻安全生产方针的重要保证，是落实"管生产必须首先管安全""安全生产，人人有责"的具体措施，是确保安全生产的重要组织保证，也是实现安全管理目标的有效手段。

（1）安全生产管理采用分级负责制。各单位负责人是本单位安全生产的第一责任人，负责建立本单位各类人员的安全生产制度。安检科负责对各部门安全生产的制度、目标的执行情况进行监督、考核。各分管领导、业务科室、区队负责人是安全生产直接责任人，执行、落实矿制定的安全生产制度，并监督、检查、考核执行情况，形成层次分明、分级管理、监管有序的管理构架。

（2）各级领导在各自的工作范围和管理权限内，负责组织贯彻执行国家和上级部门的有关安全生产法律、法规及规章制度，在生产计划、布置、检查、总结、评比的同时，对安全工作进行计划、布置、检查、总结、评比。

（3）各级领导、职能科室、基层区队及员工要认真履行矿制定的安全生产责任制，做到分工明确，责任到人，落实到位，并实行一级对一级负责，真正把安全生产工作落到实处，实现全员安全生产责任制。

（4）煤矿实行全员安全生产责任制，各级领导和员工有责任和义务参加各种安全管理（技术）的教育和培训，不断提高自身的安全生产意识和安全生产工作能力，遏制事故的发生。

（5）因安全生产责任制不落实造成伤亡事故或重大经济损失者，除需承担经济与行政责任外，触犯刑法的还要追究刑事责任。

2. 煤矿安全生产责任体系

煤矿安全生产责任制管控体系就是"党政同责、一岗双责、齐抓共管"。

（1）矿长主管安全、矿长是安全生产第一责任者，在安全生产工作中统领全局、通盘考虑、核心集中、全面部署、全权负责。

（2）书记引导安全。党委书记作为煤矿本质安全文化建设的责任主体，负责健全教育制度、完善教育措施，全面做好安全教育领导工作，为矿井的安全生产提供思想意识保障。

（3）生产矿长执行安全。生产矿长作为安全生产的直接管理者，要在确保矿井安全生产的基本框架和大前提下，突出执行、强化落实，把各级安全生产责任细化量化到各个层面和各个环节。

（4）总工程师保障安全。总工程师是安全生产技术主要负责人。在工作中负责对各类技术改造、技术规程、操作规程等的制定与实施，从技术层面上对安全生产提供可靠的保障。

（5）安监处长监督安全。安监处长负责严格考核、监督执行安全生产，确保各项管理规定落实到实处，排查整改各类现场安全隐患，消除各类不安全行为和不安全状态。

（6）工会主席协管安全：工会主席在安全生产中的职责是做好对"三违"人员的帮教工作，教育引导员工树立科学的安全意识，改变不安全的行为，消除人的不安全因素和行为。

（7）独立执法管控安全、矿安监处负责全矿安全生产责任制的监督与考核，在矿长的领导下独立执法，不受任何领导、部门的控制。

3. 煤矿安全生产责任管控程序

（1）定责。定责就是要确定每个岗位的安全职责。由于岗位安全职责具有全员性、规范性和重复性等特点，因此在制定和完善岗位安全职责时要始终坚持一个原则，即自下而上与自上而下相结合的原则。自下而上就是先根据基层的实际生产需要来确定煤矿员工和基层班组长的安全岗位职责，再根据煤矿员工和基层班组长的岗位安全管理需要，确定区队长的安全岗位职责，依次类推，最终确定矿长书记的安全岗位职责。自上而下就是为了完成上级下达的各种工作任务等，按照从矿长、书记到基层班组长和煤矿员工的顺序逐一确定各岗位的相应岗位安全职责。这种自下而上与自上而下相结合的原则，既能满足基层安全生产的需要，又能保证上级任务的顺利完成，做到了全矿的岗位安全职责全面、系统、科学和有效，保证整个煤矿的高效运转。

煤矿安全生产责任制制定流程如图 6-1 所示。

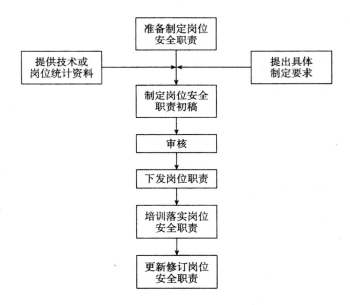

图 6-1 煤矿安全生产责任制制定流程图

（2）履责。履责就是各岗位人员要认真履行自己的岗位职责。这个环节的主要任务是确定各岗位人员的履责方式、方法和程序等，采取各种措施保证各岗位人员的履责工作过程顺利畅通，同时也保证各岗位人员的工作权利和劳动利益不受干扰或侵犯。

（3）问责。问责就是对各岗位人员是否履行了自己的岗位安全职责，以及履行的程度进行考评，按照考评结果给予相应的奖惩，并且对严重渎职人员进行责任追究。定责和履责是问责的基础和前提。

## 二、完善和落实安全生产管理制度

煤矿应对各项制度的制定、宣贯、执行、考核、修订废止等环节进行规范。按规定建立健全安全生产投入、安全奖惩、技术管理、安全培训、办公会议制度,安全检查制度,事故报告与责任追究制度等安全生产规章制度,并严格贯彻落实。

【培训要点】

煤矿安全生产管理制度主要是指煤矿制定的作业规程和安全管理规定,包括各种涉及安全的规程、规定、标准、程序、规范、制度等。煤矿安全生产管理制度是指管理者根据安全管理的规章制度,主要根据其职权所进行的程序性安全管理工作。行为安全是煤矿生产顺利进行的根本保证,在煤矿员工不安全行为的众多管理手段中,安全制度管理无疑是最具基础意义的管理手段,也是使用最为广泛的管理手段。

一个完整的安全制度管控过程至少应该包括制定安全制度、执行安全制度、健全安全制度这三个基本环节。首先,需要制定安全制度,即将准备实施安全制度管理的工作或内容制定出具体的安全管理制度文件,作为实施安全制度管控的依据。其次,需要执行安全制度,即将制定出来的安全管理制度文件付诸实施,用于指导各级管理人员和职工的具体工作行为。最后,需要健全安全制度,即定期对整个安全制度管控系统进行审查,以理顺各个安全制度之间的关系,健全整个安全制度管控体系。

一般来说,制定制度环节的主要任务是保证制度管理的有效性,执行制度环节的主要任务是保证制度管理的依从性,而健全制度环节的主要任务是保证制度管理的系统性。其中任何一个环节出现问题,制度管理的功效都很难充分发挥出来。上述各阶段的管理内容彼此关联、相互衔接,共同构成了一个完整的安全制度管理过程。图6-2所示的是安全制度管控流程图。

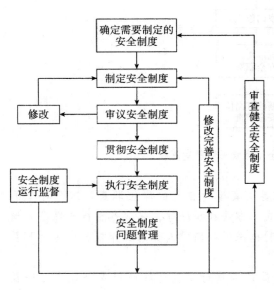

图6-2 安全制度管控流程图

# 第 14 课　标　准　要　求

## 一、安全生产责任制

### 1. 建立

（1）建立煤矿矿长（法定代表人、实际控制人）为安全生产第一责任人，副矿长、总工程师分工负责的安全生产责任制，并以正式文件下发。

【培训要点】

安全生产责任制是企业岗位责任制的一个组成部分，是企业中最基本的一项安全制度，也是企业安全生产、劳动保护管理制度的核心。

煤矿安全生产第一责任人除煤矿矿长外还包括：

（1）法人代表，企业安全生产第一责任人，对本企业安全生产工作负总责。

（2）实际控制人：虽然名义上不是法定代表人或者具体管理人员，但实际上指挥、控制矿山企业的生产、经营、安全、投资和人事任免等重大事项和重要事务，或者对重大决策起决定作用，是矿山企业实质意义上的负责人。

（2）明确部门、科室、区（队）、班组等各级单位安全生产责任。

【培训要点】

（1）各级单位的安全生产责任制：煤矿制定的安全生产责任制中，要明确部门、科室、区队、班组等各级单位安全生产责任。

（2）各级岗位（领导岗位、管理岗位、操作岗位）的安全生产责任制：煤矿制定的安全生产责任制中，要从矿长到各岗位的全员安全生产责任。

（3）煤矿制定的安全生产责任制中，要包括责任部门、责任人、责任范围、责任确定的依据、责任清单、责任风险、考核标准等要素。

（3）制定各岗位安全生产责任制，明确责任范围，岗位有固定工作场所的，在适当位置进行长期公示。

【培训要点】

煤矿要对单位和岗位的安全生产责任制进行公示和挂牌管理：

（1）各单位部门要在部门科室里悬挂部门安全生产责任制牌板。

（2）固定岗位的要在适当位置悬挂牌板长期公示本岗位的安全生产责任制。

（3）公示内容：岗位安全生产责任制范围、内容、考核标准等。

### 2. 考核

依据全年安全生产责任落实情况进行全员考核，制定落实考核方案，并将考核结果纳入岗位绩效管理。

【培训要点】

（1）全员考核，对照全年工作目标和标准，层层分解，评定工作任务完成情况、职责履行程度。

（2）考核要区分部门和个人考核，有记录可查，有结果，有落实。

（3）将考核结果纳入岗位绩效管理。

## 二、安全管理制度

### 1. 制度要求

安全生产管理制度应满足下列规定：

①符合相关的法律、法规、政策、标准；

②内容具体，符合煤矿实际，有针对性，责任清晰，能够对照执行和检查。

### 2. 制度内容

至少建立以下安全管理制度，主要包括：安全生产责任制管理考核制度；安全办公会议制度；安全投入保障制度；安全监督检查制度；安全技术措施审批制度；矿用设备、器材使用管理制度；矿井主要灾害预防管理制度；安全奖惩制度；安全操作规程管理制度；事故报告与责任追究制度；事故应急救援制度；"三违"管理制度；矿领导带班下井（坑）制度。

【培训要点】

煤矿要制定13项基本安全管理制度外，还要制定各专业要求制定的安全生产管理制度：

（1）安全风险分级管控的各项制度；

（2）事故隐患排查治理的各项制度；

（3）矿井通风的各项制度；

（4）煤矿地质灾害与测量的各项制度；

（5）采煤的各项制度；

（6）掘进的各项制度；

（7）机电的各项制度；

（8）运输的各项制度；

（9）培训的各项制度；

（10）班组建设与管理的各项制度；

（11）调度的各项制度；

（12）应急管理的各项制度；

（13）职业卫生的各项制度；

（14）地面设施的各项制度；

（15）露天煤矿的各项制度；

（16）其他方面。

## 三、执行与监督

**1. 培训**

将全员安全生产责任制教育培训工作纳入安全生产年度培训计划，全员掌握本岗位安全生产职责。

【培训要点】

煤矿要将全员安全生产责任制和各项安全生产管理制度的教育培训工作纳入安全生产年度培训计划，通过培训使全员掌握本岗位安全生产职责。

（1）制定的年度安全培训计划里要包含相应的安全生产责任制和各项安全生产管理制度内容。

（2）全员培训课程设置要单列安全生产责任制和各项安全生产管理制度培训内容，有培训授课教案（课件）、培训教学过程记录、全员签到考核记录等。

（3）全员培训考试试题要包含安全生产责任制和各项安全生产管理制度内容。

**2. 制度执行**

严格执行本矿各项制度。

【培训要点】

（1）煤矿各部门各岗位人员要严格执行制定的各项安全管理制度，煤矿要提供执行制度的条件与环境。

（2）各部门、各岗位（领导岗位、管理岗位、操作岗位）要认真执行，并做好制度执行的记录。

**3. 监督**

对违反制度的行为和现象有明确、具体的处罚措施和责任追究办法，并严格落实。

【培训要点】

煤矿要安排专门的部门负责制度执行的监督与考核。

（1）明确安全生产管理制度执行监督部门和人员。

（2）制定具体的处罚措施，对违反制度行为和现象，有针对性的奖惩措施。

（3）制定责任追究办法，有处罚记录，处分有文件。

# 第7讲 从业人员素质

## 第15课 工 作 要 求

### 一、人员配备及准入

（1）矿长、副矿长和总工程师、副总工程师，安全生产管理人员、专业技术人员配备满足要求，且不得在其他煤矿兼职。

**【培训要点】**

（1）煤矿应当配备矿长、总工程师和分管安全、生产、机电的副矿长，以及负责采煤、掘进、机电运输、"一通三防"、地质测量的专业技术人员和副总工程师。

（2）煤与瓦斯突出，冲击地压，水文地质类型复杂、极复杂的煤矿应当设立相应的专门防治机构，配备专职副总工程师。

（3）煤矿主要负责人、安全生产管理人员、专业技术人员严禁在其他煤矿兼职。

（2）矿长、副矿长、总工程师、副总工程师具备煤矿相关专业大专及以上学历；新上岗的特种作业人员应当具备高中及以上文化程度，或者职业高中、技工学校及中专以上相关专业学历；普通从业人员必须具备初中及以上文化程度。

（3）专业技术人员符合任职资格。

**【培训要点】**

煤矿专业技术人员是指在专业技术职位上从事专业技术工作和一般管理工作，具有相应的专业知识、技术水平、执业资格和解决专业技术方面问题能力的人员。

1. 基本任职条件

（1）热爱煤炭事业，工作态度端正，积极肯干。

（2）中专及以上文化程度，取得技术员及以上资格技术职称，具备从事专业技术工作所需的专业技术理论知识和政策理论水平。

（3）具备完成本专业技术工作所需的能力，包括调查研究能力、组织指导能力、综合分析能力和解决问题的能力。

（4）具有专业技术人员所需的工作责任感、积极性、创造性、协作精神。

2. 安全资格任职条件

负责采煤、掘进、机电运输、通风、地质测量工作的专业技术人员等任职之日起是否6个月内通过安全生产知识和管理能力考核。

（4）井下不使用劳务派遣工。

**【培训要点】**

煤矿井下用工主要有两种：一是劳动合同工，二是劳务派遣工，其中劳务派遣工95%以上是农民工。

（1）应急管理部、人力资源和社会保障部、教育部、财政部、国家煤矿安全监察局联合发布《关于高危行业领域安全技能提升行动计划的实施意见》要求，煤矿进一步规范劳动用工，煤矿企业将逐步实现彻底取消井下劳务派遣工，把超比例使用的劳务派遣工转为正式合同工，依法规范劳动用工，提高待遇稳定产业队伍。

（2）国家煤监局局长黄玉治在安徽省淮北市举行的全国煤矿安全培训工作现场会上表示，煤矿井下属于主营岗位，原则上井下不允许使用劳务派遣工，应在3年内逐步取消井下劳务派遣工。

（3）煤矿取消井下劳务派遣工有如下四个理由：

①与《劳动合同法》部分条款相悖。

《劳动合同法》第六十六条规定"劳务派遣一般在临时性、辅助性或者替代性的工作岗位上实施"，煤矿井下工作岗位的特殊性与《劳动合同法》明确的劳务派遣工作岗位的"三性"明显不相符。

②不符合煤矿企业劳动用工管理的政策规定。

在有关煤矿企业劳动用工管理的一系列政策规定中，尤其是最近下发的《国务院关于进一步加强企业安全生产工作的通知》（国发〔2010〕23号）和《关于认真贯彻落实国务院通知精神切实加强煤矿安全生产工作的实施意见》（安监总煤监〔2010〕152号）均规定"企业用工要严格依照劳动合同法与职工签订劳动合同""煤矿企业必须依法与职工签订劳动合同，切实维护煤矿职工合法权益，保证职工在安全生产上具有相应的知情权和监督权"。这种用工形式，煤矿企业与劳务派遣人员没有劳动合同关系，不符合相关政策规定。

③劳动用工管理不能真正实现"五个百分百"。

此种用工形式劳动者与派遣机构签订《劳动合同》，其备案由派遣机构在当地劳动部门进行，由派遣机构为其缴纳各类保险，有的甚至培训也在派遣机构进行，煤矿企业劳动用工管理不能真正实现"五个百分百"（合同签订率、用工备案率、培训率、参加社会保险率、年检率）。

④不能很好落实岗位安全责任。

煤矿井下使用的劳务派遣工素质良莠不齐，安全意识淡薄，对他们的安全考核收不到理想效果，违反劳动纪律、违章作业现象时有发生，安全生产的岗位责任得不到有效落实。

## 二、安全培训

（1）矿长组织制定并落实安全培训管理制度、安全培训计划，按规定投入和使用安全培训经费。

【培训要点】

煤矿企业是安全培训的责任主体，应当依法对从业人员进行安全生产教育和培训，提高从业人员的安全生产意识和能力。煤矿企业主要负责人对本企业从业人员安全培训工作全面负责。

（1）煤矿应有负责安全生产培训工作的专门机构，该机构隶属于安监部门或人力资源部门，并配备满足培训管理和教学工作要求的人员。依据《煤矿安全培训规定》的规定，制定并严格落实各种安全培训管理制度，按年、季、月制订安全培训计划，并按计划进行培训。

（2）煤矿企业应当明确负责安全培训工作的机构，配备专职或者兼职安全培训管理人员，建立完善安全培训管理制度，制定年度安全培训计划，按照国家规定的比例提取教育培训经费。其中，用于安全培训的资金不得低于教育培训经费总额的40%。

（2）按照规定对从业人员进行安全生产培训，提升从业人员安全素质。

【培训要点】

（1）本条规定所称煤矿企业从业人员，是指煤矿企业主要负责人、安全生产管理人员、特种作业人员和其他从业人员。

（2）依据《煤矿安全培训规定》及各类法律法规的规定对从业人员进行培训，提升从业人员安全素质和安全技能。

①煤矿要对在岗员工全覆盖式进行安全技能提升培训，分岗位对全体员工考核一遍，考核不合格的，按照新上岗人员的培训标准进行离岗培训，考核合格后再上岗，确保在岗和新招录从业人员100%培训考核合格后上岗。

②煤矿班组长普遍接受安全技能提升培训，其中取得职业资格证书、职业技能等级证书或接受相关专业中职及以上学历教育的人员比例提高。

③特种作业人员必须严格落实先培训后考核、先取证后上岗的制度，确保特种作业人员100%取得《特种作业操作证》。

④煤矿企业从业人员中经过培训并取得职业资格证书或职业技能等级证书的比例提高。

⑤构建多元安全技能培训载体，煤矿要建设安全技能实训基地、特种作业人员实操考试基地、构建安全生产产教融合型企业。

⑥安全技能培训制度机制更加完善，构建以企业为主体、各类机构积极参与、劳动者踊跃参加、部门协调配合、政府激励推动的煤矿领域安全技能培训格局。

（3）煤矿矿长和安全生产管理人员必须具备与生产经营活动相应的安全生产知识和管理能力，并考核合格。

**【培训要点】**

（1）煤矿企业主要负责人考试应当包括下列内容：①国家安全生产方针、政策和有关安全生产的法律、法规、规章及标准；②安全生产管理、安全生产技术和职业健康基本知识；③重大危险源管理、重大事故防范、应急管理和事故调查处理的有关规定；④国内外先进的安全生产管理经验；⑤典型事故和应急救援案例分析；⑥其他需要考试的内容。

（2）煤矿企业安全生产管理人员考试应当包括下列内容：①国家安全生产方针、政策和有关安全生产的法律、法规、规章及标准；②安全生产管理、安全生产技术、职业健康等知识；③伤亡事故报告、统计及职业危害的调查处理方法；④应急管理的内容及其要求；⑤国内外先进的安全生产管理经验；⑥典型事故和应急救援案例分析；⑦其他需要考试的内容。

（3）煤矿企业主要负责人和安全生产管理人员应当自任职之日起 6 个月内通过考核部门组织的安全生产知识和管理能力考核，并持续保持相应水平和能力。煤矿企业主要负责人和安全生产管理人员应当自任职之日起 30 日内，按照《煤矿安全培训规定》第十六条的规定向考核部门提出考核申请，并提交其任职文件、学历、工作经历等相关材料。考核部门接到煤矿企业主要负责人和安全生产管理人员申请及其材料后，经审核符合条件的，应当及时组织相应的考试；发现申请人不符合《煤矿安全培训规定》第十一条规定的，不得对申请人进行安全生产知识和管理能力考试，并书面告知申请人及其所在煤矿企业或其任免机关调整其工作岗位。

（4）煤矿企业主要负责人和安全生产管理人员的考试应当在规定的考点采用计算机方式进行。考试试题从国家级考试题库和省级考试题库随机抽取，其中抽取国家级考试题库试题比例占 80% 以上。考试满分为 100 分，80 分以上为合格。考核部门应当自考试结束之日起 5 个工作日内公布考试成绩。

（5）煤矿企业主要负责人和安全生产管理人员考试合格后，考核部门应当在公布考试成绩之日起 10 个工作日内颁发安全生产知识和管理能力考核合格证明。考核合格证明在全国范围内有效。煤矿企业主要负责人和安全生产管理人员考试不合格的，可以补考一次；经补考仍不合格的，一年内不得再次申请考核。考核部门应当告知其所在煤矿企业或其任免机关调整其工作岗位。

（4）自主培训应具备安全培训条件，不具备安全培训条件的应委托具备安全培训条件的机构进行培训。

【培训要点】

对从业人员的安全技术培训，具备《安全培训机构基本条件》（AQ/T 8011）规定的安全培训条件的煤矿企业应当以自主培训为主，也可以委托具备安全培训条件的机构进行安全培训。不具备安全培训条件的煤矿企业应当委托具备安全培训条件的机构进行安全培训。从事煤矿安全培训的机构，应当将教师、教学和实习与实训设施等情况书面报告所在地省级煤矿安全培训主管部门。

（5）特种作业人员取得相应的特种作业操作证；其他从业人员具备必要的安全生产知识和安全操作技能，并经培训合格后方可上岗。

【培训要点】

（1）煤矿特种作业人员，是指从事煤矿井下电气作业、煤矿井下爆破作业、煤矿安全监测监控作业煤矿瓦斯检查作业、煤矿安全检查作业、煤矿提升机操作作业、煤矿采煤机操作作业、煤矿掘进机操作作业、煤矿瓦斯抽采作业、煤矿防突作业和煤矿探防水作业的人员。

煤矿特种作业人员应当从事本岗位必要的安全知识及安全操作技能，熟悉有关安全生产规章制度和安全操作规程，具备相关紧急情况处置和自救互救能力。

煤矿特种作业人员在参加资格考试前应当按照规定的培训大纲进行安全生产知识和实际操作能力的专门培训。其中，初次培训的时间不得少于 90 学时，已经取得高中、技工学校及中专学历以上的毕业生从事与其所学专业相应的特种专业，持学历证明经考核发证部门审核属实的，免于初次培训，直接参加资格考试。

煤矿特种作业操作资格考试包括安全生产知识考试和实际操作能力考试。安全生产知识考试合格后，进行实际操作能力考试。煤矿特种作业操作资格考试应当在规定的考点进行，安全生产知识考试应当使用统一的考试题库，使用计算机考试，实际操作能力考试采用国家统一考试标准进行考试。考试满分均为 100 分，80 分以上为合格。离开特种作业岗位 6 月以上但特种作业操作证仍在有效期内的特种作业人员，需要重新从事原特种作业的，应当重新进行实际操作能力考试，经考试合格后方可上岗作业。

（2）煤矿要对其他从业人员进行培训，培训合格后方可上岗。

（3）煤矿在对新工人进行入井培训，培训合格后方可下井工作。

（6）建立健全从业人员安全培训档案。

【培训要点】

（1）煤矿企业应当建立健全从业人员安全培训档案，实行一人一档。煤矿企业从业人员安全培训档案的内容包括：①学员登记表，包括学员的文化程度、职务、职称、工作经历、技能等级晋升等情况；②身份证复印件、学历证书复印件；③历次接受安全培训、考核的情况；④安全生产违规违章行为记录，以及被追究责任、受到处分、处理的情况；⑤其他有关情况。煤矿企业从业人员安全培训档案应当按照《企业文件材料归档范围和档案保管期限规定》（国家档案局令第 10 号）保存。

（2）煤矿企业除建立从业人员安全培训档案外，还应当建立企业安全培训档案，实行一期一档。煤矿企业安全培训档案的内容包括：①培训计划；②培训时间、地点；③培训课时及授课教师；④课程讲义；⑤学员名册、考勤、考核情况；⑥综合考评报告等；⑦其他有关情况。

（3）煤矿企业主要负责人和安全生产管理人员一期一档应保存 3 年以上，特种作业人员应保存 6 年以上，其他从业人员一期一档应保存 3 年以上。

对煤矿企业主要负责人和安全生产管理人员的煤矿企业安全培训档案应当保存 3 年以上，对特种作业人员的煤矿企业安全培训档案应当保存 6 年以上，其他从业人员的煤矿企业安全培训档案应当保存 3 年以上。

### 三、班组管理与不安全行为控制

#### 1. 班组安全建设

（1）强化煤矿班组安全建设，制定班组建设规划、目标，保障班组安全建设资金，完善班组安全建设措施。

【培训要点】

煤矿企业应当建立健全从企业、矿井、区队到班组的班组安全建设体系，把班组安全建设作为加强煤矿安全生产基层和基础管理的重要环节，明确分管负责人和主管部门，制定班组建设整体规划、目标和保障措施。

煤矿企业工会要加强宣传和指导，积极参与煤矿班组安全建设，要建立健全区队工会和班组工会，强化班组民主管理，维护职工合法权益。煤矿企业应当建立完善班组安全管理规章制度。

（2）加强班组现场管理，落实班组安全责任，制定班组安全工作标准，规范工作流程。

【培训要点】

煤矿企业应当依据《煤矿安全规程》、作业规程和煤矿安全技术操作规程等规定，制定班组安全工作标准，操作标准，规范工作流程。

（1）班组必须严格班前会制度，结合上一班作业现场情况，合理布置当班安全生产任务，分析可能遇到的事故隐患并采取相应的安全防范措施，严格班前安全确认。

（2）班组必须严格执行交接班制度，重点交接清楚现场安全状况、风险管控情况、存在隐患及整改情况、生产条件和应当注意的安全事项等。

（3）班组要坚持正规循环作业和正规操作，实现合理均衡生产，严禁两班交叉作业。

（4）班组必须严格执行隐患排查治理制度，对作业环境、安全设施及生产系统进行巡回检查，及时排查治理现场动态隐患，隐患未消除前不得组织生产。

（5）班组必须认真开展安全生产标准化工作，加强作业现场精细化管理，确保设备设施完好，各类器材、备用配件、工器具等排放整齐有序，清洁文明生产，做到岗位达标、工程质量达标，实现动态达标。

（6）班组应当加强作业现场安全监测监控系统、安全监测仪器仪表、工器具和其他安全生产设施的保护和管理，确保正确正常使用、安全有效。

**2. 不安全行为管理**

（1）管控员工的不安全行为，制定对不安全行为从发现到制止、从帮教到再上岗的全流程管理制度，赋予每一个员工现场抵制和制止不安全行为（含"三违"行为）的权力。

【培训要点】

（1）不安全行为是生产过程中员工行为的一种具体表现，员工不安全行为可以分为狭义和广义两种。狭义的不安全行为主要是指可能直接导致事故发生的员工行为，如员工的违规行为等；而广义的不安全行为是指一切可能导致事故发生的员工行为，既包括可能直接导致事故发生的员工行为．也包括可能间接导致事故发生的员工行为，如管理者的不尽职行为等。

（2）现场安全管控就是现场管理人员运用各种方法手段对生产现场的各种工作人员的工作行为等进行监督、检查和控制的全过程。现场安全管控就是对不安全行为从发现到制止、从帮教到再上岗的全流程。

现场安全管控要在建立和完善各种现场安全管理制度的前提下，以工作现场的班队长和工人为管理对象，以现场跟班人员、专业检查人员和各级管理人员为抓手，以"手指口述"安全确认、走动式巡查、安全验收、考核评价等为手段，通过观察和规范各级员工的工作行为，做到对现场员工行为的全过程实时监督和控制，最终实现无不安全行为的员工行为管理目标。

现场安全管控主要是根据煤矿生产组织的基本顺序开展工作的，可以分为"手指口述"安全确认、走动式巡查、安全验收、考核评价等几个前后紧密相连的阶段。"手指口述"安全确认、走动式巡查、安全验收、考核评价都是对现场煤矿员工工作行为进行观察和管理工作，它们共同组成了现场安全管控工作的核心运行机制。

（3）煤矿要赋予每一个员工现场抵制和制止不安全行为（含"三违"行为）的权力。

（2）对不安全行为进行分析，制定不安全行为管控措施，不断减少员工不安全行为，杜绝员工"三违"发生。

【培训要点】

不安全行为指任何可能导致不良后果（伤害或者其他损失）的人的行为。从员工自身角度出发，不安全行为的具体原因如图 7-1 所示。

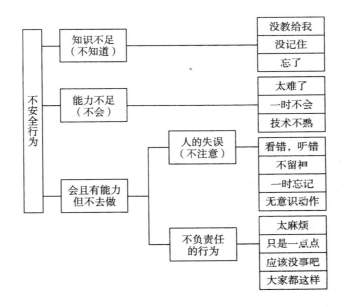

图 7-1　不安全行为的原因分析

煤矿要采取下列措施管控员工的不安全行为：

1）强化安全教育培训

（1）认真组织完成全年的安全技术培训实施计划。根据生产形式和能力变化、人员增减情况、设备更新、环境变化等因素，要改变现有培训组织方式，突出"干什么、学什么，缺什么、补什么"的原则组织培训，培训教师主要从煤矿工程技术管理人员中选聘，必要时外聘有资质的专家教授进行授课。

（2）区队每天要利用班前会进行岗位操作规程和作业规程的学习贯彻，要坚持开展班前岗位风险辨识评估、坚持开展"每日一条规"安全知识的学习活动，通过生产技术知识和岗位培训提高职业技能，避免工作差错和操作失误造成事故。

（3）各级管理人员要经常性地教育引导员工生产作业前必须做到"五思而行"，即：做本项工作有什么风险？不知道不去做；是否具备做此项工作的技能？不具备不去做；做本项工作环境是否安全？不安全不去做；做本项工作是否有合适的工具？不适合不去做；做本项工作是否佩带合适的防护用品？没有不去做。

（4）每年矿里要组织开展至少一次全员事故案例培训教育，区队班组安全活动也要将事故案例教育作为一项主要内容来组织学习，通过事故案例培训教育达到提高安全意识的目的。

（5）从控制不安全行为出发，对不安全行为人员还要进行安全态度和安全思想教育培训。通过安全态度和安全思想教育，消除员工头脑中对安全的错误倾向性，克服不安全的个性心理，端正安全态度，提高搞好安全生产的自觉性和责任心，从而避免不安全行为。

（6）每年按安全活动计划，组织开展诸如安全演讲、安全知识竞赛、出动安全宣传车等群众性的安全宣教工作，使全体员工通过安全文化力的作用，发挥其主观能动性，自觉遵守安全生产的各项规章制度，规范自己的行为。

（7）在现有安全培训管理人员相对不足的情况下，负责培训的部门要及时向矿领导提出申请，适当增加配备专职的安全培训管理人员。

2）强化安全管理

采取奖励与惩罚相结合的方式。通过奖励引导员工的行为积极主动向安全方面发展，通过惩罚对员工的不安全行为进行约束，使员工知道不该那样做、不敢那样做。

（1）严格执行各种安全法律法规、规章制度和规程、措施，用责任追究手段来保证执行力度，做到违者必究，一视同仁，不搞下不为例，保持制度的有效性、连续性，强制约束不安全行为。

（2）加大对不安全行为的查处打击力度，强制监督纠正不安全行为。各级管理干部、专检人员、职能部门要以现场为重点，以不安全行为易发者为突破口，不间断的进行检查及突击性的抽查。

（3）带班副队长、班组长要加强现场作业行为的安全监管，及时纠正作业人员的不安全行为。对不安全行为的处罚处理执行连带责任，当班人员发生不安全行为，带班副队长、班组长负连带管理责任，其他人员负连带监督责任。

（4）继续深入开展班组建设活动，通过创金牌班组，激发员工保班组、班组保区队、区队保矿井的热情。把安全管理的重心下移到现场，使安全压力传递到每个作业人员，形成主动制止不安全行为、积极消除安全隐患的良好安全氛围，实现员工从"要我安全"到"我要安全""我能安全""我会安全"的根本转变。

（5）将个人的经济利益与安全挂钩，通过实行全员安全风险抵押、安全责任承包、安全奖罚及加大安全在结构工资中的比例等方式，推动安全工作健康发展，促使员工关注安全。

（6）各级管理人员以身作则，不违章生产、不违章指挥，以榜样激励员工不违章作业。

（7）合理安排工作，注意劳逸结合，避免长时间加班加点、超时疲劳工作。

（8）充分发挥党政工团齐抓共管保安全作用，牢固筑起干部监管、员工自保互保、家庭协管的三道防线，形成全员、全方位、全过程抓安全的强大力量。

3）科学地选用人员，做到人机最佳匹配

（1）各工作岗位和工种都有其特定的要求，要根据岗位设置要求科学地选择和配备人员，做到人机匹配。

（2）积极开展岗位技术比武，从中发掘优秀的岗位工，充实配备到重要、需要的岗位上。

（3）鼓励员工加强岗位技能学习，确保业务上精一门、会几门，能够做到举一反三。

4）改善作业环境

（1）作业环境舒适，主要是使环境改善，员工操作设备时与周围环境、高低、前后、站、坐等能满足最佳状态，达到并保持作业人员能适应的状态。

（2）各种作业空间的尺寸和机电设备的安设都要严格按设计要求合理布局，充分考虑不同高低、胖瘦人员情况，做到可调整、可改变，并与环境舒适匹配。

（3）作业地点的照明要保持合理的光照度。

（4）噪声大的设备要采用消音设备及相应措施。

（5）作业现场要保持环境整洁、设备卫生、标识清晰。

通过以上措施要使作业环境达到作业人员不因环境而产生不良的心理和生理反应，使操作者身心愉快地去工作，从而避免不安全行为的发生。

5）做好思想和情绪调解工作

员工因思想情绪的变化而影响正常工作的事件突出表现在：工资和福利待遇

问题、工作晋级问题、与领导矛盾问题、家庭和个人生活中发生的问题等。

（1）各级领导对发现的问题要及时调解。要切实关心职工生活，解决职工的后顾之忧，员工家庭和个人生活中出现问题和困难，有关领导和部门要妥善解决，使操作者注意力集中，一心一意做好本职工作。

（2）要加强员工政治思想工作，经常和员工交流思想，了解掌握思想动态。教育员工热爱本职工作，随时掌握其心理因素的变化状况，排除外界的不良影响。

（3）员工的工资和福利待遇要公平、合理，并按时发放。

（4）员工的晋级要公正，不徇私舞弊。

（5）员工与领导者发生矛盾，领导者要理性对待，通过互相交流和谈心等方式加以化解。

6）"三违"管控

我们把违反劳动纪律、违章作业、违章指挥合称为"三违"。

（1）违章作业是指在煤矿生产工作活动中，违反国家有关安全生产法律、法规、规定要求，违反上级和企业有关安全生产管理规定、制度，违反煤矿安全规程、安全技术操作规程、作业规程及安全技术措施的行为。

（2）违章指挥是指煤矿生产过程中，有关管理人员不遵守国家有关安全生产规定要求及企业安全生产规章制度，命令、指挥、默许、纵容员工违章作业或冒险作业的行为。

（3）违反劳动纪律是指煤矿从业人员不遵守企业制定的规范和约束劳动者劳动及相关行为的规定要求，违反相关制度行为。

"三违"综合防控工作是一项复杂的系统工程，它至少包括"三违"评判标准的确定，工作人员的日常教育和培训、施工措施的制定和执行、工作行为的检查与纠正、"三违"人员的说服与帮教、"三违"标准的修改与完善等众多工作内容和环节。只有将这些内容和环节有机地整合在一起，才能使"三违"综合防控工作取得实效。为此，煤矿应该构建"群防群控、群反群帮、奖惩并重、心智培训、完善提高"的"三违"综合防控方式。

# 第 16 课　标　准　要　求

## 一、人员配备及准入

### 1. 矿长及安全生产管理人员

（1）矿长、副矿长、总工程师、副总工程师具备煤矿相关专业大专及以上学历，具有 3 年以上煤矿相关工作经历，且不得在其他煤矿兼职。

**【培训要点】**

（1）煤矿矿长应当具备煤矿主体专业大专以上学历和中级以上技术职称，从事3年以上煤矿安全生产工作并具有安全生产技术、管理岗位2年以上的经历，取得矿长资格证。

（2）煤矿总工程师应当具备煤矿主体专业大专以上学历、中级以上技术职称和3年以上的煤矿技术管理经验。

（3）煤矿副总工程师具备煤矿相关专业大专及以上学历，具有3年以上煤矿相关工作经历。

（2）安全生产管理人员经考核合格；安全生产管理机构负责人具备煤矿相关专业中专及以上学历，具有2年以上煤矿安全生产相关工作经历。

**【培训要点】**

安全生产管理机构负责人包括安监、采煤、掘进、通风、机电、运输、地测、防治水、调度等职能科室、部门（含煤矿井、区、科、队）负责人。

（1）学历要求：中专及以上学历。

（2）专业要求：煤矿相关专业。

（3）工作经历：具有2年以上煤矿安全生产相关工作经历。

（3）明确总工程师为矿井防突和冲击地压防治工作技术负责人，对防治技术工作负责。

（4）配备满足安全生产工作需要的副总工程师；水文地质类型复杂、极复杂矿井配备防治水副总工程师，地质类型复杂、极复杂的煤矿配备地质副总工程师。

**【培训要点】**

（1）煤矿配备采煤、掘进、机电运输、"一通三防"、地质测量的专业的副总工程师。

（2）煤与瓦斯突出，冲击地压，水文地质类型复杂、极复杂的煤矿应当设立相应的专门防治机构，配备专职副总工程师。

**2. 专业技术人员**

（1）冲击地压矿井配备满足工作需要的防冲专业技术人员；水文地质类型复杂、极复杂矿井配备满足工作需要的防治水专业技术人员；突出矿井的防突机构专业技术人员不少于2人。

（2）专业技术人员具备煤矿相关专业中专以上学历或注册安全工程师资格。

**【培训要点】**

负责采煤、掘进、机电、运输、通风、地质测量等工作的专业技术人员应具备以下条件：

（1）学历要求：中专及以上学历或注册安全工程师资格。

（2）专业要求：煤矿相关专业。

（3）工作经历：具有 3 年以上煤矿井下工作经历。

**3. 特种作业人员**

特种作业人员应当具备高中及以上文化程度（2018 年 6 月 1 日前上岗的煤矿特种作业人员可具备初中及以上文化程度），具有煤矿相关工作经历，或者职业高中、技工学校及中专以上相关专业学历，并取得省级煤矿安全培训主管部门颁发的《中华人民共和国特种作业操作证》。

**【培训要点】**

（1）建立特种作业人员管理台账：全矿特种作业人员人数、姓名、性别、年龄、初培时间、再培训时间、证件号码、有效期限。

（2）煤矿特种作业人员的基本信息应客观、准确实施动态化管理，井下 11 大特种作业人员和地面特种作业人员培训全覆盖。

（3）煤矿特种作业人员的安全培训管理（至少应包括基本条件、申报、培训实施、考核、取证、复审、建档、持证上岗、撤销资格等环节）在其制度之中必须做出明确规定。

（4）煤矿特种作业人员的安全培训管理相关内容必须在其年度培训计划之中予以明确，至少应包括培训类别（自主培训、委托培训、初次培训、再培训等）、特种作业的单位及岗位、特种作业人员数量、培训周期及日期、培训频次等。

（5）爆破作业人员和库管员、火工品运送人员还要同时取得公安部经培训合格发放的涉爆人员证书。

**4. 其他从业人员**

煤矿其他人员经培训取得培训合格证明上岗；新上岗的井下作业人员安全培训合格后，在有经验的工人师傅带领下，实习满 4 个月，并取得工人师傅签名的实习合格证明后，方可独立工作。井下不使用劳务派遣工。

**【培训要点】**

（1）煤矿其他从业人员，是指除煤矿主要负责人、安全生产管理人员和特种作业人员以外，从事生产经营活动的其他从业人员，包括煤矿其他负责人、其他管理人员、技术人员和各岗位的工人、使用的被派遣劳动者和临时聘用人员以及到井下实施安装调式维修的第三方人员等。

（2）新上岗的井下作业人员安全培训合格后，在有经验的工人师傅带领下，实习满 4 个月，并取得工人师傅签名的实习合格证明后，方可独立工作。

（3）井下不使用劳务派遣工。

## 二、安全培训

### 1. 基础保障

（1）建立并执行安全培训管理制度，对培训需求调研、培训策划设计、教学管理组织、学员考核、培训登记、档案管理、过程控制、经费管理、后勤保障、质量评估、教师管理等工作进行规定。

【培训要点】

（1）制度应全面覆盖本煤矿安全培训管理的各要素对培训需求调研、培训策划设计、教学管理组织、学员考核、培训登记、档案管理、过程控制、经费管理、后勤保障、质量评估、教师管理等工作进行规定。

（2）煤矿安全培训管理制度的管理要素应完整，应满足实施培训管理的基本需求，至少应包括目的、意义、基本原则、职能职责、资源保障、计划编制、培训对象、形式方式、培训方法、培训内容、培训学时、培训管理、考核发证、效果检验、监督检查等。

（2）具备安全培训条件（符合 AQ/T 8011—2016 要求）的煤矿，按规定配备同安全培训范围及规模相适应、相对稳定的师资队伍和装备、设施；不具备培训条件的煤矿，应委托具备安全培训条件的机构进行安全培训。

【培训要点】

（1）自行开展安全培训的煤矿，要有符合规定的培训机构场所、设施、台账，稳定的师资队伍，要符合《安全培训机构基本条件》（AQ/T 8011—2016）第3.1条规定要求。

（2）专兼职教师覆盖全专业，经过安全培训师资格培训合格取的安全培训师资格。

（3）专兼职教室要参加安全培训师资格培训，取的安全培训师资格证书。

（4）不具备培训条件的煤矿，可委托具备安全培训条件的机构进行安全培训。

（3）按照规定比例提取和使用安全培训经费，做到专款专月。

【培训要点】

（1）煤矿安全培训必须确保经费的投入，按规定计提教育培训经费。

（2）煤矿教育培训经费的使用和管理应遵守原国家安全生产监督管理总局的相关规定，坚持"足额提取、严密计划、保障重点、专款专用、严格监管、确保效果"原则。

（3）煤矿安全培训经费的提取、使用、管理等程序，应在其相关制度之中予以明确。

（4）煤矿安全培训经费提取的渠道应清晰，证据性资料应客观；煤矿安全培训经费使用和管理的证据性资料应客观、完整。

**2. 组织实施**

（1）矿长组织制定并实施安全生产教育和培训计划，组织制定并推动实施安全技能提升培训计划。

【培训要点】

（1）安全培训应做到目的性和计划性的有机结合、长期规划和年度计划的有机结合。

（2）煤矿一般应在每年度末，对下一年度的培训需求进行调查、摸底。

（3）煤矿应按照国家安全生产法律、法规、政策、文件等相关规定和本煤矿安全培训制度的规定，编制年度的安全培训计划。

（4）年度安全培训计划应完整覆盖所有应接受培训的对象。

（5）对不同的培训对象，应明确培训的方式、方法、类别（岗前培训、初次培训、再培训、"七新"培训、安全技能提升培训等）、地点、日期、课时、内容、考核、取证等基本要素。

（2）培训对象覆盖所有从业人员。

【培训要点】

煤矿的安全培训对象一般应包括：

（1）煤矿主要负责人；

（2）煤矿不同层次的管理人员；

（3）特种作业人员；

（4）煤矿从事采煤、掘进、机电、运输、通风、地测等工作的班组长；

（5）入矿新员工；

（6）调整岗位的员工；

（7）离开本岗位1年以上（含1年）重新上岗的员工；

（8）首次采用或使用新工艺、新技术、新材料、新设备的相关人员；

（9）一般生产作业（操作）人员；

（10）其他人员（临时工、合同工、轮换工、协议工等）。

（3）安全培训学时符合规定。

【培训要点】

（1）《煤矿安全培训规定》对不同的安全培训对象其培训学时做出了明确规定。

（2）培训学时应在煤矿的年度培训计划中加以明确。

（4）针对不同专业的培训对象和培训类别，开展有针对性的培训；对新法律法规、新标准、新规程及使用新工艺、新技术、新设备、新材料时，对有关从业人员实施针对性安全再培训。

【培训要点】

（1）根据法律法规安全培训的强制性要求针对性地安排接受培训的各类对象。

（2）针对不同的培训对象，依法依规并结合现场需求安排培训内容。

（3）针对不同的培训内容，选用适宜的培训方式、方法。

（4）针对不同的培训对象，执行规定的培训学时。

（5）针对不同的培训内容，合理安排师资。

（6）针对安全管理的薄弱环节或管理需求，实施相关的培训。

（7）对不同培训对象的安全技能提升的基本要求安排培训内容。

（8）对不同培训对象制定的培训内容实施培训和再培训。

（9）制定不同培训对象的需求（管理需求、技术需求、技能需求、意识需求等）安排针对性的内容。

（5）矿长和职业病危害防治管理人员接受职业病危害防治培训；接触职业病危害因素的从业人员上岗前接受职业病危害防治培训和在岗期间的定期职业病危害防治培训。

【培训要点】

矿长和职业卫生管理人员承担着重要的职业卫生职责，因此必须接受职业卫生相关培训。

（1）煤矿必须依照国家职业卫生法律、法规、标准等实施职业卫生管理。

（2）煤矿是职业病防治的责任主体。

（3）矿长是本单位职业病危害防治工作的第一责任人，对本煤矿职业病危害防治工作全面负责。

（4）矿长和管理人员应当具备与本单位所从事的生产经营活动相适应职业卫生职责和管理能力。

（5）矿长、职业卫生管理人员、接触职业病危害因素的从业人员接受职业卫生培训是法律法规的明确要求。

（6）煤矿建立培训制度、确定培训对象、培训内容、加强培训管理。

（7）矿长、职业卫生管理人员、接触职业病危害因素从业人员等培训对象，在接受了相关的职业卫生培训后，应保存并能够提供相关证据资料。

（6）井工煤矿从事采煤、掘进、机电、运输、通风、地测、防治水等工作的班组长任职前接受专门的安全培训并经考核合格，按计划接受安全技能提升专项培训；班组长的安全培训，应当由所在煤矿上一级企业组织实施，没有上一级煤矿企业的，由本单位组织实施。

【培训要点】

（1）煤矿班组长在现场安全生产管理、风险辨识与管控隐患排查和处理、事故征兆预警、应急处置和灾难避险等环节中承担着十分重要的安全职责。班组长安全意识、安全技能的高低，对安全生产影响巨大。

（2）煤矿对班组长的专项安全培训高度重视，在其培训制度中做出明确管理规定，纳入培训计划并认真组织实施。

（3）煤矿应结合班组安全建设，建立系统性、科学性的班组长选拔、培训、考核、聘用机制，未经安全培训或培训不合格的，不能担任一线班组长。

（4）煤矿要实施班组长安全技能提升专项培训。明确目标进度、培训内容、考核形式、实施主体、保障措施等。

（5）班组长的安全培训，应当由其所在煤矿的上一级煤矿企业组织实施；没有上一级煤矿企业的，由本单位组织实施。

（6）班组长经安全培训合格后，应当颁发安全培训合格证明；未经培训并取得培训合格证明的，不得上岗作业。

（7）制定应急救援预案培训计划，组织有关人员开展应急救援预案、应急知识、自救互救和避险逃生技能的培训活动，使有关人员熟练掌握应急救援预案相关内容。

【培训要点】

（1）对煤矿的安全生产管理人员、工程技术人员、一线骨干、具体操作（作业）人员进行安全生产应急基本知识、基本技能的培训，是国家安全生产和应急管理一系列法律法规和行业规章的明确要求。

（2）实施安全生产应急培训的对象多，应该培训的内容也比较多，但就煤矿而言，不论什么对象，本煤矿的生产安全事故应急预案是应急培训的重要内容和基础内容。

（3）煤矿应科学、严密、细致地进行应急预案的培训策划。针对不同的对象（应急处置的指挥人员、应急机构工作人员、应急救援队伍、现场操作人员等），实施有针对性的培训和教育，确保其岗位职责、机构职能、科学决策、队伍集结、紧急避险、伤员施救、资源调配、工程抢险、技术措施、后期处置等应急处置能力（知识、技能），达到应知应会、必知必会。

（8）组织开展安全生产事故案例警示教育。

**3. 培训档案**

（1）建立健全从业人员安全培训档案和企业安全培训档案，实行一人一档、一期一档。

**【培训要点】**

（1）专用安全教育和培训档案室：煤矿培训档案应具有设计科学合理、内容完整有序证据充分有效、补充（或更新）操作简便、保存安全可靠、管理便捷、使用（或提供）方便等基本特征。

（2）煤矿安全培训管理制度：煤矿的培训档案如何建立、管理职能、管理职责、管理程序、档案内容、保存地点、监督检查等应以相关安全法律、法规等相关规定为依据，以本煤矿制度为载体予以明确。

（3）档案管理基本情况：档案主责部门、管理责任人、档案存放地点、纸质版档案管理、电子版档案管理。

（4）归档的纸质版资料：管理人员和一般人员的常规培训，档案分类清晰、档案内容的完整（如教学计划、教案、点名册、试卷、成绩单、效果考核等）。

（5）电子版档案的管理资料：课件、视频等。

（2）档案管理制度完善、人员明确、职责清晰，保存期限符合规定；档案可为纸质档案或电子档案。

**【培训要点】**

安全培训档案（含特种作业人员的培训、再培训档案）规范管理的相关要求，必须在煤矿的相关制度之中予以明确，煤矿安全培训档案的规范管理其技术标准和内涵至少应包括以下内容：①培训档案的控制范围（应纳入归档的纸质文件、纸质资料、电子文件资料等）；②管理责任部门（主责部门、协助管理的部门等）及管理责任人；③归档文件及资料的整理部门；④纸质文件资料的整理程序（分类、排列、排序、编号、编目、档号修整装订、编页、装盒，排架等）；⑤电子文件资料的整理程序（格式转换、数据收集归档数据、编号、排序等）；⑥编目及查询途径；⑦保密设置及标识；⑧保存期限（一般分为永久、30年、10年、5年、3年等）及标识；⑨保存地点及保存方式（包括纸质档案和电子档案）；⑩定期巡查和修理（修复）；⑪使用程序（借阅、复印、抽查等）；⑫销毁程序；⑬责任追究等。

## 三、班组安全建设

### 1. 制度建设

建立并严格执行下列制度：

（1）班前会和交接班制度；

（2）班组安全生产标准化和文明生产管理制度；

（3）学习制度；

（4）民主管理班务公开制度；

（5）安全绩效考核制度。

【培训要点】

1. 制度建立和完善

（1）班组安全建设的载体和基本前提是建立完善相关制度。

（2）《煤矿班组安全建设规定》对煤矿企业应建立完善的班组安全管理制度的类别有明确规定。

（3）煤矿企业在制定、修改班组安全管理规章制度时，应当经职工代表大会或者全体职工讨论，与工会或者职工代表平等协商确定。

（4）煤矿安全标志建设的制度应以规范载体（矿行政文件）下发。

（5）制度的内容结合本煤矿安全管理、现场隔离、隐患排查治理等实际予以完善，具有科学性适宜性、可操作性。

2. 制度内容

煤矿企业应当建立完善以下班组安全管理规章制度：

（1）班前、班后会和交接班制度；

（2）安全质量标准化和文明生产管理制度；

（3）班组岗位安全风险管控制度；

（4）班组岗位隐患排查治理报告制度；

（5）事故报告和处置制度；

（6）学习培训制度；

（7）安全承诺制度；

（8）民主管理制度；

（9）安全绩效考核制度；

（10）煤矿企业认为需要制定的其他制度。

**2. 组织建设**

（1）每个班组至少配备1名群众安全监督员（不得由班组长兼任）。

【培训要点】

（1）人员较少的班组，也可以以工会小组为单位，每个工会小组设立1名群众安全监督员。

（2）必须明确群众安全监督员的职责。

（3）群众安全监督员的履职履责情况应有据可查。

（4）班组长不得兼任群众安全监督员。

（2）班组建有民主管理机构，并组织开展班组民主活动。

【培训要点】

（1）根据煤矿对班组建立民主管理机构的要求，建立完善班组一级的民主管理机构。

（2）煤矿应以权威载体的形式（例如煤矿工会的文件），明确班组应开展民主管理活动的组织形式和活动内容等。

（3）班组应按照煤矿对班组开展民主管理活动的统一要求实施民主管理活动。

（4）班组民主管理主要内容至少应包括政治、经济、生产技术、安全管理、职工合法权益保障、生活等方面。

（3）开展班组建设创先争优活动，组织优秀班组和优秀班组长评选活动；建立表彰奖励机制。

**【培训要点】**

煤矿开展创先争优活动应有管理制度，应包括以下内容：

（1）基层班组如何开展班组建设的创先争优活动；

（2）优秀班组如何建设和组织评选；

（3）优秀班组长如何组织评选；

（4）对优秀班组、优秀班组长的表彰奖励机制等。

煤矿开展班组创先争优活动应提供证据支持。

（4）建立班组长选聘、使用、培养机制。

**【培训要点】**

（1）煤矿应建立班组长选聘、使用、培养制度。制度应明确：①班组长的任职条件；②班组长的职责；③班组长的权利；④班组长的工作标准；⑤班组长的业务技术培训等管理；⑥班组长考核、约束机制。

（2）煤矿要建立的人才选拔、任用机制，应能够体现：①如何积极的从优秀班组长中选拔人才；②把班组长纳入科（区）管理人才培养计划；③区队安全生产管理人员原则上要有班组长经历。

（5）赋予班组长及职工在安全生产管理、规章制度制定、安全奖罚、民主评议等方面的知情权、参与权、表达权、监督权。

**【培训要点】**

（1）班组长及职工享有煤矿的安全生产管理、安全制度建立、安全生产奖惩等方面的参与权、知情权、表达权、监督权，是《安全生产法》《工会法》等法律法规的明确要求。

（2）煤矿应以制度形式，明确班组长及职工如何在安全生产方面实施参与权、知情权、表达权、监督权、紧急避险权等。

**3. 现场管理**

（1）班前有安全工作安排，班组长督促落实作业前进行岗位安全风险辨识及安全确认。

【培训要点】

（1）班前安全工作安排内容与记录。

（2）班前工作现场的安全确认内容与标准。

（3）在班中，班组长实施监督检查的作业前安全确认的方式方法。

（4）班组岗位作业流程图及流程标准化。

（5）班组岗位作业前风险辨识评估及管控措施落实情况。

（6）班组安全生产及事故记录等。

（2）严格执行交接班制度，交接重点内容包括隐患及整改、安全状况、安全条件及安全注意事项。

【培训要点】

（1）煤矿的基层施工作业单位应建立生产作业现场（岗位）的交接班制度。其制度至少应明确：交接实施主体责任人；交接的工作内容；交接的程序；交接时隐患的处置；是否应形成交接班记录等。

（2）班组或岗位人员，按照制度的要求实施交接班。

（3）组织班组正规循环作业和规范操作。

【培训要点】

1. 正规循环作业

（1）煤矿的采煤、开拓、掘进等生产作业现场的正规循环作业应在采煤作业规程中予以明确。

（2）煤矿的采煤、开拓、掘进现场应严格按照作业规程的相关规定实施正规循环作业。

2. 规范操作

（1）岗位达标是标准化管理基础，是煤矿安全生产标准化的内容之一。

（2）煤矿应将岗位标准化纳入煤矿达标管理的范畴。

（3）煤矿应细化并明确：哪些工种（岗位）应实施规范操作；岗位规范操作的具体内容（标准）；岗位规范操作检查和考核机制。

（4）井工煤矿实施班组工程（工作）质量巡回检查，严格工程（工作）质量验收。

【培训要点】

（1）班组应按照本单位（或本煤矿）安全管理制度（或工程质量管理制度、工程质量验收制度、隐患排查治理制度等）的相关规定，严格实施现场施工（工作）过程的质量巡回检查、工程（工作）质量验收。

（2）班组实施工程（工作）质量的巡回检查和工程（工作）质量的验收的

情况，按照本单位（或本煤矿）相关制度的规定进行记录。

## 四、不安全行为管理

### 1. 制度建立

建立不安全行为管理制度，对不安全行为的具体表现、控制措施、发现、举报、帮教、考核、再上岗、回访、记录等作出规定，并赋予每一名职工现场制止不安全行为（含"三违"行为）的权力。

【培训要点】

（1）煤矿要成立员工不安全行为监督管理机构及管理人员。

（2）煤矿要制定不安全行为管理制度、不安全行为管理办法，并行文下发。

（3）煤矿不安全行为管理制度要素要齐全、内容要切合煤矿实际，并包含不安全行为的具体表现、控制措施、发现、举报、帮教、考核、再上岗、回访、记录等。

（4）煤矿制定员工岗位安全行为标准。

（5）煤矿要赋予每一名职工现场制止不安全行为（含"三违"行为）的权力。

### 2. 管控

（1）煤矿每年结合上年度行为控制情况，整理本矿发生的不安全行为（含"三违"行为），从管理、现场环境、制度等方面进行分析，并制定行为控制措施。

【培训要点】

（1）煤矿每年底总结年度行为管控情况，结合煤矿员工不安全行为监督管理工作情况，形成控制分析报告。

（2）人是危险源，有发生不安全行为的风险，主要是人有违章作业的风险、有违章指挥的风险、有违反劳动纪律的风险、有不负责任的风险，对这些风险进行评价分级、分类，制定界定标准。

（3）煤矿对员工不安全行为（含"三违"行为）进行全面梳理，按风险等级、行为痕迹、发生频率进行分类整理。

（4）针对不同类别不安全行为制定分类管理控制措施。

（2）按照不安全行为管理制度要求，对有不安全行为的职工采取多种方法进行帮教，帮教合格后方可上岗作业。

【培训要点】

（1）帮教应包括以下内容：①不安全行为的事实经过、原因、性质；②责任人所违反的具体规定条款；③不安全行为后果及可能造成的危害；④责任人写出对不安全行为危害性的认识、并进行反思；⑤责任人学习有关规程、措施，掌握应采取的正确操作或工作方法；⑥帮教结束后，经考试合格，责任人作出安全承诺，出具帮教合格证明，形成管理闭环。

（2）实施安全心智模式培训为主的多种方法进行帮教，安全心智模式培训有七个步骤：①目标定向；②情境体验；③疏通引导；④规程学习；⑤心智重塑；⑥现场践行；⑦综合评审。

（3）不安全行为人员再上岗一周内，所在的科室、区（队）至少对其实施一次行为观察；行为管控主管部门对再上岗人员进行回访，回访应制定回访表格，至少包括不安全行为人领导、同事（下属）不少于3人签署的再上岗人员的评价意见。

**3. 台账记录**

建立不安全行为（含"三违"行为）台账，包括不安全行为发生时间、地点、类别、所在单位、主要原因等信息。

【培训要点】

煤矿要建立不安全行为（含"三违"行为）台账，包括不安全行为发生时间、地点、类别、所在单位、主要原因等信息。

# 第8讲　安全风险分级管控

## 第17课　工　作　要　求

### 一、工作机制

建立矿长为第一责任人的安全风险分级管控责任体系和工作制度，明确安全风险分级管控工作职责和流程。

【培训要点】

1. 煤矿矿长是第一责任人

煤矿要建立以矿长为第一责任人的安全风险分级管控工作体系，即由矿长、书记、总工程师、副矿长、副书记、副总工程师分级负责的风险分级管控工作体系，明确负责安全风险分级管控工作的管理部门及其职责，并制定相关文件，也可以单独建立责任文件，可以在安全风险分级管控相关制度中规定，也可以在安全生产责任制中补充完善。

煤矿矿长（含实际控制人）对本煤矿安全风险分级管控工作体系的建立和有效运行全面负责，履行下列职责：

（1）组织落实煤矿安全风险分级管控工作体系有关法律法规和标准规范；

（2）建立健全并组织实施煤矿安全风险分级管控工作体系全员责任制；

（3）组织制定煤矿安全风险分级管控工作体系相关制度并保障有效运行；

（4）组织安全生产风险分级管控并负责最高等级风险管控；

（5）组织事故隐患排查治理，及时消除生产安全事故隐患；

（6）将双重预防体系纳入年度安全生产教育和培训计划并督促落实；

（7）保障煤矿安全风险分级管控工作体系运行所需资金和人力资源；

（8）法律、法规、规章规定的其他职责。

2. 煤矿要明确管理部门

煤矿要明确安全风险分级管控工作的管理部门，煤矿可根据职责分工，指定部门负责安全风险分级管控工作，具体负责矿井安全风险分级管控工作的组织开展，并指导协调各职能部室和区队、班组完成分管范围内的工作。

煤矿负责安全风险分级管控的管理部门及安全生产管理人员,履行下列职责:

(1) 参与制定煤矿安全风险分级管控工作体系相关制度;

(2) 参与煤矿安全风险分级管控工作体系的相关决策,提出改进建议,督促本单位其他机构、人员履行相关职责;

(3) 具体实施煤矿安全风险分级管控工作体系全员责任制考核;

(4) 参与煤矿安全风险分级管控工作体系教育培训;

(5) 督促落实安全生产风险管控措施,排查治理生产安全事故隐患;

(6) 督促落实本单位重大危险源安全管理;

(7) 应当履行的其他职责。

3. 煤矿要完善风险管控工作制度

煤矿要建立安全风险分级管控工作制度,明确安全风险的辨识范围、方法,安全风险的辨识、评估、管控工作流程。煤矿可根据本单位实际建立一个或多个制度,但必须包含本部分中安全风险辨识评估的全部内容。

(1) 划分风险点。辨识的范围(科学合理的划分风险点),包括煤矿所有系统及生产经营活动的区域和地点。煤矿应遵循大小适中、便于分类、功能独立、易于管理、范围清晰的原则,组织对生产全过程按照风险点划分原则,排查风险点,形成风险点台账,风险点台账内容应包括:风险点名称、风险类型、管控单位、排查日期、解除日期等信息。风险点台账应根据现场实际及时更新。风险点的等级按风险点内风险的最高级别确定。

(2) 辨识危险源。辨识的方法(全员全面全过程进行危险源辨识)。企业应采用适用的辨识方法,对风险点内存在的危险源进行辨识,辨识应覆盖风险点内全部的设备设施和作业活动,并充分考虑不同状态和不同环境带来的影响。设备设施危险源辨识应采用安全检查表分析法(SCL)等方法,作业活动危险源辨识应采用作业危害分析法(JHA)等方法。

(3) 评估风险。根据风险辨识数据库,对风险进行评估分级。由专家或评估人员根据风险的危害程度和管控的难度进行风险分级。一般选择风险矩阵分析法(LS)或作业条件危险性分析法(LEC)的评价方法对危险源所伴随的风险进行定性、定量评价,并根据评价结果划分等级。安全风险等级从高到低划分为重大风险、较大风险、一般风险和低风险,对应是一级、二级、三级和四级风险,分别用红、橙、黄、蓝四种颜色标示。

(4) 编制风险管控清单。年度风险辨识评估后,应建立安全风险管控清单,列出重大安全风险清单。专项和岗位风险评估后,要完善更新安全风险分级管控清单。安全风险分级管控清单内容主要包括:风险点、风险类型、风险描述、风险等级、危害因素、管控措施、管控单位和责任人、最高管控层级和责任人、评估日期、解除日期。

（5）绘制风险分布图。要依据安全风险类别和等级建立煤矿安全风险数据库，绘制煤矿安全风险空间分布图（"红""橙""黄""蓝"四色或"红""黄"两色）。风险点的定级按风险点各危险源评价出的最高风险级别作为该风险点的级别，风险点也相应分为一级、二级、三级和四级。

（6）管控风险。

①分级管控。

对安全风险进行分级管控，逐一分解落实管控责任。根据风险的分级，风险越大，管控级别越高；上一级负责管控的风险，下一级必须同时负责管控：

（a）重大风险由煤矿（企业）主要负责人管控；

（b）较大风险由分管负责人和科室（部门）管控；

（c）一般风险由区队（车间）负责人管控；

（d）低风险由班组长和岗位人员管控。

②分区域、分系统、分专业管控。

（a）区域管控：矿井各生产（服务）区域（场所）的风险由该区域风险点的责任单位管控；

（b）系统管控：矿井各系统的风险由该系统分管负责人和分管科室（部门）管控；

（c）专业管控：矿井各专业风险由该专业分管负责人和专业科室（部门）管控。

（7）风险控制措施。辨识确定的风险，应考虑工程技术、安全管理、培训教育、个体防护和现场应急处置等方面，按照安全、可行、可靠的要求制定风险管控措施，对风险进行有效管控。

重大风险应编制风险管控方案。管控方案应当包括：风险描述、管控措施、经费和物资、负责管控单位和管控责任人、管控时限、应急处置等内容。

## 二、安全风险辨识评估

（1）年度辨识评估。每年矿长组织开展年度安全风险辨识，重点对容易导致群死群伤事故的危险因素进行安全风险辨识评估。

【培训要点】

（1）年度辨识评估是煤矿企业必须做的，各矿井结合实际制定年度安全风险辨识评估标准，每年开展次年度安全风险辨识评估。

①每年底矿长组织各分管负责人和相关业务科室、区队进行年度安全风险辨识；重点对井工煤矿瓦斯、水、火、粉尘、顶板、冲击地压及提升运输系统，露

天煤矿边坡、爆破、机电运输等容易导致群死群伤事故的危险因素开展安全风险辨识。

年度安全风险辨识要有记录,参加人员签字;内容明确,针对性强;并随机抽查相关人员询问。

②及时编制年度安全风险辨识评估报告,建立可能引发重特大事故的重大安全风险清单,制定相应的管控措施。

年度安全风险辨识评估报告内容与实际相符,建立的重大安全风险清单和制定的管控措施要明确具体。

③辨识评估结果用于确定下一年度安全生产工作重点,并指导和完善下一年度生产计划、灾害预防和处理计划、应急救援预案。

④年度安全风险辨识评估的结果在下一年度生产计划、灾害预防和处理计划、应急救援预案中有体现。

(2)煤矿要进行系统性安全风险评估,编制《重大风险分析研判报告》,评估内容主要是以下 8 个方面:

①采掘接替失调组织生产;

②主要生产安全系统不完善、不可靠;

③安全监控系统运行不正常;

④重大灾害治理不到位;

⑤安全生产主体责任不落实;

⑥蓄意违法违规生产建设;

⑦建设项目不按规定组织施工;

⑧列入当年化解过剩产能退出计划煤矿。

(3)煤矿要及时进行现状安全风险评估,评估内容包括以下 8 个方面:

①采煤工作面安全风险评估;

②煤巷掘进工作面安全风险评估;

③岩巷掘进工作面安全风险评估;

④"一通三防"安全风险评估;

⑤瓦斯防治系统安全风险评估;

⑥机电运输系统安全风险评估;

⑦防治水系统安全风险评估;

⑧矿井基础管理安全风险评估。

(2)专项辨识评估。以下情况应开展专项安全风险辨识评估:

【培训要点】

专项辨识评估也是煤矿企业必须做的。专项辨识评估不要求煤矿企业全部同时做，煤矿企业应根据生产布局和生产组织情况来组织开展。专项辨识评估主要是对"八前一后"进行专项辨识评估。"八前一后"主要包含9个专项安全风险辨识评估：

（1）新水平、新采区、新工作面设计和投入生产前安全风险辨识评估；

（2）连续停工停产一个月以上的矿井复工复产验收前安全风险辨识评估；

（3）采煤工作面回采前安全风险辨识评估；

（4）掘进工作面贯通前安全风险辨识评估；

（5）启封密闭、排放瓦斯、反风演习、工作面过空巷（采空区）、更换大型设备、采煤工作面初采和收尾、安装回撤、掘进工作面贯通、突出矿井过构造带及石门揭煤等高危作业实施前安全风险辨识评估；

（6）生产系统、生产工艺、主要设施设备等发生重大变化前安全风险辨识评估；

（7）新材料、新设备、新技术、新工艺试验或推广应用前安全风险辨识评估；

（8）灾害因素发生重大变化时前安全风险辨识评估；

（9）本矿发生死亡事故或较大涉险事故、出现重大隐患，全国煤矿发生重特大事故或者所在省份、所属集团煤矿发生较大事故后。

①新水平、新采（盘）区、新工作面设计前；

【培训要点】

（1）该专项辨识由总工程师组织有关业务科室进行；重点在新水平、新采（盘）区、新工作面设计前，辨识地质条件和重大灾害因素等方面存在的安全风险。

专项辨识要有记录，参加人员签字；内容明确，针对性强；并随机抽查相关人员询问。

（2）及时编制专项安全风险辨识评估报告，完善重大安全风险清单并制定相应管控措施；重大安全风险清单和相应管控措施针对性强，与实际相符。

（3）辨识评估结果用于完善设计方案，指导生产工艺选择、生产系统布置、设备选型、劳动组织确定等。

（4）辨识评估结果在设计方案、生产工艺选择、生产系统布置、设备选型、劳动组织确定等中有体现。

②生产系统、生产工艺、主要设施设备、重大灾害因素等发生重大变化时；

【培训要点】

（1）该专项辨识由分管负责人组织有关业务科室进行；重点在生产系统、

生产工艺、主要设施设备、重大灾害因素等发生重大变化时，重点辨识作业环境、生产过程、重大灾害因素和设施设备运行等方面存在的安全风险。

专项辨识要有记录，参加人员签字；内容明确，针对性强；并随机抽查相关人员询问。

（2）及时编制专项安全风险辨识评估报告，完善重大安全风险清单并制定相应管控措施；重大安全风险清单和相应管控措施针对性强，与实际相符。

（3）辨识评估结果用于指导重新编制或修订完善作业规程、操作规程和安全技术措施。

（4）辨识评估结果在作业规程、操作规程和安全技术措施中有体现。

③启封密闭、排放瓦斯、反风演习、工作面通过空巷（采空区）、更换大型设备、采煤工作面初采和收尾、安装回撤、掘进工作面贯通前；突出矿井过构造带及石门揭煤等高危作业实施前；露天煤矿抛掷爆破前；新技术、新工艺、新设备、新材料试验或推广应用前；连续停工停产1个月以上的煤矿复工复产前；

【培训要点】

（1）该专项辨识由分管负责人（复工复产前专项辨识评估由矿长）组织有关业务科室进行；重点在启封密闭、排放瓦斯、反风演习、工作面通过空巷（采空区）、更换大型设备、采煤工作面初采和收尾、安装回撤、掘进工作面贯通前，突出矿井过构造带及石门揭煤等高危作业实施前，露天煤矿抛掷爆破、大型设备检修，新技术、新工艺、新设备、新材料试验、应用前，连续停工停产1个月以上的煤矿复工复产前，重点辨识作业环境、工程技术、设备设施、现场操作等方面存在的安全风险。

专项辨识要有记录，参加人员签字；内容明确，针对性强；并随机抽查相关人员询问。

（2）及时编制专项安全风险辨识评估报告，完善重大安全风险清单并制定相应管控措施；重大安全风险清单和相应管控措施针对性强，与实际相符。

（3）辨识评估结果用于指导编制安全技术措施。

（4）辨识评估结果在安全技术措施中有体现。

④本矿发生死亡事故或涉险事故、出现重大事故隐患，全国煤矿发生重特大事故，或者所在省份、所属集团煤矿发生较大事故后；

【培训要点】

（1）该专项辨识由矿长组织分管负责人和业务科室进行；重点在本矿发生死亡事故或涉险事故、出现重大事故隐患，或所在省份煤矿发生重特大事故后，重点辨识原安全风险辨识结果及管控措施是否存在漏洞、盲区。

专项辨识要有记录，参加人员签字；内容明确，针对性强；随机抽查相关人员询问。

（2）及时编制专项安全风险辨识评估报告，补充和完善重大安全风险清单并制定相应管控措施；重大安全风险清单和相应管控措施针对性强，与实际相符。

（3）辨识评估结果用于指导修订完善设计方案、作业规程、操作规程、灾害预防与处理计划、应急救援预案及安全技术措施等技术文件。

（4）辨识评估结果在设计方案、作业规程、操作规程、灾害预防与处理计划、应急救援预案及安全技术措施等技术文件中有体现。

（3）建立安全风险辨识评估结果应用机制，将安全风险辨识评估结果应用于指导生产计划、作业规程、操作规程、灾害预防与处理计划、应急救援预案以及安全技术措施等技术文件的编制和完善。

【培训要点】

辨识的目的是为了应用。辨识后，如果不用，束之高阁，就起不到任何作用。每项辨识都要列出重大安全风险清单，出台安全风险管控措施，以指导后续工作。

矿长每月组织对重大安全风险管控措施落实情况和管控效果进行一次检查分析，针对管控过程中出现的问题调整完善管控措施，并结合年度和专项安全风险辨识评估结果，布置月度安全风险管控重点，明确责任分工。

将安全风险辨识评估结果应用于指导下列技术文件的编制和完善：

（1）生产计划；

（2）作业规程；

（3）操作规程；

（4）灾害预防与处理计划；

（5）应急救援预案；

（6）安全技术措施。

## 三、安全风险管控

（1）制定并落实《煤矿重大安全风险管控方案》，列出重大安全风险清单，明确管控措施以及每条措施落实的人员、技术、时限、资金等内容。

【培训要点】

（1）重大安全风险直判。

①有下列情形之一的，列为煤矿重大风险：

——未进行安全生产法律、法规及国家强制性标准识别的；

——发生过死亡、3人及以上重伤、群体性职业病或重大侥幸涉险事故的；

——涉及重大危险源，具有冲击地压、瓦斯爆炸、煤尘爆炸、火灾、水灾等危险的场所，作业人员在 10 人以上的；

——经风险评估确定为最高级别风险的。

②山东省《煤矿安全风险分级管控和隐患排查治理双重预防机制实施指南》（DB 37/T 3417—2018）规定，有下列情形之一的，直接确定为重大风险：

——主副提升系统断绳、坠罐风险；

——主供电系统可能导致停电的风险；

——主通风机可能导致停风的风险；

——水文条件复杂、极复杂矿井的主排水系统可能导致淹井的风险；

——在强冲击地压危险区或顶板极难管理的区域进行采掘生产活动的；

——在受水害威胁严重区域进行采掘生产活动的；

——通风系统复杂，容易出现系统不稳定、不可靠及造成不合理通风状况的；

——在煤与瓦斯突出、高瓦斯区域进行采掘生产活动的；

——在具有煤尘爆炸危险的采煤工作面爆破作业的；

——在容易自燃煤层、自燃煤层采用放顶煤开采工艺生产的。

③山西省《煤矿安全风险分级管控和隐患排查治理双重预防机制实施指南》规定，煤矿重大风险除按照评估方法结合矿井实际情况自行确定外，有表 8 - 1 所列情形之一的，应直接确定为重大风险。

表 8-1　重大风险认定情形

| 序号 | 风险类型 | 重大风险认定情形 |
|:---:|:---:|:---|
| 1 | 瓦斯 | 需要抽采的低瓦斯矿井的瓦斯风险 |
| 2 | 煤尘 | 开采煤层有煤尘爆炸危险性的矿井的煤尘爆炸风险 |
| 3 | 火灾 | 开采Ⅱ类自燃煤层且工作面采用综采放顶煤工艺的矿井的火灾风险 |
| | | 煤层自然发火期<3 个月的矿井的火灾风险 |
| 4 | 水灾 | 水文地质条件复杂及以上，或奥灰突水系数≥0.06 的矿井的水灾风险 |
| | | 采空区积水≥30 万 m³ 的矿井的水灾风险 |
| | | 采空区积水<20 万 m³，但开采煤层上距采空区间距<15 倍采高的矿井的水灾风险 |
| | | 开采区域地表存在河流、湖泊等水体，且开采煤层上距地表水体间距<15 倍采高的矿井的水灾风险 |

表 8-1（续）

| 序号 | 风险类型 | 重大风险认定情形 |
|---|---|---|
| 4 | 水灾 | 同一煤层中存在采空区积水标高高于开采煤层底板标高的矿井的水灾风险 |
| | | 井筒标高低于 100 年一遇洪水位（含工业场地上游水库溃坝后洪水位）标高的矿井或露天矿的水灾风险 |
| 5 | 冲击地压 | 煤层冲击地压倾向中等以上矿井的冲击地压风险 |
| 6 | 运输 | 立井提升未使用标准罐笼升降人员的矿井的提升风险 |
| | | 开拓巷道采用电机车运输且煤层有煤尘爆炸性危险矿井的运输风险 |

（2）重大安全风险管控方案。

煤矿应根据安全生产法律、法规、标准及规程、安全生产标准化各专业要求等，并结合实际情况，制定安全风险管控措施。管控措施需遵循安全、可行、可靠的原则，可从以下方面制定风险管控措施：①工程技术；②安全管理；③人员培训；④个体防护；⑤应急处置。

煤矿针对重大风险应编制重大风险管控方案。方案内容应当包括：风险描述、可能引发重特大事故的重大安全风险清单、管控措施、资金落实、物质准备、责任单位和责任人、管控时限、应急处置等内容。

（2）划分重大安全风险区域，设定作业人数上限，并符合有关限员规定。

【培训要点】

（1）矿井单班作业人数应符合以下规定：

灾害严重矿井是指高瓦斯矿井、煤（岩）与瓦斯（二氧化碳）突出矿井、水文地质类型复杂极复杂矿井、冲击地压矿井。按照矿井规模，矿井单班井下作业人数限值见表 8-2。

表 8-2　全矿井单班井下作业人数标准

| 核定能力 $K/(万 t \cdot a^{-1})$ | 灾害严重矿井/人 | 其他矿井/人 |
|---|---|---|
| $K \leqslant 30$ | ≤100 | ≤80 |
| $30 < K \leqslant 60$ | ≤200 | ≤100 |
| $60 < K < 120$ | ≤300 | ≤180 |
| $120 \leqslant K < 180$ | ≤400 | ≤200 |
| $180 \leqslant K < 300$ | ≤600 | ≤280 |
| $300 \leqslant K < 500$ | ≤800 | ≤400 |
| $K \geqslant 500$ | ≤850 | ≤450 |

（2）采煤、掘进工作面单班作业人数应符合以下规定：

采煤工作面是指包括工作面及工作面进、回风巷在内的区域；掘进工作面是指从掘进迎头至工作面回风流与全风压风流汇合处的区域。采掘工作面限员人数不包括临时性进出的煤矿领导及职能部门巡检人员。采煤、掘进工作面单班作业人数限值见表8-3。

表8-3 采煤、掘进工作面单班作业人数标准

| 瓦斯（灾害）等级 | 机械化采煤工作面/人 | | 炮采工作面/人 | 综掘工作面/人 | 炮掘工作面/人 |
|---|---|---|---|---|---|
| | 检修班 | 生产班 | | | |
| 灾害严重矿井 | ≤40 | ≤25 | ≤25 | ≤18 | ≤15 |
| 其他矿井 | ≤30 | ≤20 | ≤25 | ≤16 | ≤12 |

（3）煤矿企业应制定井下作业限员制度，在采掘作业地点悬挂限员牌板，按照《煤矿安全规程》要求布置人员位置监测系统读卡分站，加强劳动组织管理，严格控制矿井和采掘工作面作业人数。

（4）对未达到限员规定要求的煤矿，不予通过一、二级安全生产标准化考核定级。

（3）矿长及分管负责人、副总工程师、科室负责人、专业技术人员掌握本矿相关重大安全风险及管控措施，区（队）长、班组长熟知本工作区域或岗位重大安全风险及管控措施，作业时对风险管控措施的落实情况进行现场确认。

【培训要点】

（1）矿长及分管负责人、副总工程师、科室负责人、专业技术人员掌握本矿相关重大安全风险及管控措施；

（2）区（队）长、班组长熟知本工作区域或岗位重大安全风险及管控措施；

（3）作业时对风险管控措施的落实情况进行现场确认。

（4）矿长每年组织对重大安全风险管控措施落实情况和管控效果进行总结分析。

【培训要点】

（1）矿长组织，总工程师和相关副职矿长、副总工程师等技术人员参加；

（2）每年至少1次；

（3）内容：重大安全风险管控措施落实情况和管控效果进行总结分析。

（5）及时公告重大安全风险。

【培训要点】

煤矿要建立和完善安全风险公告制度，要在醒目位置和重点区域分别设置安

全风险公告栏，制作岗位安全风险告知卡，标明重大安全风险、可能引发事故隐患类别、事故后果、管控措施、应急措施及报告方式等内容。

对存在重大安全风险的工作场所和岗位，要设置明显的警示标志，并强化危险源监测和预警。在井口（露天煤矿交接班室）或存在重大安全风险区域的显著位置，公告存在的重大安全风险、管控责任人和主要管控措施。

（6）按期向煤矿安全监管部门和监察机构如实报告重大安全风险。

【培训要点】

（1）每年 1 月 31 日前，矿长组织将本矿年度辨识评估得出的重大安全风险清单及其管控措施报送属地安全监管部门和驻地煤监机构；

（2）报告内容包括：重大安全风险的名称、类型、管控方案等。

## 四、保障措施

（1）采用信息化管理手段开展安全风险管控工作。

【培训要点】

煤矿（企业）应采用信息化管理手段，建立安全生产双重预防信息平台，具备安全风险分级管控、隐患排查治理、统计分析及风险预警等主要功能，实现风险与隐患数据应用的无缝链接；保障数据安全，具有权限分级功能。宜使用移动终端提高安全管理信息化水平。

风险分级管控模块应实现对安全风险的记录、跟踪、统计、分析和上报全过程的信息化管理，应具备以下功能：

①风险点的管理（增加、删除、编辑、查询等功能）。

②年度、专项、岗位、临时施工风险辨识评估的管理（辨识数据的录入、辅助辨识评估、辅助生成文件、审核、结果上传等）。

③统计分析及预警功能：实现安全风险和隐患的多维度统计分析，自动生成报表；实现安全风险等级变化和隐患数据变化的预警功能；与风险点关联，实现安全风险动态管理的直观展现。宜与安全生产相关系统集成。

④系统接口应具备以下功能：应具备短信或微信提醒接口，实现预警信息的及时推送；应具备对外提供数据接口，实现风险、隐患等数据与其他系统的对接；宜具备与人员定位、监测监控等系统的接口，抓取实时监控数据。

（2）每年组织入井（坑）人员，以及参加辨识评估人员参加安全风险知识培训。

【培训要点】

（1）煤矿要制定岗位作业流程中的风险管控标准，加强井下岗位和地面关键岗位在作业过程中的风险辨识和管控。

（2）煤矿要建立和完善安全风险培训制度，并加强风险教育和技能培训，确保管理层和每名员工都掌握安全风险的基本情况及防范、应急措施。

①培训对象是入井（坑）人员、人员，每年一次，要单独开班培训。

②培训内容包括安全风险分级管控基本知识、年度和专项安全风险辨识评估结果、与本岗位相关的重大安全风险管控措施。

③每半年至少组织参与安全风险辨识评估工作的人员学习1次安全风险辨识方法和评估技术。

④培训计划中有安全风险辨识评估结果和重大安全风险管控措施方面的内容，有考试结果和档案。

⑤培训要过程控制，要有培训大纲、课程安排、培训日志、学员签到记录、教师教案（或课件）、培训效果反馈等。

## 五、发展提升

在实施重大安全风险管控的基础上，鼓励煤矿区（队）长、班组长和关键岗位人员掌握相关的其他安全风险及管控措施，组织作业时对管控措施落实情况进行现场确认。

【培训要点】

（1）煤矿区（队）长、班组长和关键岗位人员掌握相关的其他安全风险及管控措施。

（2）煤矿区（队）长、班组长和关键岗位人员组织作业时对管控措施落实情况进行现场确认。

# 第18课 标 准 要 求

## 一、工作机制

### 1. 职责分工

建立安全风险分级管控工作责任体系，矿长全面负责，分管负责人负责分管范围内的安全风险分级管控工作；副总工程师、科室、区（队）安全风险分级管控的职责明确。

【培训要点】

（1）建立矿长为第一责任人的安全风险分级管控工作体系：矿井要建立矿长、书记、总工程师、副矿长、副书记、副总工程师分级负责的风险管控体系。

（2）矿成立领导机构、工作机构、工作部门，区队要指定专人具体负责，并明确职责，制定相关文件、责任制。

**2. 制度建设**

建立安全风险分级管控工作制度，明确安全风险辨识评估范围、方法和安全风险的辨识、评估、管控、公告、报告工作流程。

【培训要点】

（1）煤矿可根据本单位实际建立一个或多个制度。

（2）范围是包括哪些系统、区域和工作，本条虽然没有规定范围，但范围应至少包含安全风险辨识评估部分的全部内容，辨识范围包括井下全部和地面重点场所。

（3）本条未明确规定辨识评估的方法和工作流程，煤矿可根据本矿实际选择适当的辨识评估方法。

（4）制定工作流程。

## 二、安全风险辨识评估

**1. 年度辨识评估**

（1）每年矿长组织各分管负责人、副总工程师和相关科室、区（队）进行年度安全风险辨识评估，重点对井工煤矿瓦斯、水、火、煤尘、顶板、冲击地压及提升运输系统，露天煤矿边坡、爆破、机电运输等容易导致群死群伤事故的危险因素开展安全风险辨识评估。

（2）风险辨识评估范围应覆盖煤矿井（坑）下所有系统、场所、区域。

（3）高瓦斯及突出、水文地质类型复杂和极复杂、煤层自燃及容易自燃、有冲击地压等 4 类重大灾害矿井，应将相应影响区域的安全风险评估为重大风险。

（4）年底前完成年度安全风险辨识评估报告的编制，制定《煤矿重大安全风险管控方案》；方案应包含重大安全风险清单，相应的管理、技术、工程等管控措施，以及每条措施落实的人员、技术、时限、资金等内容。

（5）将辨识评估结果应用于确定下一年度安全生产工作重点，《煤矿重大安全风险管控方案》对下一年度生产计划、灾害预防和处理计划、应急救援预案、安全培训计划、安全费用提取和使用计划等提出意见。

【培训要点】

（1）年度辨识评估负责人（部门）：矿长及各分管负责人和相关业务科室、区队。

（2）年度辨识评估的重点：对井工煤矿瓦斯、水、火、粉尘、顶板、冲击地压及提升运输系统，露天煤矿边坡、爆破、机电运输等容易导致群死群伤事故的危险因素开展安全风险辨识。

（3）风险辨识评估范围：应覆盖煤矿井（坑）下所有系统、场所、区域。

（4）重大风险直判：高瓦斯及突出、水文地质类型复杂极复杂、煤层自燃及容易自燃、有冲击地压等4类重大灾害矿井，应将相应影响地点的风险评估为重大风险。

（5）年度安全风险辨识要有原始记录，参加人员签字；内容明确，针对性强。

（6）年度安全风险辨识评估报告内容包括辨识评估参与人员、时间、方法、标准、结论等，在结论中应包括本矿存在的主要危害及重大安全风险清单。

（7）重大安全风险管控清单和其他风险清单。

（8）管控措施是评估和控制风险的措施，包含技术措施、工作措施和管理措施，措施应能确保风险得到有效控制。

（9）辨识评估结果用于确定下一年度安全生产工作重点，并指导和完善下一年度生产计划、灾害预防和处理计划、应急救援预案。

（10）年度安全风险辨识评估的结果在下一年度生产计划、灾害预防和处理计划、应急救援预案中有体现。

**2. 专项辨识评估**

（1）新水平、新采（盘）区、新工作面设计前，开展1次专项辨识评估：

①专项辨识评估由总工程师组织有关业务科室进行；

②重点辨识评估地质条件和重大灾害因素等方面存在的安全风险；

③编制专项辨识评估报告，有新增重大风险或需调整措施的补充完善《煤矿重大安全风险管控方案》；

④辨识评估结果应用于完善设计方案，指导生产工艺选择、生产系统布置、设备选型、劳动组织确定。

【培训要点】

（1）专项辨识评估负责人（部门）：总工程师、有关业务科室。

（2）辨识重点：在新水平、新采（盘）区、新工作面设计前，辨识地质条件和重大灾害因素等方面存在的安全风险。

（3）专项辨识记录，内容明确，针对性强，参加人员签字。

（4）撰写专项安全风险辨识评估报告。

（5）形成安全风险清单，并补充年度辨识重大风险清单。

（6）制定管控措施，并补充《煤矿重大风险管控方案》。

（7）辨识评估结果在设计方案、生产工艺选择、生产系统布置、设备选型、劳动组织确定等中有体现。

（2）生产系统、生产工艺、主要设施设备、重大灾害因素（露天煤矿爆破参数、边坡参数）等发生重大变化时，开展 1 次专项辨识评估：

①专项辨识评估由分管负责人组织有关业务科室进行；

②重点辨识评估作业环境、生产过程、重大灾害因素和设施设备运行等方面存在的安全风险；

③编制专项辨识评估报告，有新增重大风险或需调整措施的补充完善《煤矿重大安全风险管控方案》；

④辨识评估结果应用于指导编制或修订完善作业规程、操作规程。

【培训要点】

（1）辨识评估负责人（部门）：分管负责人、有关业务科室。

（2）辨识重点：生产系统、生产工艺、重大灾害因素和主要设施设备运行等方面存在的安全风险。发生重大变化，如对通风系统进行了重大调整，采煤工艺由综采变成综放，采掘设备、支护设备等发生重大变化，掘进工作面过富水区等情况。

（3）专项辨识记录，内容明确，针对性强，参加人员签字。

（4）撰写专项安全风险辨识评估报告。

（5）形成重大安全风险清单，并补充年度辨识重大风险清单。

（6）制定管控措施，并补充《煤矿重大风险管控方案》。

（7）辨识评估结果在作业规程、操作规程中有体现。

（3）启封密闭、排放瓦斯、反风演习、工作面通过空巷（采空区）、更换大型设备、采煤工作面初采和收尾、综采（放）工作面安装回撤、掘进工作面贯通前，突出矿井过构造带及石门揭煤等高危作业实施前，露天煤矿抛掷爆破前，新技术、新工艺、新设备、新材料试验或推广应用前，连续停工停产 1 个月以上的煤矿复工复产前，开展 1 次专项辨识评估：

①专项辨识评估由分管负责人（复工复产前专项辨识评估由矿长）组织有关科室、生产组织单位（区队）进行；

②重点辨识评估作业环境、工程技术、设备设施、现场操作等方面存在的安全风险；

③编制专项辨识评估报告，有新增重大风险或需调整措施的补充完善《煤矿重大安全风险管控方案》；

④辨识评估结果应用于对安全技术措施编制提出指导意见。

【培训要点】

（1）辨识负责人（部门）：分管负责人（复工复产前专项辨识评估由矿长）、有关业务科室、生产组织单位（区队）。

（2）辨识重点：启封密闭、排放瓦斯、反风演习、过空巷（采空区）、更换大型设备、采煤工作面初采和收尾、安装回撤、掘进工作面贯通前，突出矿井过构造带及石门揭煤等高危作业实施前，新技术、新工艺、新设备、新材料试验或推广使用前，连续停工停产1个月以上的煤矿复工复产前等方面存在的安全风险。

（3）专项辨识记录，参加人员签字；内容明确，针对性强。

（4）撰写专项安全风险辨识评估报告。

（5）形成安全风险清单，并补充年度辨识重大风险清单。

（6）制定管控措施，补充《煤矿重大风险管控方案》。

（7）辨识评估结果在安全技术措施中有体现。

（4）本矿发生死亡事故或涉险事故、出现重大事故隐患，全国煤矿发生重特大事故，或者所在省份、所属集团煤矿发生较大事故后，开展1次针对性的专项辨识评估：

①专项辨识评估由矿长组织分管负责人和业务科室进行；

②识别安全风险辨识评估结果及管控措施是否存在漏洞、盲区；

③编制专项辨识评估报告，有新增重大风险或需调整措施的补充完善《煤矿重大安全风险管控方案》；

④辨识评估结果应用于指导修订完善设计方案、作业规程、操作规程、安全技术措施。

【培训要点】

（1）辨识负责人（部门）：矿长、分管负责人、业务科室。

（2）辨识重点：安全风险辨识结果及管控措施是否存在漏洞、盲区；辨识评估针对该项事故所涉及的专业、系统开展，分析该项内容是否识别到，是否制定有效的管控措施，管控措施是否得到执行，针对存在的问题进行补充完善辨识评估。

（3）辨识记录，内容明确，针对性强，参加人员签字。

（4）撰写专项辨识评估报告。

（5）形成安全风险清单，并补充年度辨识重大风险清单。

（6）制定管控措施，补充《煤矿重大风险管控方案》。

（7）辨识评估结果在设计方案、作业规程、操作规程、安全技术措施等技术文件中有体现。

## 三、安全风险管控

### 1. 管控方案落实

（1）由矿长组织实施《煤矿重大安全风险管控方案》，人员、技术、资金满足要求，重大安全风险管控措施落实到位。

【培训要点】

（1）年度辨识和专项辨识出的重大安全风险，每一项重大风险都要单独制定《重大安全风险管控方案》。

（2）在重大安全风险中应包含水、火、瓦斯、煤尘、顶板、冲击地压和运输提升等容易导致重特大事故的内容。

（3）重大安全风险管控措施由矿长组织实施。

（4）工作方案中应明确工作内容、责任人、完成时间、资金等内容。

（5）管控措施：采取设计、替代、转移、隔离等技术、工程手段，制定重大安全风险管控措施，并符合相关规定。

（2）有重大安全风险的区域设定作业人数上限，人数应符合有关限员规定，入口显著位置悬挂限员牌板。

【培训要点】

（1）根据本矿辨识评估的重大安全风险，划分重大安全风险区域。

（2）由煤矿根据有关规定设定作业人数上限，并执行。

（3）以文件形式明确划定的重大安全风险区域，限定作业人数。

（4）在井口公示当班井下作业人数，并在采掘工作面显著位置挂牌公示。

（3）矿长掌握并落实本矿重大安全风险及主要管控措施；分管负责人、副总工程师、科室负责人、专业技术人员掌握相关范围的重大安全风险及管控措施。

（4）在重大安全风险区域作业的区（队）长、班组长掌握并落实该区域重大安全风险及相应的管控措施；区（队）长、班组长组织作业时对管控措施落实情况进行现场确认。

【培训要点】

煤矿要根据划分的重大风险区域，要求区域内人员掌握重大安全风险的管控措施，熟悉本岗位职责并严格落实。

（5）矿长每年组织对重大安全风险管控措施落实情况和管控效果进行总结分析，指导下一年度安全风险管控工作。

**2. 公告警示**

（1）在行人井口（露天煤矿交接班室）和存在重大安全风险区域的显著位置，公示存在的重大安全风险、管控责任人和主要管控措施。

【培训要点】

（1）公告地点：行人井口（露天煤矿交接班室）或存在重大安全风险区域的显著位置。

（2）公告内容：存在的重大安全风险、管控责任人和主要管控措施及限定作业人数，公告形式可以是电子屏、牌板等。

（3）风险点公布：主要风险点、风险类别、风险等级、管控措施和应急措施，让每名员工都了解风险点的基本情况及防范、应急对策。

（4）岗位风险告知卡：标明本岗位主要危险危害因素、后果、事故预防及应急措施、报告电话等内容。

（2）每年1月31日前，矿长组织将本矿年度辨识评估得出的重大安全风险清单及其管控措施报送属地安全监管部门和驻地煤监机构。

## 四、保障措施

### 1. 信息管理

采用信息化管理手段，实现对安全风险记录、跟踪、统计、分析、上报等全过程的信息化管理。

【培训要点】

（1）煤矿必须采用信息化手段管理，可以安装新的专门的安全风险管控信息管理系统，可在原有信息管理系统的基础上增加模块，实现对安全风险的记录、跟踪、统计、分析、上报等功能。

（2）煤矿也可以同时使用电子邮件、社交软件等通信软件，能实现对风险管控情况进行记录跟踪、统计、分析、上报的功能。

### 2. 教育培训

（1）年度辨识评估完成后1个月内对入井（坑）人员进行安全风险管控培训，内容包括重大安全风险清单、与本岗位相关的重大安全风险管控措施，且不少于2学时；专项辨识评估完成后1周内对相关作业人员开展培训。

【培训要点】

（1）培训方式：专题培训。

（2）培训学时：不少于2学时。

（3）培训对象：入井（坑）人员和地面关键岗位人员。

（4）培训内容：安全风险分级管控基本知识、岗位作业流程风险管控标准、年度和专项安全风险辨识评估结果、与本岗位相关的重大安全风险管控措施。

（2）年度风险辨识评估前组织对矿长和分管负责人等参与安全风险辨识评估工作的人员开展1次安全风险辨识评估技术培训，且不少于4学时。

【培训要点】

（1）培训方式：专题培训。

（2）培训学时：不少于4学时。

（3）培训对象：矿长和分管负责人等参与安全风险辨识评估工作的人员。

（4）培训内容：安全风险辨识方法和评估技术。

## 五、附加项

区（队）长、班组长和关键岗位人员掌握作业区域和本岗位的安全风险及管控措施；区（队）长、班组长组织作业时对其他安全风险管控措施落实情况进行现场确认。

# 第9讲 事故隐患排查治理

## 第 19 课 工 作 要 求

### 一、工作机制

（1）建立健全事故隐患排查治理责任体系和工作制度，明确事故隐患排查治理工作职责。

【培训要点】

煤矿通过建立健全责任体系、明确细化职责的方式，确立事故隐患排查治理全员参与的工作模式，要求煤矿安全管理部门和其他业务职能部门、生产单位共同参与，管理人员与岗位人员共同参与，职责清晰。

煤矿企业和煤矿应当建立健全从主要负责人到每位作业人员，覆盖各部门、各单位、各岗位的事故隐患排查治理责任体系，明确主要负责人为本煤矿隐患排查治理工作的第一责任人，统一组织领导和协调指挥本煤矿事故隐患排查治理工作；明确本煤矿负责事故隐患排查、治理、记录、上报和督办、验收等工作的责任部门。

（1）建立以矿长为组长、其他班子成员为副组长、各副总及各部门科室负责人为成员的隐患排查治理领导小组，负责矿年度隐患排查，并制定年度隐患治理措施。

（2）各分管成立以分管副总为组长、本部门负责人为副组长、本部门科室其他人员为成员的分管隐患排查治理工作小组，负责分管每月、每旬、每日的隐患排查，并制定每月、每旬、每日隐患治理措施。

（3）安监处负责矿年度隐患及各分管每月、每旬、每日隐患汇总、整理、公告，并督查隐患治理措施的落实情况。

（4）确立事故隐患排查治理全员参与的工作模式，各单位、各部门、各岗位人员共同参与，职责清晰。

（2）对排查出的事故隐患进行分级，按事故隐患等级进行登记、治理、验收、销号。

【培训要点】

煤矿企业和煤矿应当建立事故隐患分级管控机制，根据事故隐患的影响范围、危害程度和治理难度等制定本企业（煤矿）的事故隐患分级标准，明确负责不同等级事故隐患的治理、督办和验收等工作的责任单位和责任人员。

根据隐患整改、治理和排除的难度及其可能导致事故后果和影响范围，分为重大隐患和一般隐患。

1. 重大隐患

重大隐患指危害和整改难度大，应全部或局部停产，并经过一定时间治理方能排除的隐患，或因外部因素影响致使本队组（单位）自身难以排除的隐患。煤矿重大事故隐患的判定，依据《煤矿重大生产安全事故隐患判定标准》（国家安全生产监督管理总局令第 85 号）执行。

2. 一般隐患

一般事故隐患指危害和整改难度小，发现后能够立即通过整改排除的隐患。一般隐患按照危害程度、解决难易、工程量大小等划分为 A、B、C 三级。

A 级：有可能造成人员伤亡或严重经济损失，治理工程量大，需由煤矿（企业）或上级企业、部门协调、煤矿（企业）主要负责人组织治理的隐患。

B 级：有可能导致人身伤害或较大经济损失，治理工程量较大，需由煤矿（企业）分管负责人组织治理的隐患。

C 级：治理难度和工程量较小，由煤矿（企业）基层区队（车间）主要负责人组织治理的隐患。

对排查出的事故隐患，按事故隐患等级，由安监部门进行督办，矿组织相关单位进行验收。

根据目前多数煤矿已形成的成熟做法，要求煤矿将国家规定的重大隐患之外的其他隐患进行分级，与国家安全生产监督管理总局令第 85 号规定的重大隐患一起，按照隐患等级分别明确对应的治理、验收和督办责任单位和人员，实施分级治理、分级督办、分级验收。

## 二、事故隐患排查

（1）明确事故隐患排查人员、内容、周期。

【培训要点】

煤矿应当在采掘活动开始前和安全条件、生产系统、设施设备等发生较大变化时，组织安全、生产和技术等部门对涉及的作业场所、工艺环节、设施设备、岗位人员等可能存在的危险因素进行全面辨识，识别可能导致事故隐患产生的危险因素，并进行汇总分类和危险程度评估，制定针对性的预防措施，分解落实到每个工作岗位和每个作业人员，预防事故隐患产生。

1. 隐患排查清单

煤矿应依据确定的各类风险的全部控制措施和基础安全管理要求，编制包含全部应该排查的项目清单。隐患排查项目清单包括生产现场类隐患排查清单和基础管理类隐患排查清单。

（1）生产现场类隐患排查清单。应以各类风险点为基本单元，依据风险分级管控体系中各风险点的控制措施和标准、规程要求，编制该排查风险点的排查清单。至少应包括：

①与风险点对应的设备设施和作业名称；

②排查内容；

③排查标准；

④排查方法。

（2）基础管理类隐患排查清单。应依据基础管理相关内容要求，逐项编制排查清单。至少应包括：

①基础管理名称；

②排查内容；

③排查标准；

④排查方法。

2. 隐患排查内容

实施隐患排查前，应根据排查类型、人员数量、时间安排和季节特点，在排查项目清单中选择确定具有针对性的具体排查项目，作为隐患排查的内容。隐患排查可分为生产现场类隐患排查或基础管理类隐患排查，两类隐患排查可同时进行。煤矿安全隐患排查的主要内容有：

（1）煤矿持证情况。是否持有采矿许可证、安全生产许可证、工商营业证执照。

（2）五职矿长配备情况。是否配有矿长、安全副矿长、生产副矿长、机电副矿长、总工程师（技术副矿长），有省份要求六职，即增加通风助理。

（3）特种作业人员配备情况。是否按相关规定配备安全员、瓦斯检查工、绞车工、爆破工等特种作业人员；配备人数是否符合要求；是否经过培训合格并持证上岗等。

（4）出入井管理情况。煤矿是否严格执行班前会议制度；是否严格执行入井检身制度；是否严格执行出入井人员登记制度；是否严格执行矿灯集中管理制度。

（5）领导带班下井情况。是否严格执行矿级领导带班入井制度；是否严格执行每班都有矿级领导带班入井；是否严格执行矿级领导与工人同时下井、同时升井；是否严格执行井下交接班制度。

（6）通风管理情况。是否具备完整的独立通风系统；矿井、采区和采掘工作面的供风能力是否满足安全生产的要求；地面是否按要求安装了同等能力的两台通风机；井下风门、风桥、密封等通风设施构筑质量是否符合标准并能满足安全要求；有无违规串联通风。是否存在采掘工作面等主要用风地点风量不足的问题；采区进（回）风是否存在一段进风、一段回风情况；是否存在其他重大的通风隐患。

（7）瓦斯防治情况。煤矿瓦斯检查工配备数量是否满足要求；是否按规定检查瓦斯；是否存在漏检、假检；是否存在井下瓦斯超限后未采取措施继续作业；瓦斯超限是否立即组织撤人；瓦斯监控系统运行是否正常；是否有瓦斯超限处理记录；各类监控器配备是否齐全；位置安设是否正确；是否配备专业人员值班、检修瓦斯监测监控系统；是否存在其他重大安全隐患。

（8）水害防治情况。煤矿是否有可靠的排水系统；是否存在赋水地质条件、相邻矿井及废弃老窑积水情况；是否严格执行"预测预报，有掘必探，先探后掘，先治后采"的原则；是否有探放工作需要的防治水专业技术人员、配齐专用探放水设备；是否有专业的探放水作业队伍。

（9）爆破管理情况。爆破工是否经过培训合格并持证上岗；人员配备数量是否满足安全要求；是否严格执行远距离爆破制度；是否严格执行"三人连锁爆破"制度；是否严格执行"一炮三检"制度。

（10）煤与瓦斯突出防治情况。煤矿是否建立防突机构并配备相应的专业人员；是否安装瓦斯抽放系统并运转正常；有无专业用风井；是否设置采区专用回风巷；是否采取了"预测预报，防治措施，效果检验，安全防护""四位一体"的局部综合防突措施；是否编制专项防突设计；是否按防突设计施工；是否按消突后进行采掘；是否按规定配备防突装备和仪器；是否存在其他重大隐患。

（11）顶板管理情况。煤矿作业规程中是否编有顶板说明书；掘进作业是否采取前探支护；是否存在空顶作业；巷道维修作业是否采取临时支护措施；是否严格执行"敲帮问顶"制度；冲击地压防治措施；是否存在其他重大安全隐患。

（12）下井人数情况。当班总人数情况、井下人员分布情况、井下人数及分布情况是否符合相关规定；是否存在超员现象。

（13）其他情况。冲击地压、运输管理、机电管理、火灾防范等情况。

3. 隐患排查频次及要求

煤矿企业和煤矿应当按照日常排查和定期排查相结合的原则，建立事故隐患排查工作机制，及时发现生产建设过程中存在的事故隐患。

（1）煤矿主要负责人每月至少组织开展 1 次全面的安全隐患排查工作。

（2）煤矿作业人员应当在开始作业前对本岗位危险因素进行一次安全确认，并在作业过程中随时排查事故隐患。

（3）煤矿的生产组织单位（区、队）应当每天安排管理、技术和安全等人员进行巡检，对作业区域开展事故隐患排查。

（4）煤矿应当组织安全、生产、技术等职能部门和相关的专业部门每旬至少开展 1 次覆盖生产各系统和各岗位的事故隐患排查。

（5）煤矿企业应当组织安全、生产、技术、管理等职能部门定期开展覆盖各运营煤矿的事故隐患排查。

4. 分级排查

煤矿应根据组织机构确定不同的排查级别，一般包括：矿级、科室（部门）级、区队（车间）级、班组岗位级。

煤矿应组织人员定期开展隐患排查工作，隐患排查工作可与风险管控工作相结合。排查周期及范围如下：

（1）矿长每月至少组织分管负责人及安全、生产、技术等业务科室、生产组织单位（区队）开展 1 次覆盖生产各系统和各岗位的事故隐患排查，排查前制定工作方案，明确排查时间、方式、范围、内容和参加人员。

（2）煤矿各分管负责人每半月组织相关人员对分管领域进行 1 次全面的事故隐患排查。

（3）生产期间，每天安排管理、技术和安监人员进行巡查，对作业区域开展事故隐患排查。

（4）班组和岗位作业人员作业过程中随时排查事故隐患。

（2）排查《煤矿重大安全风险管控方案》措施落实情况和各生产系统、各岗位的事故隐患，排查内容包含重大安全风险管控措施不落实情况和人的不安全行为、物的不安全状态、环境的不安全条件以及管理缺陷等。

【培训要点】

"风险点、危险源"即为隐患排查的范围和对象。风险点明确了排查的范围，危险源明确了排查的对象。

《煤矿安全风险管控清单》中的"风险点""危险源"为隐患排查的对象，即"排查点"。煤矿要制定排查点清单。

排查点清单是煤矿内分级排查和日常安全检查的关注点，各级安监部门进行监督检查时，也可参照煤矿上报的排查点清单进行监督检查。

（1）生产现场类隐患排查范围：

①设备设施（采掘设备、通风设备、排水设备、提升设备等）；

②场所环境；

③生产系统（采煤、掘进、供电、运输、提升、通风、供风、供水等）；

④从业人员操作行为；

⑤安全避险及应急设施；

⑥供配电设施；

⑦职业卫生防护设施；

⑧各生产岗位；

⑨现场其他方面。

（2）基础管理类隐患排查范围：

①生产经营单位资质证照；

②安全生产管理机构及人员；

③安全生产责任制；

④安全生产管理制度；

⑤教育培训；

⑥安全生产管理档案；

⑦安全生产投入；

⑧应急管理；

⑨职业卫生基础管理；

⑩其他方面。

（3）岗位作业过程中的隐患排查：

①人的不安全行为；

②物的不安全状态；

③环境的不安全条件；

④管理缺陷。

（3）发现重大事故隐患立即向当地煤矿安全监管监察部门书面报告，建立事故隐患排查台账和重大事故隐患信息档案。

【培训要点】

煤矿企业和煤矿应当建立事故隐患统计分析和汇总建档工作制度，定期对事故隐患和治理情况进行汇总分析，及时发现安全生产和隐患排查治理工作中出现的普遍性、苗头性和倾向性问题，研究制定预防性措施；并及时将事故隐患排查、治理和督办、验收过程中形成的电子信息、纸质信息归档立卷。

发现重大事故隐患时，要立即停止受威胁区域内所有作业活动，撤出作业人员，并立即向当地煤矿安全监管监察部门书面报告。

上报的重大事故隐患信息应当包括以下内容：

①隐患的基本情况和产生原因；

②隐患危害程度、波及范围和治理难易程度；

③需要停产治理的区域；

④发现隐患后采取的安全措施。

煤矿企业和煤矿应当建设具备事故隐患内容记录、治理过程跟踪、统计分析、逾期警示、信息上报等功能的事故隐患排查治理信息化管理手段，实现对事故隐患从排查发现到治理完成全过程的信息化管理。

事故隐患排查治理信息系统应当接入煤矿调度中心（生产信息平台），并确保事故隐患记录无法被篡改或删除。

## 三、事故隐患治理

### 1. 分级治理

（1）事故隐患实施分级治理，不同等级的事故隐患由相应层级的单位（部门）和人员负责。

【培训要点】

隐患应根据煤矿（企业）管理层级，实行分级治理、分级督办、分级验收。验收合格的予以销号，实现闭环管理。未按规定完成治理的隐患，应提高督办层级。

煤矿应当建立依据事故隐患的等级实施分级治理的工作机制。对于有条件立即治理的事故隐患，在采取措施确保安全的前提下，事故隐患治理责任单位应当及时治理；对于难以采取有效措施立即治理的事故隐患，事故隐患治理责任单位应当及时制定治理方案，限期完成治理；对于重大事故隐患，应当由煤矿企业主要负责人负责组织制定治理方案。

隐患治理应遵循分级治理、分类实施的原则，主要包括岗位纠正、班组治理、区队治理、矿级治理、集团公司治理等。

事故隐患治理流程包括通报隐患信息、下发隐患整改通知、实施隐患治理、治理情况反馈和验收等环节。

（1）一般隐患的整改。隐患排查人员向存在隐患的部门、区队、班组下发隐患排查治理通知单。由隐患整改责任单位负责人或班组立即组织整改，明确整改责任人、整改要求、整改时限等内容。

（2）重大事故隐患的整改。重大隐患治理，由煤矿（企业）主要负责人组织实施。对于重大事故隐患或难以整改的隐患，隐患整改责任部门、煤矿应组织制定事故隐患治理方案，经论证后实施。

隐患排查结束后，将隐患名称、存在位置、不符合状况、隐患等级、治理期限及治理措施要求等信息向从业人员进行通报。隐患排查组织部门应制发隐患整改通知书，应对隐患整改责任单位、措施建议、完成期限等提出要求。隐患存在单位在实施隐患治理前应当对隐患存在的原因进行分析，并制定可靠的治理措施。隐患整改通知制发部门应当对隐患整改效果组织验收。

（2）重大事故隐患由矿长按照责任、措施、资金、时限、预案"五落实"的原则，组织制定专项治理方案，并组织实施。

【培训要点】

（1）煤矿企业应当建立事故隐患排查资金保障机制，根据年度事故隐患排查治理工作安排，每年在安全生产费用提取中留设专项资金，专门用于隐患排查治理。事故隐患治理必须做到责任、措施、资金、时限和预案"五落实"，具体包括：

①治理的责任：分级负责；

②治理的方法和措施；

③治理的资金和物质；

④治理的时限和要求；

⑤应急处置和应急预案。

（2）重大事故隐患评估报告书。经判定或评估属于重大事故隐患的，企业应当及时组织评估，并编制事故隐患评估报告书：

①事故隐患的类别；

②影响范围和风险程度及对事故隐患的监控措施；

③治理方式；

④治理期限的建议。

（3）重大事故隐患治理方案。

对于重大事故隐患，应当由煤矿或煤矿企业主要负责人负责组织制定治理方案。重大隐患和 A 级隐患，必须编制隐患治理方案，应当包括下列主要内容：

①治理的目标和任务；

②治理的方法和措施；

③落实的经费和物资；

④治理的责任单位和责任人员；

⑤治理的时限、进度安排和停产区域；

⑥采取的安全防护措施和制定的应急预案。

**2. 安全措施**

（1）对治理过程中存在危险的事故隐患治理有安全措施。

（2）对治理过程危险性较大的事故隐患，应制定现场处置方案，治理过程中有专人现场指挥和监督，并设置警示标识。

【培训要点】

煤矿应当制定事故隐患排查治理过程中的安全保护措施，严防事故发生。

（1）事故隐患治理前无法保证安全或事故隐患治理过程中出现险情时，应撤离危险区域内的作业人员，并设置警示标志。

（2）对于短期内无法彻底治理的事故隐患，应当及时组织对其危险程度和影响范围进行评估，根据评估结果采取相应的安全监控和防护措施，确保安全。

（3）对治理过程中危险性较大的事故隐患，治理过程中应有专人现场指挥和监督，并设置警示标识。

## 四、监督管理

（1）事故隐患治理实施分级督办，对未按规定完成治理的事故隐患，及时提高督办层级，加大督办力度；事故隐患治理完成，经验收合格后予以销号，解除督办。

【培训要点】

通过督办和验收环节，对事故隐患治理过程实施分级督办，治理完成并经验收合格后予以销号、解除督办，实现隐患治理闭环管理。对于挂牌督办的重大隐患、煤矿自行排查发现的事故隐患和有关政府部门机构检查发现的事故隐患，其验收、督办程序和督办主体均有所不同。

煤矿企业应当建立事故隐患治理分级督办、分级验收机制，依据排查出的事故隐患等级在其治理过程中实施分级跟踪督办，对不能按规定时限完成治理的事故隐患，及时提高督办层级、发出提级督办警示，加大治理的督促力度。事故隐患治理完成后，相应的验收责任单位应当及时对事故隐患治理结果进行验收，验收合格后解除督办、予以销号。

（2）及时通报事故隐患排查和治理情况，接受监督。

【培训要点】

（1）煤矿企业应及时在井口信息站或其他显著位置，每月向从业人员通报事故隐患分布、治理进展情况。重大事故隐患应当在煤矿井口显著位置公告，一般事故隐患可以在涉及的区（队）办公区域公告或在班前会上通报；发现重大隐患后，应在井口（露天煤矿交接班室）或其他显著位置公示，重大事故隐患公告必须包括隐患的现状、产生原因、危害程度、整改难易程度分析、治理方案、治理责任、治理时限和责任人员等内容，重大事故隐患公告还应标明停产停工范围。

（2）煤矿应建立事故隐患举报奖励制度，公布事故隐患举报电话、信箱、电子邮箱等，接受从业人员和社会的监督。

### 五、保障措施

（1）采用信息化管理手段，实现对事故隐患排查治理记录统计、过程跟踪、逾期报警、信息上报的信息化管理。

【培训要点】

煤矿企业应当建设具备事故隐患内容记录、治理过程跟踪、统计分析、逾期警示、信息上报等功能的事故隐患排查治理信息化管理手段，实现对事故隐患从排查发现到治理完成销号全过程的信息化管理。

信息化管理手段，除了使用具有相关功能的信息化管理系统外，还包括利用计算机、网络等手段管理隐患，也鼓励有条件的煤矿建立隐患排查治理信息化管理系统或在现有综合信息化系统的基础上加载事故隐患管理模块、功能。

事故隐患排查治理信息系统应当接入煤矿调度中心（生产信息平台），并确保事故隐患记录无法被篡改或删除。

采用在线监测，实时监控采空区煤尘、瓦斯、矿井涌水等重大隐患，实现对重大事故隐患排查治理进行记录统计、过程跟踪、超限报警、信息上报的信息化管理。

隐患排查治理模块实现对隐患的记录统计、过程跟踪、逾期报警、信息上报的信息化管理。应具备以下功能：

①隐患信息录入及与风险的关联；

②隐患整改、复查、销号等过程跟踪，实现闭环管理，对于整改超期或整改未达要求的，进行预警；

③实现重大隐患上报、跟踪督办；

④隐患的多维度统计分析，自动生成报表；

⑤隐患数据变化的预警功能；

（2）定期组织召开专题会议，对风险管控措施落实、事故隐患排查和治理情况进行汇总分析。

【培训要点】

（1）各科室部门负责人每旬组织召开一次隐患排查和治理情况分析会。对本旬的隐患排查和治理情况进行总结，并确定下一旬要排查的隐患，并提出治理方案措施。

（2）每月由矿长组织各科室部门负责人召开一次隐患排查和治理情况分析会，对本月的隐患排查和治理情况进行总结，并确定下月度矿井要排查的隐患，并提出治理方案措施。

（3）每年年底前由矿长组织矿其他领导及各科室部门负责人召开一次年度

隐患排查和治理情况分析会，对本年度的隐患排查和治理情况进行总结，并确定下一年度矿井要排查的隐患，提出治理方案措施。

隐患排查治理的分析总结可专门召开，也可与其他会议合并召开。对重大隐患、共性隐患、反复隐患、新增隐患等应当"追根溯源"，可从技术设计、规程措施、规章制度、安全投入、安全培训、劳动组织、设备设施、现场管理、操作行为等方面进行系统分析并研究制定改进措施。月度事故隐患统计分析报告应当坚持"问题导向"，对下月及今后隐患排查治理、安全生产管理工作提出针对性、可操作性的意见及建议。

（3）定期组织开展事故隐患排查治理相关知识培训。

【培训要点】

煤矿企业应当建立事故隐患排查治理宣传教育制度，采取多种方式宣传事故隐患排查治理工作制度和工作要求，将事故隐患排查治理能力建设纳入职工日常培训范围，并根据不同岗位开展针对性培训，提高全体从业人员的事故隐患排查治理能力。安培中心定期组织安全管理技术人员进行事故隐患排查治理相关知识培训。每年至少组织管理和技术人员进行1次隐患排查治理方面的专项培训。

# 第20课　标　准　要　求

## 一、工作机制

### 1. 职责分工

建立事故隐患排查治理工作责任体系，明确矿长全面负责、分管负责人负责分管范围内的事故隐患排查治理工作，各科室、区（队）、班组、岗位人员职责明确。

【培训要点】

（1）建立以矿长为组长、其他班子成员为副组长、各副总及各部门科室负责人为成员的隐患排查治理小组。

（2）设置事故隐患排查治理管理工作的部门，并以文件形式公布。

（3）建立事故隐患排查治理档案，事故隐患排查治理档案内容齐全。

（4）事故隐患排查治理工作矿长全面负责、分管负责人分级负责，各业务科室、生产组织单位（区队）、班组、岗位人员的分工和责任明确。

### 2. 制度建设

建立《煤矿重大安全风险管控方案》措施落实情况检查和事故隐患排查治

理相关制度，对重大安全风险管控措施落实及管控效果标准，事故隐患分级标准，以及事故隐患（含措施不落实情况）排查、登记、治理、督办、验收、销号、分析总结、检查考核工作作出规定并落实。

【培训要点】

（1）行文发布煤矿事故隐患排查治理相关制度：有文件、有牌板、有电子和纸质资料。

（2）矿领导、业务科室、区队、班组负责人、岗位员工要清楚分工和职责，随机抽选进行口头提问或考试，以上人员每半年至少抽选 1 次。

### 3. 分级管理

对排查出的事故隐患进行分级，并按照事故隐患等级明确相应层级的单位（部门）、人员负责治理、督办、验收。

【培训要点】

（1）排查出的事故隐患分级清单、台账和分级文件。

（2）事故隐患分级后相应层级单位、人员负责治理、督办、验收记录。

（3）隐患分级，整改、督办、验收责任单位（部门）及人员分工及安排表。

## 二、事故隐患排查

### 1. 周期范围

（1）矿长每月组织分管负责人及相关科室、区（队）对重大安全风险管控措施落实情况、管控效果及覆盖生产各系统、各岗位的事故隐患至少开展 1 次排查；排查前制定工作方案，明确排查时间、方式、范围、内容和参加人员。

（2）矿分管采掘、机电运输、通风、地测防治水、冲击地压防治等工作的负责人每半月组织相关人员对覆盖分管范围的重大安全风险管控措施落实情况、管控效果和事故隐患至少开展 1 次排查。

（3）矿领导带班下井过程中跟踪带班区域重大安全风险管控措施落实情况，排查事故隐患，记录重大安全风险管控措施落实情况和事故隐患排查情况。

【培训要点】

煤矿要制定带班管理办法，矿领导带班下井过程中要跟踪带班区域重大安全风险管控措施落实情况，进行排查事故隐患，如实记录重大安全风险管控措施落实情况和事故隐患排查情况。

（4）生产期间，每天安排管理、技术和安检人员进行巡查，对作业区域开展事故隐患排查。

【培训要点】

（1）日检负责人：管理、技术和安检人员。

（2）日检对象：对作业区域生产作业"时段、区域、岗位"全覆盖开展事故隐患排查。

（3）区队当日、班组当班对排查的安排情况、会议记录，口头质询。

（5）岗位作业人员作业过程中随时排查事故隐患。

【培训要点】

煤矿要编制岗位作业流程隐患排查治理标准，确保岗位作业过程中的隐患排查治理到位。

排查人：岗位作业人员。

排查对象：作业过程。

排查方法：手指口述。

**2. 登记上报**

（1）建立事故隐患排查台账，逐项登记内部排查和外部检查的事故隐患。

【培训要点】

（1）事故隐患排查台账分旬、分月建立。

（2）隐患排查台账登记齐全，台账应当包括隐患名称（含地点、部位）、排查时间及人员、等级认定、整改责任单位和人员及期限、销号时间等要求。

（2）排查发现重大事故隐患后，及时向当地煤矿安全监管监察部门书面报告，并建立重大事故隐患信息档案。

【培训要点】

（1）煤矿要建立重大事故隐患信息档案，内容包括排查、报告、制定整改治理方案、验收销号等全过程记录、图片等。

（2）煤矿发现重大事故隐患后，及时向当地煤矿安全监管监察部门书面报告，有报告记录。

（3）煤矿要认真保管好重大事故隐患报告材料。

## 三、事故隐患治理

**1. 分级治理**

（1）重大事故隐患由矿长按照责任、措施、资金、时限、预案"五落实"的原则，组织制定专项治理方案，并组织实施；治理方案按规定及时上报。

【培训要点】

（1）事故隐患治理必须做到责任落实、措施落实、资金落实、时限落实、预案落实，五落实记录。

（2）事故隐患排查治理台账中"五落实"要素要完备（具体内容如确不需要，可填无。例如某项隐患治理不需要资金，则在"资金"要素项填无）。

（3）重大事故隐患专项治理方案由矿长组织制定并实施。

（2）不能立即治理完成的事故隐患，明确治理责任单位（责任人）、治理措施、资金、时限，并组织实施。

【培训要点】

（1）不能立即治理完成的事故隐患要编制清单及治理方案。

（2）治理责任单位（部门）主要责任人按照治理方案组织实施治理。

（3）能够立即治理完成的事故隐患，当班采取措施，及时治理消除，并记入班组隐患台账。

【培训要点】

（1）编制能够立即治理完成的事故隐患清单。

（2）区队、班组当班及时治理并作记录；可以当班或交接班时在井下现场登记，也可升井后在区队、班组进行补登记。

**2. 安全措施**

（1）对治理过程中存在危险的事故隐患治理有安全措施，并落实到位。

【培训要点】

（1）煤矿要制定事故隐患治理的安全技术措施并落实。

（2）当班能处理的事故隐患可不制定安全技术措施，但必须采取口头告知形式告知安全技术。

（2）对治理过程危险性较大的事故隐患（指可能危及治理人员及接近治理区人员安全，如爆炸、人员坠落、坠物、冒顶、电击、机械伤人等），应制定现场处置方案，治理过程中现场有专人指挥，并设置警示标识；安检员现场监督。

【培训要点】

（1）煤矿对治理过程危险性较大的事故隐患（指可能危及治理人员及接近治理区人员安全，如爆炸、人员坠落、坠物、冒顶、电击、机械伤人等），应制定现场处置方案，治理过程中现场有专人指挥，并设置警示标识。

（2）安检员现场监督，编制治理安全技术措施。现场有现场班组长及安全生产管理人员等专人指挥和安检员监督。

（3）按要求对治理中的危险性较大隐患进行治理。

## 四、监督管理

**1. 治理督办**

（1）事故隐患治理督办的责任单位（部门）和责任人员明确。

（2）对未按规定完成治理的事故隐患，由上一层级单位（部门）和人员实施督办。

（3）挂牌督办的重大事故隐患，治理责任单位（部门）及时记录治理情况和工作进展，并按规定上报。

【培训要点】

（1）事故隐患治理督办的责任单位（部门）和责任人员明确，并行文下发，责任明确。

（2）对未按规定完成治理的事故隐患，由上一层级单位（部门）和人员实施督办，有单位名称和督办实施记录。

（3）挂牌督办的重大事故隐患，治理责任单位（部门）及时记录治理情况和工作进展，并按规定上报。

**2. 验收销号**

（1）煤矿自行排查发现的事故隐患完成治理后，由验收责任单位（部门）或人员负责验收，验收合格后予以销号。

（2）负有煤矿安全监管职责的部门和煤矿安全监察机构检查发现的事故隐患，完成治理后，书面报告发现部门或其委托部门（单位）。

【培训要点】

（1）煤矿自行排查发现的事故隐患完成治理后，做好治理记录，编制治理清单，由验收责任单位（部门）负责验收，验收合格后予以销号，并做好验收记录。

（2）负有煤矿安全监管职责的部门和煤矿安全监察机构检查发现的事故隐患清单。

（3）隐患治理报告（书面报告可以采取公文、公函、便签、电子邮件、QQ信息、微信信息等）和记录。

**3. 公示监督**

（1）每月向从业人员通报事故隐患分布、治理进展情况。

（2）及时在行人井口（露天煤矿交接班室）或其他显著位置公示重大事故隐患的地点、主要内容、治理时限、责任人、停产停工范围。

（3）建立事故隐患举报奖励制度，公布事故隐患举报电话，接受从业人员和社会监督。

【培训要点】

（1）月公示：每月向煤矿从业人员通报事故隐患分布、治理进展情况。

（2）重大事故隐患公示：及时在行人井口（露天煤矿交接班室）或其他显著位置公示重大事故隐患的地点、主要内容、治理时限、责任人、停产停工范围。

（3）事故隐患举报奖励制度。

（4）设置公告专栏或电子显示屏，利用内部网站或报纸、微信平台、QQ群等媒介。

（5）公示内容要全面、重点突出，公示时间要及时，公示位置要显著。

（6）隐患举报电话、电子信箱、QQ、微信等。

## 五、保障措施

### 1. 信息管理

采用信息化管理手段，实现对事故隐患排查治理记录统计、过程跟踪、逾期报警、信息上报的信息化管理。

【培训要点】

（1）煤矿应采用信息化手段，实现双重预防机制日常运行的信息化管理，实现对事故隐患排查治理记录统计、过程跟踪、逾期报警、信息上报的信息化管理。

（2）具备隐患的统计分析、预警和权限分级管理等功能，实现隐患数据应用的无缝对接。针对隐患数据的采集和传递，宜使用移动终端以提高安全信息管理的效率。

（3）排查发现重大隐患后，应录入信息系统，直接上报。

### 2. 改进完善

矿长每月组织召开事故隐患治理会议，对事故隐患的治理情况进行通报，分析重大安全风险管控情况、事故隐患产生的原因，编制月度统计分析报告，布置月度安全风险管控重点，提出预防事故隐患的措施。

【培训要点】

（1）矿长每月组织召开事故隐患治理会议，有事故隐患治理会议记录或纪要。

（2）一般事故隐患、重大事故隐患的治理情况通报：分析事故隐患产生的原因，提出加强事故隐患排查治理的措施。

（3）编制月度事故隐患统计分析报告，明确下月及今后隐患排查治理重点。

### 3. 资金保障

事故隐患排查治理工作资金有保障。

【培训要点】

（1）煤矿要制定安全生产费用提取、使用制度。

（2）煤矿单列安全生产费用提取账户，年度有安全费用预算及月度要统计报表、登记台账等。

（3）隐患排查工作资金账户及资金有保障。

**4. 专项培训**

（1）每年至少组织矿长、分管负责人、副总工程师及安全、采掘、机电运输、通风、地测防治水、冲击地压等科室相关人员和区（队）管理人员进行 1 次事故隐患排查治理专项培训，且不少于 4 学时。

【培训要点】

（1）培训实施：煤矿培训部门。

（2）培训对象：矿长、分管负责人、副总工程师及安全、采掘、机电运输、通风、地测防治水、冲击地压等科室相关人员和区（队）管理人员。

（3）培训频次：每年至少 1 次。

（4）培训内容：事故隐患排查治理方法和技术等。

（5）培训学时：不少于 4 学时。

（2）每年至少对入井（坑）岗位人员进行 1 次事故隐患排查治理基本技能培训，包括事故隐患排查方法、治理流程和要求、所在区（队）作业区域常见事故隐患的识别，且不少于 2 学时。

【培训要点】

（1）培训实施：煤矿培训部门。

（2）培训对象：入井（坑）岗位人员。

（3）培训频次：每年至少 1 次。

（4）培训内容：事故隐患排查治理基本技能培训，包括事故隐患排查方法、治理流程和要求、所在区（队）作业区域常见事故隐患的识别等。

（5）培训学时：不少于 2 学时。

**5. 考核管理**

（1）建立日常检查制度，对事故隐患排查治理工作实施情况开展经常性检查。

（2）检查结果纳入工作绩效考核。

【培训要点】

（1）煤矿要建立日常检查制度，对事故隐患排查治理工作实施情况开展经常性检查，并形成记录。

（2）煤矿要将检查结果纳入工作绩效考核，并兑现奖惩。

# 第 10 讲　质量控制：通风

## 第 21 课　工作要求（风险管控）

### 一、通风系统

（1）矿井通风方式、方法符合《煤矿井工开采通风技术条件》（AQ 1028）规定；矿井安装 2 套同等能力的主要通风机装置，1 用 1 备；反风设施完好，反风效果符合《煤矿安全规程》规定。

【培训要点】

（1）矿井通风系统是矿井通风方式、通风网络和通风构筑物的总称。通风方法是指通风机的工作方法；通风方式是指进风井筒与回风井筒的布置方式；通风网络是指矿井各风路间的连接形式；通风设施是在通风网络中的适当位置安设隔断，引导和控制风流的设施和装置，以保证风流按生产需要流动。这些设施和装置，统称为通风构筑物。

①矿井通风方式可分为中央式、对角式和混合式 3 种。

②矿井通风方法，可分为抽出式、压入式和压入抽出混合式 3 种。

③采煤工作面通风方式由采区瓦斯、粉尘、气温以及自然发火倾向等因素决定。根据采煤工作面进、回风道的数量与位置，将采煤工作面通风方式分为 U 形、W 形、Y 形和 Z 形等。

④采煤工作面必须采用矿井全风压通风，禁止采用局部通风机稀释瓦斯。

（2）《煤矿安全规程》第一百五十八条规定：矿井必须采用机械通风。主要通风机的安装和使用应当符合下列要求：

①主要通风机必须安装在地面；装有通风机的井口必须封闭严密，其外部漏风率在无提升设备时不得超过 5%，有提升设备时不得超过 15%。

②必须保证主要通风机连续运转。

③必须安装 2 套同等能力的主要通风机装置，其中 1 套作备用，备用通风机必须能在 10 min 内开动。

④严禁采用局部通风机或者风机群作为主要通风机使用。

⑤装有主要通风机的出风井口应当安装防爆门，防爆门每6个月检查维修1次。

⑥至少每月检查1次主要通风机。改变主要通风机转数、叶片角度或者对旋式主要通风机运转级数时，必须经矿总工程师批准。

⑦新安装的主要通风机投入使用前，必须进行试运转和通风机性能测定，以后每5年至少进行1次性能测定。

⑧主要通风机技术改造及更换叶片后必须进行性能测试。

⑨井下严禁安设辅助通风机。

（3）矿井反风是矿井通风系统的表现形式之一，是矿井抗灾、救灾的重要组成部分，必须按照《煤矿安全规程》相关规定进行矿井反风设施管理和反风演习，进一步提高矿井的防灾抗灾能力。

《煤矿安全规程》第一百五十九条规定：生产矿井主要通风机必须装有反风设施，并能在10 min内改变巷道中的风流方向；当风流方向改变后，主要通风机的供给风量不应小于正常供风量的40%。

每季度应当至少检查1次反风设施，每年应当进行1次反风演习；矿井通风系统有较大变化时，应当进行1次反风演习。

（2）**矿井风量计算准确，风量分配合理，井下作业地点实际供风量不小于所需风量；矿井通风系统阻力合理。**

【培训要点】

矿井风量是矿井通风的主要参数之一，能否满足安全生产需要是衡量矿井通风是否成功的主要标志，也是能否实现矿井通风安全的关键，为此，准确计算，合理分配，按需供风是矿井通风最为重要的一环。加大矿井通风系统优化调整力度，降低矿井通风阻力，确保矿井通风阻力在合理范围内，提高和稳定矿井风量，确保各用风地点有足够的风量，做到通风可靠。

（1）《煤矿安全规程》第一百三十八条规定：矿井需要的风量应当按下列要求分别计算，并选取其中的最大值：

①按井下同时工作的最多人数计算，每人每分钟供给风量不得少于4 m³。

②按采掘工作面、硐室及其他地点实际需要风量的总和进行计算。各地点的实际需要风量，必须使该地点的风流中的甲烷、二氧化碳和其他有害气体的浓度，风速、温度及每人供风量符合本规程的有关规定。

使用煤矿用防爆型柴油动力装置机车运输的矿井，行驶车辆巷道的供风量还应当按同时运行的最多车辆数增加巷道配风量，配风量不小于4 m³/min·kW。

按实际需要计算风量时，应当避免备用风量过大或者过小。煤矿企业应当根据具体条件制定风量计算方法，至少每5年修订1次。

（2）《煤矿安全规程》第一百三十九条规定：矿井每年安排采掘作业计划时必须核定矿井生产和通风能力，必须按实际供风量核定矿井产量，严禁超通风能力生产。

（3）《煤矿安全规程》第一百四十条规定：矿井必须建立测风制度，每10天至少进行1次全面测风。对采掘工作面和其他用风地点，应当根据实际需要随时测风，每次测风结果应当记录并写在测风地点的记录牌上。

应当根据测风结果采取措施，进行风量调节。

（4）《煤矿安全规程》第一百五十六条规定：新井投产前必须进行1次矿井通风阻力测定，以后每3年至少测定1次。生产矿井转入新水平生产、改变一翼或者全矿井通风系统后，必须重新进行矿井通风阻力测定。

（5）《煤矿安全规程》第一百二十五条规定：矿井必须制定井巷维修制度，加强井巷维修，保证通风、运输畅通和行人安全。

（6）《煤矿井工开采通风技术条件》（AQ1028）规定了矿井通风系统风量与矿井通风阻力的合理配比，见表10-1。

表10-1 矿井通风系统风量与矿井通风阻力的合理配比表

| 矿井通风系统风量/（m³·min⁻¹） | 矿井通风系统阻力/Pa |
| --- | --- |
| <3000 | <1500 |
| 3000~5000 | <2000 |
| 5000~10000 | <2500 |
| 10000~20000 | <2940 |
| >20000 | <3940 |

## 二、局部通风

（1）掘进巷道通风方式、方法符合《煤矿安全规程》规定，每一掘进巷道均有局部通风设计，选择合适的局部通风机和匹配的风筒。

【培训要点】

局部通风是矿井通风至关重要的环节，关系着矿井的安全与否。据不完全统计，矿井76%的通风事故均发生在局部通风地段。确保局部通风安全管理是矿井"一通三防"安全管理的重要内容。掘进巷道通风方式、方法必须符合《煤矿安全规程》规定，每一掘进巷道均编制局部通风设计，选择合适的局部通风机和匹配的风筒，确保局部通风安全。本条款对掘进工作面如何选型局部通风机和风筒作出了具体规定。

（1）《煤矿安全规程》第一百六十二条规定：矿井开拓或者准备采区时，在设计中必须根据该处全风压供风量和瓦斯涌出量编制通风设计。掘进巷道的通风方式、局部通风机和风筒的安装和使用等应当在作业规程中明确规定。

（2）《煤矿安全规程》第一百六十三条规定：掘进巷道必须采用矿井全风压通风或者局部通风机通风。煤巷、半煤岩巷和有瓦斯涌出的岩巷掘进采用局部通风机通风时，应当采用压入式，不得采用抽出式（压气、水力引射器不受此限）；如果采用混合式，必须制定安全措施。

瓦斯喷出区域和突出煤层采用局部通风机通风时，必须采用压入式。

（3）《煤矿井工开采通风技术条件》（AQ 1028）规定：矿井使用局部通风机通风时，压入式风筒的出风口或抽出式风筒的吸风口与掘进工作面的距离，应在风流的有效射程或有效吸程范围内，并在作业规程中明确规定；使用混合式通风时，短抽或短压风筒与主导风筒的重叠段长度应大于 10 m。并选用与风机功率相匹配的不同直径的风筒。

（2）局部通风机安装、供电、闭锁功能、检修、试验等符合《煤矿安全规程》规定，运行稳定可靠，无循环风。

【培训要点】

本条款对局部通风机安装、供电、闭锁功能、检修、试验等作出了具体明确规定。

（1）局部通风机的双风机安装和双电源供电是保证局部通风机正常连续运转的主要措施。

实行风电闭锁，是预防瓦斯爆炸的一项重要举措。局部通风机应安装开停传感器，且与监测系统联网；专人负责，实行挂牌管理；定期进行自动切换试验和风电闭锁试验，并有记录；不应出现无计划停风，有计划停风前应制定专项通风安全技术措施。确保局部通风安全。

《煤矿安全规程》第一百六十四条规定：安装和使用局部通风机和风筒时，必须遵守下列规定：

①局部通风机由指定人员负责管理。

②压入式局部通风机和起动装置安装在进风巷道中，距掘进巷道回风口不得小于 10 m；全风压供给该处的风量必须大于局部通风机的吸入风量，局部通风机安装地点到回风口间的巷道中的最低风速必须符合《煤矿安全规程》第一百三十六条的要求。

③高瓦斯、突出矿井的煤巷、半煤岩巷和有瓦斯涌出的岩巷掘进工作面正常工作的局部通风机必须配备安装同等能力的备用局部通风机，并能自动切换。正常工作的局部通风机必须采用"三专"（专用开关、专用电缆、专用变压器）供

电，专用变压器最多可向 4 个不同掘进工作面的局部通风机供电；备用局部通风机电源必须取自同时带电的另一电源，当正常工作的局部通风机故障时，备用局部通风机能自动起动，保持掘进工作面正常通风。

④其他掘进工作面和通风地点正常工作的局部通风机可不配备备用局部通风机，但正常工作的局部通风机必须采用"三专"供电；或者正常工作的局部通风机配备安装一台同等能力的备用局部通风机，并能自动切换。正常工作的局部通风机和备用局部通风机的电源必须取自同时带电的不同母线段的相互独立的电源，保证正常工作的局部通风机故障时，备用局部通风机能投入正常工作。

⑤采用抗静电、阻燃风筒。风筒口到掘进工作面的距离、正常工作的局部通风机和备用局部通风机自动切换的交叉风筒接头的规格和安设标准，应当在作业规程中明确规定。

⑥正常工作和备用局部通风机均失电停止运转后，当电源恢复时，正常工作的局部通风机和备用局部通风机均不得自行起动，必须人工开启局部通风机。

⑦使用局部通风机供风的地点必须实行风电闭锁和甲烷电闭锁，保证当正常工作的局部通风机停止运转或者停风后能切断停风区内全部非本质安全型电气设备的电源。正常工作的局部通风机故障，切换到备用局部通风机工作时，该局部通风机通风范围内应当停止工作，排除故障；待故障被排除，恢复到正常工作的局部通风后方可恢复工作。使用 2 台局部通风机同时供风的，2 台局部通风机都必须同时实现风电闭锁和甲烷电闭锁。

⑧每 15 天至少进行 1 次风电闭锁和甲烷电闭锁试验，每天应当进行 1 次正常工作的局部通风机与备用局部通风机自动切换试验，试验期间不得影响局部通风，试验记录要存档备查。

⑨严禁使用 3 台及以上局部通风机同时向 1 个掘进工作面供风。不得使用 1 台局部通风机同时向 2 个及以上作业的掘进工作面供风。

（2）煤矿必须确保通风系统可靠，严禁无风、微风、循环风冒险作业。

压入式局部通风机安装在进风巷道中，距掘进巷道回风口不得小于 10 m，目的是防止局部通风机发生循环风。循环风的危害是将掘进工作面的乏风返回掘进工作面，导致有毒有害气体和粉尘浓度越来越大，不仅使作业环境越来越恶化，而且更为严重的是易引起瓦斯爆炸事故。

《煤矿安全规程》第一百六十四条规定：压入式局部通风机和起动装置安装在进风巷道中，距掘进巷道回风口不得小于 10 m；全风压供给该处的风量必须大于局部通风机的吸入风量，局部通风机安装地点到回风口间的巷道中的最低风速必须符合《煤矿安全规程》第一百三十六条的要求。

### 三、通风设施

按规定及时构筑通风设施；设施可靠，利于通风系统调控；设施位置合理，墙体周边掏槽符合规定，与围岩填实接严不漏风。

【培训要点】

通风设施是进行矿井风量调节的工具和手段，通风设施构筑的位置、质量等直接影响矿井通风系统的稳定，矿井风量在井巷中做定向和定量流动到各用风地点，满足供风需要，通风设施管理是通风系统成败的关键。必须按规定及时构筑通风设施；保证设施可靠，按相关规定进行管理。

（1）《煤矿安全规程》第一百五十五条规定：控制风流的风门、风桥、风墙、风窗等设施必须可靠。不应在倾斜运输巷中设置风门；如果必须设置风门，应当安设自动风门或者设专人管理，并有防止矿车或者风门碰撞人员及矿车碰坏风门的安全措施。

开采突出煤层时，工作面回风侧不得设置调节风量的设施。

（2）《煤矿井工开采通风技术条件》（AQ 1028）规定：

①进、回风井之间和主要进、回风巷之间的每个联络巷中，必须砌筑永久性风墙；需要使用的联络巷必须安设2道连锁的正向风门和2道反向风门；风门间距不小于常用运输工具长度。

②不应在倾斜巷道中设置风门；如果必须设置风门，应安设自动风门或设专人管理，并有防止矿车或风门碰撞人员及矿车破坏风门的安全措施。

③凡报废的采区通向运输大巷和总回风巷的所有联络巷，所有结束回采的工作面、平巷间的联络巷、岩石集中巷连通煤层的巷道都应设置永久性密闭。

④凡是进风、回风风流平面交叉的地点均应设置风桥，风桥应用不燃性材料建筑，风桥不应设风门。

⑤开采突出煤层时，在其进风侧巷道中，必须设置2道坚固的反向风门，工作面回风侧不应设置风窗。

⑥矿井的总进风巷、矿井一翼的总进风巷、总回风巷应设置永久测风站，采掘工作面及其他用风地点应设置临时测风站。

### 四、瓦斯管理

（1）按照矿井瓦斯等级检查瓦斯，严格现场瓦斯管理工作，不形成瓦斯超限。

【培训要点】

防治瓦斯事关职工的生命安全，事关整个矿井的安全形势稳定，事关整个社会的和谐发展。强化矿井瓦斯管理是矿井安全生产的头等大事，必须按照矿井瓦斯等级进行瓦斯检查，严格现场瓦斯管理制度，落实责任，确保措施在现场落实，确保矿井安全。

《煤矿安全规程》第一百六十九条规定：一个矿井中只要有一个煤（岩）层发现瓦斯，该矿井即为瓦斯矿井。瓦斯矿井必须依照矿井瓦斯等级进行管理。

根据矿井相对瓦斯涌出量、矿井绝对瓦斯涌出量、工作面绝对瓦斯涌出量和瓦斯涌出形式，矿井瓦斯等级划分为：

（1）低瓦斯矿井。同时满足下列条件的为低瓦斯矿井：

①矿井相对瓦斯涌出量不大于 $10 \, \text{m}^3/\text{t}$；

②矿井绝对瓦斯涌出量不大于 $40 \, \text{m}^3/\text{min}$；

③矿井任一掘进工作面绝对瓦斯涌出量不大于 $3 \, \text{m}^3/\text{min}$；

④矿井任一采煤工作面绝对瓦斯涌出量不大于 $5 \, \text{m}^3/\text{min}$。

（2）高瓦斯矿井。具备下列条件之一的为高瓦斯矿井：

①矿井相对瓦斯涌出量大于 $10 \, \text{m}^3/\text{t}$；

②矿井绝对瓦斯涌出量大于 $40 \, \text{m}^3/\text{min}$；

③矿井任一掘进工作面绝对瓦斯涌出量大于 $3 \, \text{m}^3/\text{min}$；

④矿井任一采煤工作面绝对瓦斯涌出量大于 $5 \, \text{m}^3/\text{min}$。

（3）突出矿井。

（2）排放瓦斯，按规定制定专项措施，做到安全排放，无"一风吹"。

【培训要点】

排放瓦斯是瓦斯安全管理的重要环节，排放瓦斯风流从排放地点到地面需流经许多巷道，人员是否进入、排放风量流经巷道是否断电、是否畅通、瓦斯是否积聚或超限等都是安全管理的重点，排放瓦斯稍有疏忽，就可能出现瓦斯事故，必须按规定制定专项措施，做到安全排放，无"一风吹"。

（1）矿井必须从设计和采掘生产管理上采取措施，防止瓦斯积聚；当发生瓦斯积聚时，必须及时处理。当瓦斯超限达到断电浓度时，班组长、瓦斯检查工、矿调度员有权责令现场作业人员停止作业，停电撤人。

（2）局部通风机因故停止运转，在恢复通风前，必须首先检查瓦斯，只有停风区中最高甲烷浓度不超过 1.0% 和最高二氧化碳浓度不超过 1.5% 且局部通风机及其开关附近 10 m 以内风流中的甲烷浓度都不超过 0.5% 方可人工开启局部通风机，恢复正常通风。

①停风区中甲烷浓度超过 1.0% 或者二氧化碳浓度超过 1.5%，最高甲烷浓度和一氧化碳浓度不超过 3.0% 时，必须采取安全措施，控制风流排放瓦斯。

②停风区中甲烷浓度或者二氧化碳浓度超过 3.0% 时，必须制定安全排放瓦

斯措施，报矿总工程师批准。

③在排放瓦斯过程中，排出的瓦斯与全风压风流混合处的甲烷和二氧化碳浓度均不得超过1.5%，且混合风流经过的所有巷道内必须停电撤人，其他地点的停电撤人范围应当在措施中明确规定。只有恢复通风的巷道风流中甲烷浓度不超过1.0%和二氧化碳浓度不超过1.5%时，方可人工恢复局部通风机供风巷道内电气设备的供电和采区回风系统内的供电。

（3）排放瓦斯是矿井瓦斯管理工作的重要内容。在排放瓦斯时，尤其是在排放浓度超过3%、接近爆炸下限浓度的积存瓦斯时，必须慎之又慎。必须制定针对该地点的专门的安全排放措施，并严格执行。严禁"一风吹"。否则，必将导致重大瓦斯事故。为防止排放瓦斯引发瓦斯燃爆事故，规定在排放瓦斯过程中，风流混合处的瓦斯浓度不得超过1.5%并且回风系统内必须停电撤人，其他地点的停电撤人范围应在措施中明确规定。

遇到下列情况，必须进行排放瓦斯工作：

①矿井因停电和检修，主要通风机停止运转或通风系统遭到破坏后，在恢复通风前必须排放瓦斯，并且必须有排除瓦斯的安全措施。

②恢复已封闭的停工区或采掘工作接近这些地点时，必须事先排除其中积聚的瓦斯。排除瓦斯工作必须制定专门的安全技术措施。

③所有排放瓦斯工作必须由救护队参加。

## 五、突出防治

有防突专项设计，落实两个"四位一体"综合防突措施，采掘工作面防突措施有效方可作业。

### 【培训要点】

防突专项设计是突出矿井防突最基础的工作，是矿井防突的总抓手，直接关系防突工作的成败。突出矿井（采区）应编制专项防突设计、措施计划和事故应急预案，并按相关规定审批。防突工作必须做到多措并举、应抽尽抽、抽采平衡、效果达标。防突专项设计必须由有资质单位进行设计，矿井严格按设计进行施工。应当包括开拓方式、煤层开采顺序、采区巷道布置、采煤方法、通风系统、防突设施（设备）、区域综合防突措施和局部综合防突措施等内容。突出矿井新水平、新采区移交生产前，必须经当地人民政府煤矿安全监管部门按管理权限组织防突专项验收；未通过验收的不得移交生产。健全完善矿井采掘工作面消突综合评价技术体系，编制消突评价报告，并认真分析，做到采掘工作面不消突不推进。

①区域防突措施：区域突出危险性预测；区域防突措施；防突措施效果检

验；区域验证。

②局部综合防突措施：工作面突出危险性预测；工作面防突措施；工作面防突措施效果检验；安全防护措施。

## 六、瓦斯抽采

（1）瓦斯抽采设备、设施、安全装置、瓦斯管路检查、钻孔参数、监测参数等符合《煤矿瓦斯抽放规范》（AQ 1027）规定。

【培训要点】

抽采瓦斯是向煤层和瓦斯集聚区域打钻或施工专用巷道，将钻孔或专用巷道接在专用的管路上，用抽采设备将煤层和采空区中的瓦斯抽至地面，加以利用；或排放至总回风流中。煤矿抽采瓦斯防治必须坚持"多措并举、应抽尽抽、抽采掘平衡、效果达标"的原则。煤矿瓦斯抽采应当紧密结合煤矿实际，加大技术攻关和科技创新力度，强化现场管理，采取多种可能的抽采技术和工程措施充分抽采瓦斯，实现先抽后采、抽采达标。

瓦斯抽采工作要超前规划、超前设计、超前施工，确保煤层预抽时间和瓦斯预抽效果，保持抽采达标煤量与生产准备及回采的煤量相平衡。抽采瓦斯设备、设施、安全装置、瓦斯管路检查、钻孔参数、监测参数等符合《煤矿瓦斯抽放规范》和《煤矿安全规程》等有关规定。

（2）瓦斯抽采系统运行稳定、可靠，抽采能力及指标满足《煤矿瓦斯抽采达标暂行规定》要求。

【培训要点】

瓦斯抽采系统运行稳定、可靠是保证抽放效果达标的关键，按照相关规定和要求进行抽采设计，抽采能力必须满足《煤矿瓦斯抽采达标暂行规定》要求。煤矿瓦斯抽采应当坚持"应抽尽抽、多措并举、抽掘采平衡"的原则。瓦斯抽采系统应当确保工程超前、能力充足、设施完备、计量准确；瓦斯抽采管理应当确保机构健全、制度完善、执行到位、监督有效。

煤矿应当加强瓦斯抽采现场管理，确保瓦斯抽采系统的正常运转和瓦斯抽采钻孔的效用，钻孔抽采效果不好或者有发火迹象的，应当及时处理。

（3）积极利用抽采瓦斯。

【培训要点】

煤矿应当加强抽采瓦斯的利用，有效控制向大气排放瓦斯。

瓦斯抽采的矿井应加强瓦斯利用工作，变害为利，保护环境并以用促抽，以抽保用。年瓦斯抽采量在 100 万 $m^3$ 及以上的矿井，必须开展瓦斯利用工作。矿井瓦斯利用须经相关资质的专业机构可行性论证。

进行瓦斯抽采论证和设计时，要同时对瓦斯利用进行论证和设计。

瓦斯利用设计内容包括：确定瓦斯利用量和利用方式、储气装置及容积、输送气方法、输气管路系统、安全及检测装置、利用工艺，绘制瓦斯利用工程系统布置图，编制设备材料清册、土建工程计划、资金概算、劳动组织及管理制度、安全技术措施、经济分析等。

## 七、安全监控

安全监控系统满足《煤矿安全监控系统通用技术要求》（AQ 6201）、《煤矿安全监控系统及检测仪器使用管理规范》（AQ 1029）和《煤矿安全规程》的要求，维护、调校到位，系统运行稳定可靠。

**【培训要点】**

煤矿安全监控系统具有模拟量、开关量、累计量采集、传输、存储、处理、显示、打印、声光报警、控制等功能，用于监测甲烷浓度、一氧化碳浓度、风速、风压、温度、烟雾、馈电状态、风门状态、风筒状态、局部通风机开停、主要通风机开停，并实现甲烷超限声光报警、断电和甲烷风电闭锁控制，由主机、传输接口、分站、传感器、断电控制器、声光报警器、电源箱、避雷器等设备组成的系统。为保证安全监控系统的断电和故障闭锁功能，断电控制器与被控开关之间必须正确接线，并满足《煤矿安全监控系统通用技术要求》《煤矿安全监控系统及检测仪器使用管理规范》和《煤矿安全规程》的要求，维护、调校、检定到位，系统运行稳定可靠。

## 八、防灭火

（1）按《煤矿安全规程》规定建立防灭火系统、自然发火监测系统，系统运行正常，防灭火措施落实到位。

**【培训要点】**

开采自燃、容易自燃煤层的矿井，应按相关规定建立防灭火系统和制定防治自然发火的专门措施；采掘工作面作业规程应有防治自然发火的专项措施，并严格执行。完善矿井防灭火系统、自然发火监测系统，按照《煤矿安全规程》有关规定，确保系统正常运行，进一步夯实防治自然发火的基础工作。

（2）开采自燃煤层、容易自燃煤层进行煤层自然发火预测预报工作。

**【培训要点】**

凡开采自然发火的煤层，均要开展火灾的预测预报工作，并建立监测系统。按规定观测预报，并确保数据准确、可靠。在开采设计中应明确选定自然发火观测站或观测点。发现异常，采取措施，立即处理。

（1）开采容易自燃和自燃煤层时，必须开展自然发火监测工作，建立自然发火监测系统，确定煤层自然发火标志气体及临界值，健全自然发火预测预报及管理制度。

（2）开采自燃煤层的矿井或矿区应建立气体分析化验室，并装备如下仪器仪表：

①分析一氧化碳、二氧化碳、瓦斯可燃气体和氧气的气相色谱仪。

②检测一氧化碳、二氧化碳、瓦斯和氧气的便携式检测仪表和现场气体取样装置。

③测定水温、岩温及空气温度、湿度、风速、气压及压差的仪表。

④测定矿井酸度的装置。

（3）每一自燃矿井均要开展自然火灾的预测预报工作，及时掌握自然发火动向，并做好以下工作：

①建立自然发火观测网点，对全矿井的自燃危险区进行系统的、定期的观测。观测点应选在：采空区回风侧防火墙处和回采工作面上隅角采区回风巷中。观测内容为：一氧化碳、二氧化碳、瓦斯、氧等气体浓度，气温、水温、风量以及防火墙内外压差和表面自燃征兆。

②通过统计自然发火的临界值，确定适于本矿应用的自然发火预报指标，一般以一氧化碳的相对量和绝对量及格雷哈姆系数作为自然发火的预报指标。

③及时整理和观测分析结果，并绘制变化曲线，一旦发现某一指标已达到临界值，应迅速作出预报，向调度室及矿长报告结果。

（3）井上、下消防材料库设置和库内及井下重要岗点消防器材配备符合《煤矿安全规程》和《煤炭矿井设计防火规范》（GB 51078）规定。

【培训要点】

井上、下设置消防材料库是矿井救灾重要设施，规范管理消防材料库是矿井防灾抗灾的需要，必须按照《煤矿安全规程》相关规定进行配备各类消防器材，按规定进行巡检维护。

（1）进风井口应当装设防火铁门，防火铁门必须严密并易于关闭，打开时不妨碍提升、运输和人员通行，并定期维修；如果不设防火铁门，必须有防止烟火进入矿井的安全措施。

（2）井口房和通风机房附近 20 m 内，不得有烟火或者用火炉取暖。通风机房位于工业广场以外时，除开采有瓦斯喷出的矿井和突出矿井外，可用隔焰式火炉或者防爆式电热器取暖。

暖风道和压入式通风的风硐必须用不燃性材料砌筑，并至少装设 2 道防火门。

（3）井筒与各水平的连接处及井底车场，主要绞车道与主要运输巷、回风巷的连接处，井下机电设备硐室，主要巷道内带式输送机机头前后两端各 20 m 范围内，都必须用不燃性材料支护。

在井下和井口房，严禁采用可燃性材料搭设临时操作间、休息间。

（4）井下严禁使用灯泡取暖和使用电炉。

（5）井下使用的汽油、煤油必须装入盖严的铁桶内，由专人押运送至使用地点，剩余的汽油、煤油必须运回地面，严禁在井下存放。

井下使用的润滑油、棉纱、布头和纸等，必须存放在盖严的铁桶内。用过的棉纱、布头和纸，也必须放在盖严的铁桶内，并由专人定期送到地面处理，不得乱放乱扔。严禁将剩油、废油泼洒在井巷或者硐室内。

井下清洗风动工具时，必须在专用硐室进行，并必须使用不燃性和无毒性洗涤剂。

（6）井上、下必须设置消防材料库，并符合下列要求：

①井上消防材料库应当设在井口附近，但不得设在井口房内。

②井下消防材料库应当设在每一个生产水平的井底车场或者主要运输大巷中，并装备消防车辆。

③消防材料库储存的消防材料和工具的品种和数量应当符合有关要求，并定期检查和更换；消防材料和工具不得挪作他用。

（7）井下爆炸物品库、机电设备硐室、检修硐室、材料库、井底车场、使用带式输送机或者液力偶合器的巷道以及采掘工作面附近的巷道中，必须备有灭火器材，其数量、规格和存放地点，应当在灾害预防和处理计划中确定。

井下工作人员必须熟悉灭火器材的使用方法，并熟悉本职工作区域内灭火器材的存放地点。

井下爆炸物品库、机电设备硐室、检修硐室、材料库的支护和风门、风窗必须采用不燃性材料。

（8）每季度应当对井上、下消防管路系统、防火门、消防材料库和消防器材的设置情况进行 1 次检查，发现问题，及时解决。

## 九、粉尘防治

（1）防尘供水系统符合《煤矿安全规程》要求。

【培训要点】

矿井防尘供水系统是矿井的主要生产系统之一，防尘系统与其他生产系统同时设计，同时施工，同时验收投入使用。

矿井必须建立消防防尘供水系统，并遵守下列规定：

（1）应当在地面建永久性消防防尘储水池，储水池必须经常保持不少于 200

m³ 的水量。备用水池贮水量不得小于储水池的一半。

（2）防尘用水水质悬浮物的含量不得超过 30 mg/L，粒径不大于 0.3 mm，水的 pH 值在 6~9 范围内，水的碳酸盐硬度不超过 3 mmol/L。

（3）没有防尘供水管路的采掘工作面不得生产。主要运输巷、带式输送机斜井与平巷、上山与下山、采区运输巷与回风巷、采煤工作面运输巷与回风巷、掘进巷道、煤仓放煤口、溜煤眼放煤口、卸载点等地点必须敷设防尘供水管路，并安设支管和阀门。防尘用水应当过滤。水采矿井不受此限。

（2）隔爆设施安设地点、数量、水量或者岩粉量及安装质量符合《煤矿井下粉尘综合防治技术规范》（AQ 1020）规定。

【培训要点】

在采取隔绝爆炸的措施时，需要安设的相关设施称为隔爆设施。设置隔爆设施为了限制爆炸事故波及的范围，减轻爆炸事故所造成的损失。主要包括隔爆水幕、隔爆水棚（岩粉棚）、自动式隔爆棚等。隔爆设施安设地点、数量、容量及安装质量必须符合 AQ 1020 规定。

（1）矿井每年应制定综合防尘措施、预防和隔绝煤尘爆炸措施及管理制度，并组织实施。矿井应每周至少检查 1 次煤尘隔爆设施的安装地点、数量、水量或岩粉量及安装质量是否符合要求。

（2）开采有煤尘爆炸危险煤层的矿井，必须有预防和隔绝煤尘爆炸的措施。矿井的两翼、相邻的采区、相邻的煤层、相邻的采煤工作面间，煤层掘进巷道同与其相连通的巷道间，煤仓同与其相连通的巷道间，采用独立通风并有煤尘爆炸危险的其他地点同与其相连通的巷道间，必须用水棚或岩粉棚隔开。

（3）主要采用被动式隔爆水棚（或岩粉棚），也可采用自动隔爆装置隔绝煤尘爆炸的传播。隔爆棚分为主要隔爆棚和辅助隔爆棚，隔爆棚设置地点应符合下列规定。

①主要隔爆棚应在下列巷道设置：矿井两翼与井筒相连通的主要大巷、相邻采区之间的集中运输巷和回风巷、相邻煤层之间的运输石门和回风石门。

②辅助隔爆棚应在下列巷道设置：采煤工作面进风、回风巷道，采区内的煤和半煤巷掘进巷道，采用独立通风并有煤尘爆炸危险的其他巷道。

（4）水棚。水棚包括水槽和水袋，水槽和水袋必须符合 MT157 的规定，水袋宜作为辅助隔爆水棚。水棚分为主要隔爆棚和辅助隔爆棚，各自的设置地点见 6.5.1 条，按布置方式又分为集中式和分散式，分散式水棚只能作为辅助水棚。水棚在巷道设置位置、水棚排间距离与水棚的棚间长度规定如下：

①水棚应设置在直线巷道内；

②水棚与巷道交叉口、转弯处的距离须保持 50~75 m，与风门的距离应大

于 25 m；

③第一排集中水棚与工作面的距离必须保持 60～200 m，第一排分散式水棚与工作面的距离必须保持 30～60 m；

④在应设辅助隔爆棚的巷道应设多组水棚，每组距离不大于 200 m。

⑤集中式水棚排间距离为 1.2～3.0 m，分散式水棚沿巷道分散布置，两个槽（袋）组的间距为 10～30 m。

⑥集中式主要水棚的棚间长度不小于 30 m，集中式辅助棚的棚区长度不小于 20 m，分散式水棚的棚区长度不得小于 200 m。

（3）综合防尘措施完善，防尘设备、设施齐全，使用正常。

**【培训要点】**

煤矿防尘是为了减少和降低煤矿内粉尘浓度及防止煤尘爆炸。矿尘是伴随采掘活动和煤炭运输而随时产生的，只采取一种或两种防尘措施是达不到防尘效果的，必须采取综合防尘措施，提高防尘装备，完善防尘制度，落实防尘责任，强化维护使用管理。矿井目前常采取的综合防尘措施：综合采取煤体注水、采掘防尘、通风除尘、喷雾降尘、使用水泡泥、巷道洒水灭尘、个体防护等措施，可以达到防尘降尘的目的；通过强化防尘降尘洒水系统来实现防尘降尘，主要有洒水喷枪、防尘电磁阀、自动泄水阀、手自一体自动控制系统等。

（1）《煤矿井下粉尘综合防治技术规范》（AQ 1020—2006）规定：

①采煤工作面应采取粉尘综合治理措施，落煤时产尘点下风侧 10～15 m 处总粉尘降尘效率应大于或等于 85%；支护时产尘点下风侧 10～15 m 处总粉尘降尘效率应大于或等于 75%；放顶煤时产尘点下风侧 10～15 m 处总粉尘降尘效率应大于或等于 75%；回风巷距工作面 10～15 m 处的总粉尘降尘效率应大于或等于 75%。

②掘进工作面应采取粉尘综合治理措施，高瓦斯、突出矿井的掘进机司机工作地点和机组后回风侧总粉尘降尘效率应大于或等于 85%，呼吸性粉尘降尘效率应大于或等于 70%；其他矿井的掘进机司机工作地点和机组后回风侧总粉尘降尘效率应大于或等于 90%，呼吸性粉尘降尘效率应大于或等于 75%；钻眼工作地点的总粉尘降尘效率应大于或等于 85%，呼吸性粉尘降尘效率应大于或等于 80%；爆破 15 min 后工作地点的总粉尘降尘效率应大于或等于 95%，呼吸性粉尘降尘效率应大于或等于 80%。

③锚喷作业应采取粉尘综合治理措施，作业人员工作地点总粉尘降尘效率应大于或等于 85%。

④井下煤仓放煤口、溜煤眼放煤口、转载及运输环节应采取粉尘综合治理措施，总粉尘降尘效率应大于或等于 85%。

⑤煤矿井下所使用的防、降尘装置和设备必须符合国家及行业相关标准的要求，并保证其正常运行。

⑥防护：作业人员必须佩戴个体防尘用具。

⑦泵站应设置两台喷雾泵，一台使用，一台备用。

⑧爆破时必须在距离工作面 10~15 m 地点安装压气喷雾器或高压喷雾降尘系统实行爆破喷雾。雾幕应覆盖全断面并在爆破后连续喷雾 5 min 以上。当采用高压喷雾降尘时，喷雾压力不得小于 8.0 MPa。

⑨掘进机上喷雾系统的降尘效果达不到本标准 3.2 条的要求时，应采用除尘器抽尘净化等高效防尘措施。

⑩距锚喷作业地点下风流方向 100 m 内应设置两道以上风流净化水幕，且喷射混凝土时工作地点应采用除尘器抽尘净化。

（2）井工煤矿采煤工作面应当采取煤层注水防尘措施，有下列情况之一的除外：

①围岩有严重吸水膨胀性质，注水后易造成顶板垮塌或者底板变形；地质情况复杂、顶板破坏严重，注水后影响采煤安全的煤层。

②注水后会影响采煤安全或者造成劳动条件恶化的薄煤层。

③原有自然水分或者防灭火灌浆后水分大于 4% 的煤层。

④孔隙率小于 4% 的煤层。

⑤煤层松软、破碎，打钻孔时易塌孔、难成孔的煤层。

⑥采用下行垮落法开采近距离煤层群或者分层开采厚煤层，上层或者上分层的采空区采取灌水防尘措施时的下一层或者下一分层。

（3）井工煤矿炮采工作面应当采用湿式钻眼、冲洗煤壁、水炮泥、出煤洒水等综合防尘措施。

（4）采煤机必须安装内、外喷雾装置。割煤时必须喷雾降尘，内喷雾工作压力不得小于 2 MPa，外喷雾工作压力不得小于 4 MPa，喷雾流量应当与机型相匹配。无水或者喷雾装置不能正常使用时必须停机；液压支架和放顶煤工作面的放煤口，必须安装喷雾装置，降柱、移架或者放煤时同步喷雾。破碎机必须安装防尘罩和喷雾装置或者除尘器。

（5）井工煤矿采煤工作面回风巷应当安设风流净化水幕。

（6）井工煤矿掘进井巷和硐室时，必须采取湿式钻眼、冲洗井壁巷帮、水炮泥、爆破喷雾、装岩（煤）洒水和净化风流等综合防尘措施。

（7）井工煤矿掘进机作业时，应当采用内、外喷雾及通风除尘等综合措施。掘进机无水或者喷雾装置不能正常使用时，必须停机。

（8）井工煤矿在煤、岩层中钻孔作业时，应当采取湿式降尘等措施。在冻结法凿井和在遇水膨胀的岩层中不能采用湿式钻眼（孔）、突出煤层或者松软煤层中施工瓦斯抽采钻孔难以采取湿式钻孔作业时，可以采取干式钻孔（眼），并采用除尘器除尘等措施。

（9）井下煤仓（溜煤眼）放煤口、输送机转载点和卸载点，以及地面筛分厂、破碎车间、带式输送机走廊、转载点等地点，必须安设喷雾装置或者除尘器，作业时进行喷雾降尘或者用除尘器除尘。

（10）喷射混凝土时，应当采用潮喷或者湿喷工艺，并配备除尘装置对上料口、余气口除尘。距离喷浆作业点下风流100 m内，应当设置风流净化水幕。

## 十、爆破管理与基础工作

（1）按《煤矿安全规程》要求建设布置和管理井下爆炸物品库，爆炸物品贮存、运输、领退等各环节按制度执行。

【培训要点】

井下爆炸物品库是存放和管理爆炸材料的地点，包括库房、辅助硐室和通向库房的巷道，是爆破安全管理的重中之重，必须严格执行爆炸材料入库、保管、发放、运输、清退等安全管理制度，严禁违规管理和发放爆炸材料。

（1）爆炸物品的贮存，永久性地面爆炸物品库建筑结构（包括永久性埋入式库房）及各种防护措施，总库区的内、外部安全距离等，必须遵守国家有关规定。

（2）各种爆炸物品的每一品种都应当专库贮存；当受条件限制时，按国家有关同库贮存的规定贮存。

存放爆炸物品的木架每格只准放1层爆炸物品箱。

（3）井下爆炸物品库应当采用硐室式、壁槽式或者含壁槽的硐室式。

①爆炸物品必须贮存在硐室或者壁槽内，硐室之间或者壁槽之间的距离，必须符合爆炸物品安全距离的规定。

②井下爆炸物品库应当包括库房、辅助硐室和通向库房的巷道。辅助硐室中，应当有检查电雷管全电阻、发放炸药及保存爆破工空爆炸物品箱等的专用硐室。

（4）井下爆炸物品库的布置必须符合下列要求：

①库房距井筒、井底车场、主要运输巷道、主要硐室及影响全矿井或者一翼通风的风门的法线距离：硐室式不得小于100 m，壁槽式不得小于60 m。

②库房距行人巷道的法线距离：硐室式不得小于35 m，壁槽式不得小于20 m。

③库房距地面或者上下巷道的法线距离：硐室式不得小于30 m，壁槽式不得小于15 m。

④库房与外部巷道之间，必须用 3 条相互垂直的连通巷道相连。连通巷道的相交处必须延长 2 m，断面积不得小于 4 m²，在连通巷道尽头还必须设置缓冲沙箱隔墙，不得将连通巷道的延长段兼作辅助硐室使用。库房两端的通道与库房连接处必须设置齿形阻波墙。

⑤每个爆炸物品库房必须有 2 个出口，一个出口供发放爆炸物品及行人，出口的一端必须装有能自动关闭的抗冲击波活门；另一个出口布置在爆炸物品库回风侧，可以铺设轨道运送爆炸物品，该出口与库房连接处必须装有 1 道常闭的抗冲击波密闭门。

⑥库房地面必须高于外部巷道的地面，库房和通道应当设置水沟。

⑦贮存爆炸物品的各硐室、壁槽的间距应当大于殉爆安全距离。

（5）井下爆炸物品库必须采用砌碹或者用非金属不燃性材料支护，不得渗漏水，并采取防潮措施。爆炸物品库出口两侧的巷道，必须采用砌碹或者用不燃性材料支护，支护长度不得小于 5 m。库房必须备有足够数量的消防器材。

（6）井下爆炸物品库的最大贮存量，不得超过矿井 3 天旳炸药需要量和 10 天的电雷管需要量。

①井下爆炸物品库的炸药和电雷管必须分开贮存。

②每个硐室贮存的炸药量不得超过 2 t，电雷管不得超过 10 天的需要量；每个壁槽贮存的炸药量不得超过 400 kg，电雷管不得超过 2 天的需要量。

③库房的发放爆炸物品硐室允许存放当班待发的炸药，最大存放量不得超过 3 箱。

（7）在多水平生产的矿井、井下爆炸物品库距爆破工作地点超过 2.5 km 的矿井及井下不设置爆炸物品库的矿井内，可以设爆炸物品发放硐室，并必须遵守下列规定：

①发放硐室必须设在独立通风的专用巷道内，距使用的巷道法线距离不得小于 25 m。

②发放硐室爆炸物品的贮存量不得超过 1 天的需要量，其中炸药量不得超过 400 kg。

③炸药和电雷管必须分开贮存，并用不小于 240 mm 厚的砖墙或者混凝土墙隔开。

④发放硐室应当有单独的发放间，发放硐室出口处必须设 1 道能自动关闭的抗冲击波活门。

⑤建井期间的爆炸物品发放硐室必须有独立通风系统。必须制定预防爆炸物品爆炸的安全措施。

⑥管理制度必须与井下爆炸物品库相同。

（8）井下爆炸物品库必须采用矿用防爆型（矿用增安型除外）照明设备，照明线必须使用阻燃电缆，电压不得超过 127 V。严禁在贮存爆炸物品的硐室或者壁槽内安设照明设备。

①不设固定式照明设备的爆炸物品库，可使用带绝缘套的矿灯。

②任何人员不得携带矿灯进入井下爆炸物品库房内。库内照明设备或者线路发生故障时，检修人员可以在库房管理人员的监护下使用带绝缘套的矿灯进入库内工作。

（9）煤矿企业必须建立爆炸物品领退制度和爆炸物品丢失处理办法。

①电雷管（包括清退入库的电雷管）在发给爆破工前，必须用电雷管检测仪逐个测试电阻值，并将脚线扭结成短路。

②发放的爆炸物品必须是有效期内的合格产品，并且雷管应当严格按同一厂家和同一品种进行发放。

③爆炸物品的销毁，必须遵守《民用爆炸物品安全管理条例》。

（10）爆炸物品库和爆炸物品发放硐室附近 30 m 范围内，严禁爆破。

（2）井下爆破作业按照爆破作业说明书进行，爆破作业执行"一炮三检"和"三人连锁"制度，正确处理拒爆、残爆。

【培训要点】

煤矿井下爆破作业必须严格执行《煤矿安全规程》、作业规程和爆破说明书，落实"一炮三检"和"三人连锁"制度，严禁违章指挥、违章爆破作业；认真执行报告和连锁制度；制定专项安全措施并严格落实。

（1）煤矿必须指定部门对爆破工作专门管理，配备专业管理人员。所有爆破人员，包括爆破、送药、装药人员，必须熟悉爆炸物品性能和规程规定。

（2）井下爆破工作必须由专职爆破工担任。突出煤层采掘工作面爆破工作必须由固定的专职爆破工担任。爆破作业必须执行"一炮三检"和"三人连锁"制度，并在起爆前检查起爆地点的甲烷浓度。

"一炮三检"制度是指装药前、起爆前和爆破后，必须由瓦检工检查爆破地点附近 20 m 以内的瓦斯浓度。

①装药前、起爆前，必须检查爆破地点附近 20 m 以内风流中的瓦斯浓度，若瓦斯浓度达到或超过 1%，不准装药、爆破。

②爆破后，爆破地点附近 20 m 以内风流中的瓦斯浓度达到或超过 1%，必须立即处理，若经过处理瓦斯浓度不能降到 1% 以下，不准继续作业。

（3）"三人连锁爆破"制度是指爆破工、班组长、瓦斯检查工三人必须同时自始至终参加爆破工作过程，并执行换牌制。

①入井前：爆破工持警戒牌，班组长持爆破命令牌，瓦斯检查工持爆破牌。

②爆破前：

（a）爆破工做好爆破准备后，将自己所持的红色警戒牌交给班组长。

（b）班组长拿到警戒牌后，派人在规定地点警戒，并检查顶板与支架情况，确认支护完好后，将自己所持的爆破命令牌交给瓦斯检查工，下达爆破命令。

（c）瓦斯检查工接到爆破命令牌后，检查爆破地点附近 20 m 处和起爆地点的瓦斯和煤尘情况，确认合格后，将自己所持的爆破牌交给爆破工，爆破工发出爆破信号 5 s 后进行起爆。

③爆破后："三牌"各归原主，即班组长持爆破命令牌、爆破工持警戒牌、瓦斯检查工持爆破牌。起爆地点指爆破工准备起爆的躲身地点，起爆前应当检查该处的瓦斯浓度，瓦斯浓度达到或超过 1% 时，不准起爆。

（4）爆破作业必须编制爆破作业说明书，并符合下列要求：

①炮眼布置图必须标明采煤工作面的高度和打眼范围或者掘进工作面的巷道断面尺寸，炮眼的位置、个数、深度、角度及炮眼编号，并用正面图、平面图和剖面图表示。

②炮眼说明表必须说明炮眼的名称、深度、角度，使用炸药、雷管的品种，装药量，封泥长度，连线方法和起爆顺序。

③必须编入采掘作业规程，并及时修改补充。钻眼、爆破人员必须依照说明书进行作业。

（5）处理拒爆、残爆。

通电起爆后工作面的雷管全部或少数不爆称为拒爆；残爆是指雷管爆后而没有引爆炸药或炸药爆轰不完全的现象。爆破作业时，拒爆、残爆的产生主要受爆破器材、爆破网路及操作工艺等因素的影响，出现这种现象必须严格执行《煤矿安全规程》有关规定。

《煤矿安全规程》第三百七十一条规定：通电以后拒爆时，爆破工必须先取下把手或者钥匙，并将爆破母线从电源上摘下，扭结成短路；再等待一定时间（使用瞬发电雷管，至少等待 5 min；使用延期电雷管，至少等待 15 min），才可沿线路检查，找出拒爆的原因。

《煤矿安全规程》第三百七十二条规定：处理拒爆、残爆时，应当在班组长指导下进行，并在当班处理完毕。如果当班未能完成处理工作，当班爆破工必须在现场向下一班爆破工交接清楚。

处理拒爆时，必须遵守下列规定：

①由于连线不良造成的拒爆，可重新连线起爆。

②在距拒爆炮眼 0.3 m 以外另打与拒爆炮眼平行的新炮眼，重新装药起爆。

③严禁用镐刨或者从炮眼中取出原放置的起爆药卷，或者从起爆药卷中拉出

电雷管。不论有无残余炸药，严禁将炮眼残底继续加深；严禁使用打孔的方法往外掏药；严禁使用压风吹拒爆、残爆炮眼。

④处理拒爆的炮眼爆炸后，爆破工必须详细检查炸落的煤、矸，收集未爆的电雷管。

⑤在拒爆处理完毕以前，严禁在该地点进行与处理拒爆无关的工作。

（3）建立组织保障体系，设立相应管理机构，完善各项管理制度，明确人员负责，按制度执行，工作有计划、有总结，有序有效开展工作。

【培训要点】

煤矿企业必须按照《安全生产法》的规定，建立安全管理机构，配齐安全管理人员。煤矿要建立健全通风安全管理组织机构，负责全矿日常通风安全管理以及通风检测、粉尘测定工作。建立健全各级领导、职能机构、岗位人员通风安全生产责任制，制定通风管理制度，按制度执行，实行通风安全目标管理。

煤矿的"一通三防"、煤与瓦斯突出矿井的防突等安全管理工作必须明确专门人员负责，有序有效开展工作。

（4）按规定绘制图纸，完善相关记录、台账、报表、报告、计划及支持性文件等资料，并与现场实际相符。

【培训要点】

及时调整完善矿井通风系统，并绘制全矿通风系统图。要建立主要通风设备设施技术文件、通风系统图、日常检查维修记录及通风系统和设备设施检测检验、通风系统风险分级管控、通风隐患排查治理、通风管理安全措施投入、特殊工种培训考核等记录档案资料。通风管理基础资料要与井下现场相对应。

《煤矿安全规程》第一百五十七条规定：矿井通风系统图必须标明风流方向、风量和通风设施的安装地点。必须按季绘制通风系统图，并按月补充修改。多煤层同时开采的矿井，必须绘制分层通风系统图。应当绘制矿井通风系统立体示意图和矿井通风网络图。

（1）技术文件和技术资料管理。

①图纸齐全、正确，能反映实际情况。每个矿井必须有通风系统图、通风网络图和防尘管路布置图，对于有监测系统、防火灌浆和瓦斯抽放系统的矿井，还应有监测系统图、防火灌浆和瓦斯抽放管路系统图等。各类图纸均应定期修改和及时补充，做到规范化，且与实际情况相符。

②技术数据齐全。需要收集、储存的数据有：主要井巷的通风参数，如长度、断面、摩擦阻力系数，煤层瓦斯含量，瓦斯相对涌出量，瓦斯绝对涌出量，瓦斯地质资料，煤层的自燃倾向性鉴定资料，自燃发火期统计资料，煤层的最短自然发火期等；主扇风机的性能曲线，局部通风机型号及其性能参数。各种报表

应数据齐全、正确可靠，上报及时。

③技术文件齐全。施工应有安全技术措施；各工种有岗位责任制和技术操作规程；所有仪器应有说明书。

④建立技术档案。各种报表应存档；各类台账（密闭墙台账、火区台账、局部通风机台账、盲巷台账、注水台账等）健全，各种检查记录（通风设施检查记录、反风设施检查记录、瓦斯检查记录和瓦斯涌出异常检查记录等）齐全。

（2）制定符合本公司、矿的风量计算办法，矿井和采掘工作面配风合理。

（3）定期进行主扇风机性能测定和矿井通风系统阻力测定，以获得主扇风机性能实测曲线和关键阻力路线的阻力分布等资料。

（4）推广新技术和先进经验，开展通风安全的科学研究工作。

（5）管理、技术人员掌握相关的岗位职责、管理制度、技术措施，作业人员掌握本岗位相应的操作规程、安全措施，规范操作，无"三违"行为，作业前进行岗位安全风险辨识及安全确认。

【培训要点】

（1）岗位技能。

矿井通风是一项对业务素质要求较强的工作，对从事通风管理、技术管理、作业现场操作等要求比较高，必须具备一定的文化基础素质，不断加强对上级安全生产的法律法规、通防应知应会基本知识、作业规程和措施的学习，进而适应本岗位的技能要求，了解熟悉掌握本岗位的危险因素，进行岗位危险辨识和隐患排查，有针对性的采取治理措施，确保岗位安全，从而保证矿井通风和安全。

①突出对上级安全生产法律法规、指示精神、规章制度、国家标准、行业标准的学习。把握国家矿井"一通三防"安全管理的发展方向和法律要求，用上级安全生产法律法规、指示精神、规章制度、国家标准、行业标准等规范岗位行为，提高岗位管理、操作技能。在矿井通风管理中做到有法可依、有规可循、有据可查、有过必究，促使矿井通风管理有序稳定安全发展。

②加强《煤矿安全规程》的贯彻学习。《煤矿安全规程》是煤矿安全管理工作的基本大法，所有通风管理人员、专业技术人员、通风岗位操作人员必须熟练掌握《煤矿安全规程》中的相关要求，强化现场管理，规范职工现场行为，提高岗位保安意识，将"四不伤害"（不伤害自己、不伤害别人、不被别人伤害、保护他人不被伤害）落实到工作的每一过程。

③作业规程的学习由施工单位负责人组织全体参与施工的人员进行学习，由编制作业规程的技术人员负责讲解规程，掌握规程的要点。

④参加学习的人员，经考试合格方可上岗。考试合格人员的考试成绩应登

记在本规程的学习考试记录表上，并签名。并对规程措施的学习效果进行定期和不定期的考试，结合现场实际，巩固职工的学习效果，提高岗位自我约束能力。

（2）岗位规范。

①管理和技术人员掌握相关的岗位职责、管理制度、技术措施；

②现场作业人员严格执行本岗位安全生产责任制，掌握本岗位相应的操作规程和安全措施，操作规范；

（3）"三违"。

执行好《煤矿安全规程》第八条的规定：煤矿安全生产与职业病危害防治工作必须实行群众监督。煤矿企业必须支持群众组织的监督活动，发挥群众的监督作用。从业人员有权制止违章作业，拒绝违章指挥；当工作地点出现险情时，有权立即停止作业，撤到安全地点；当险情没有得到处理不能保证人身安全时，有权拒绝作业。从业人员必须遵守煤矿安全生产规章制度、作业规程和操作规程，严禁违章指挥、违章作业。

现场作业人员在作业过程中，应当遵守本单位的安全生产规章制度，按操作规程及作业规程、措施施工，不得有"三违"行为。

（4）安全确认班组长必须对工作地点安全情况进行全面检查，确认无危险后，方准人员进入工作面。各班组、各岗位在作业前必须对现场进行隐患排查，发现隐患立即整改，做到隐患排查、落实整改、复查验收、隐患销号的隐患闭合管理，保证所有隐患能够得到落实，确保施工安全。上岗前作业人员可以通过"手指口述""应知应会"等进行岗前安全确认，实施岗位保安。

# 第22课 标 准 要 求

## 一、通风系统

### 1. 系统管理

（1）全矿井、一翼或者一个水平通风系统改变时，编制通风设计及安全措施，经企业技术负责人审批；巷道贯通前应当制定贯通专项措施，经矿总工程师审批；井下爆炸物品库、充电硐室、采区变电所、实现采区变电所功能的中央变电所有独立的通风系统。

【培训要点】

（1）矿井瓦斯等级、通风系统、通风方法、通风方式、生产水平、生产布局、采掘头面个数。

（2）矿井通风系统调整方案及年度和专项辨识结果在措施中的应用。

（3）近期改变全矿井、一翼或者一个水平通风系统时，由矿总工程师组织编制相应通风设计及安全技术措施，经煤矿上级业务主管企业技术负责人审批。

（4）巷道贯通措施：①地测科下发的巷道贯通通知单；②施工单位贯通措施；③通风部门制定的贯通应急措施：一是贯通前的准备工作（所需材料），二是如何实现安全贯通，三是贯通后调风方案，四是贯通时区、科负责人现场跟班。

（5）所有通风安全技术措施审批符合规定要求。

（6）所有采掘头面及硐室实现全风压独立通风系统，高温有害气体直接排到回风系统。

（2）井下没有违反《煤矿安全规程》规定的扩散通风、采空区通风和利用局部通风机通风的采煤工作面；对于允许布置的串联通风，制定安全措施，其中开拓新水平和准备新采区的开掘巷道的回风引入生产水平的进风中的安全措施，经企业技术负责人审批，其他串联通风的安全措施，经矿总工程师审批。

【培训要点】

（1）扩散通风是指巷道长度超过 6 m，没有利用局部通风机的通风；采空区通风是指采掘工作面的进风或者回风经过采空区的通风；采煤工作面没有形成全风压通风系统，利用局部通风机通风。

（2）井下所有头面不得违反《煤矿安全规程》规定的扩散通风、采空区通风和利用局部通风机通风。

（3）允许串联通风的，一是措施制定，二是措施审批，三是措施现场落实。

（4）矿井新水平和准备新采区的开掘巷道的回风引入生产水平的进风中的安全技术措施，经企业技术负责人审批，其他串联通风的安全技术措施，经矿总工程师审批；其他地方有无串联、不合理的通风，措施审批合理。

（3）采区专用回风巷不用于运输、安设电气设备，突出区不行人；专用回风巷道维修时制定专项措施，经矿总工程师审批。

【培训要点】

（1）采区回风巷施工组织设计及规程措施。

（2）采区专用回风巷不用于运输、安设电气设备，突出区不行人。

（3）巷道维修制度及措施。

（4）专用回风巷道维修时制定的专项措施，经矿总工程师审批。

（4）装有主要通风机的井口防爆门等反风设施每季度至少组织检查维修 1 次，有记录；制定年度全矿性反风技术方案，按规定审批，实施有总结报告，并达到反风效果。

【培训要点】

（1）反风设施包括地面（包括风机与反风相关闸门）、井下（含安全出口反向风门）、防爆门稳固设施等。

（2）将反风演习计划改为年度全矿性反风技术方案，原反风计划是针对年度反风演习来制定的，而对有火区的矿井，反风可能造成危害时，年度内暂不进行反风演习，但必须对反风设施的完好情况进行检查，并制定发生火灾时的反风技术方案。正常的反风技术方案，由矿总工程师批准，实施有总结报告；年度内不进行反风演习，其反风技术方案由企业技术负责人审批，由矿备案。

**2. 风量配置**

（1）新安装、技术改造及更换叶片的主要通风机投入使用前，进行1次通风机性能测定和试运转工作，投入使用后每5年至少进行1次性能测定；矿井通风阻力测定符合《煤矿安全规程》规定。

【培训要点】

（1）新安装风机性能测定：新安装的主要通风机投入使用前，进行1次通风机性能测定。

（2）新安装风机试运转：新安装的主要通风机投入使用前，进行1次通风机试运转工作。

（3）每5年进行一次风机性能测定：新安装通风机投入使用后或老通风机每5年至少进行1次性能测定。

（4）矿井通风阻力测定：新井投产前必须进行1次矿井通风阻力测定，以后每3年至少测定1次。生产矿井转入新水平生产、改变一翼或者全矿井通风系统后，必须重新进行矿井通风阻力测定。

（2）矿井每年进行1次通风能力核定；井下测风站（点）布置齐全、合理，并有测风记录牌板，填写所需风量、现场实际风量等参数，每10天至少进行1次井下全面测风，井下各硐室和巷道的供风量满足计算所需风量。

【培训要点】

（1）矿井每年进行1次通风能力核定。

（2）井下测风站（点）布置齐全、合理，并有测风记录牌板，填写所需风量等参数。

（3）每10天至少进行1次井下全面测风，井下各硐室和巷道的供风量满足计算所需风量。

（3）矿井有效风量率不低于85%；矿井外部漏风率每年至少测定1次，外部漏风率在无提升设备时不得超过5%，有提升设备时不得超过15%。

【培训要点】

（1）矿井有效风量要统计准确、计算正确。

（2）矿井外部漏风率要有测定的时间、人员及计算过程。

（4）采煤工作面进、回风巷实际断面不小于设计断面的 2/3；其他全风压通风巷道实际断面不小于设计断面的 4/5；矿井通风系统的阻力符合 AQ 1028 规定；矿井内各地点风速符合《煤矿安全规程》规定。

【培训要点】

（1）矿井要建立通风巷道管理台账及检查维修记录，确保通风巷道断面符合规定，保证井下各巷道风速符合规定。

（2）采煤工作面进、回风巷实际断面不小于设计断面的 2/3；其他全风压通风巷道实际断面不小于设计断面的 4/5。

（3）矿井通风系统的阻力符合 AQ 1028 规定。

（4）矿井内各地点风速符合《煤矿安全规程》规定。

（5）矿井主要通风机安设监测系统，能够实时准确监测风机运行状态、风量、风压等参数。

【培训要点】

（1）主要通风机必须安装在线监测系统，能够实时准确地监测风机运行状态、风量、风压等参数。

（2）运行状态主要是指电流、电压、转速、轴承温度，一定要直接显示风量，而不是显示风速参数。

## 二、局部通风

### 1. 装备措施

（1）采用局部通风机供风的掘进巷道应安设同等能力的备用局部通风机，实现自动切换。局部通风机的安装、使用符合《煤矿安全规程》规定，实行挂牌管理，由指定人员上岗签字并进行切换试验，有记录；不发生循环风；不出现无计划停风，有计划停风前制定专项通风安全技术措施。

【培训要点】

（1）安装使用局部通风机必须进行局部通风设计，按设计进行安装并进行验收，验收合格后方可使用。

（2）采用局部通风机供风的掘进巷道应安设同等能力的备用局部通风机，实现自动切换。

（3）局部通风机要设置管理牌板，管理牌板的主要内容有安装地点、使用单位、风机型号、风筒直径、设计最大供风距离等，并每班安排兼职上岗司机上岗，每天进行一次主备机切换试验，现场有试验记录，并通知监控值班人员。

（4）局部通风机前后设置测风牌板，每10天进行一次风量测定，保证风机不发生循环风。

（5）局部通风机严禁随意停机，矿井检修、更换风筒等需要停止风机运行时，必须制定专项通风安全技术措施，批准后执行。

（2）局部通风机有消音装置，进气口有完整防护网和集流器，高压部位有衬垫，各部件连接完好，不漏风。局部通风机及其启动装置安设在进风巷道中，地点距回风口大于10 m，且10 m范围内巷道支护完好，无淋水、积水、淤泥和杂物；局部通风机离巷道底板高度不小于0.3 m。

【培训要点】

（1）局部通风机安装要完好，距地面高度不能低于0.3 m，或者吊挂安装。

（2）安设在进风巷道中，地点距回风口大于10 m，且10 m范围内巷道支护完好，无淋水、积水、淤泥和杂物。

（3）风筒不能直接捆绑在通风机上，中间要有不少于0.5 m长的硬质过渡节，保证连接处不漏风。

**2. 风筒敷设**

（1）风筒口到工作面的距离符合作业规程规定；自动切换的交叉风筒与使用的风筒筒径一致，交叉风筒不安设在巷道拐弯处且与2台局部通风机方位相一致，不漏风。

【培训要点】

（1）风筒口到掘进工作面的距离、正常工作的局部通风机和备用局部通风机自动切换的交叉风筒接头的规格和安设标准，应当在作业规程中明确规定。

（2）交叉风筒与使用风筒规格及接头匹配，安设位置能够保证自动切换、调节灵活可靠、不漏风。

（2）风筒实行编号管理。风筒接头严密，无破口（末端20 m除外），无反接头；软质风筒接头反压边，无丝绳或者卡箍捆扎，硬质风筒接头加垫、螺钉紧固。

【培训要点】

（1）煤矿必须使用抗静电、阻燃风筒，实行编号管理。

（2）风筒接头严密，无破口（末端20 m除外），无反接头。

（3）软质风筒接头反压边，硬质风筒接头加垫、螺钉紧固。

（3）风筒吊挂平、直、稳，软质风筒逢环必挂，硬质风筒每节至少吊挂2处；风筒不被摩擦、挤压。

【培训要点】

风筒要安排专人管理，做到拉绳吊挂，逢环必吊，保持平、直、稳，不被摩擦、挤压。

（4）风筒拐弯处用弯头或者骨架风筒缓慢拐弯，不拐死弯；异径风筒接头采用过渡节，无花接。

【培训要点】

（1）风筒拐弯处用弯头或者骨架风筒缓慢拐弯，不拐死弯。

（2）异径风筒接头采用过渡节，无花接。无花接是指只能由大变小，不能由小变大。

## 三、通风设施

### 1. 设施管理

（1）有构筑通风设施（指永久密闭、风门、风窗和风桥）设计方案及安全措施，设施墙（桥）体采用不燃性材料构筑，其厚度不小于 0.5 m（防突风门、风窗墙体不小于 0.8 m），严密不漏风。

【培训要点】

（1）煤矿有构筑通风设施（指永久密闭、风门、风窗和风桥）设计方案及安全措施。

（2）设施墙（桥）体采用不燃性材料构筑，其厚度不小于 0.5 m（防突风门、风窗墙体不小于 0.8 m），严密不漏风。

（3）通风设施（指永久密闭、风门、风窗和风桥）要编号管理，建立管理台账。

（2）密闭、风门、风窗墙体周边按规定掏槽，墙体与煤岩接实，四周有不少于 0.1 m 的裙边，周边及围岩不漏风；墙面平整，无裂缝、重缝和空缝，并进行勾缝或者抹面或者喷浆，抹面的墙面 1 m² 内凸凹深度不大于 10 mm。

【培训要点】

（1）锚喷巷道、砌碹巷道必须进行掏槽。密闭、风门、风窗墙体周边按规定掏槽，墙体与煤岩接实，四周有不少于 0.1 m 的裙边，周边及围岩不漏风。

（2）墙面平整，无裂缝、重缝和空缝，并进行勾缝或者抹面或者喷浆，抹面的墙面 1 m² 内凸凹深度不大于 10 mm。

（3）设施 5 m 范围内支护完好，无片帮、漏顶、杂物、积水和淤泥。

（4）设施统一编号，每道设施有规格统一的施工说明及检查维护记录牌，风门及采空区密闭每周、其他设施每月至少检查 1 次设施完好及使用情况，有设施检修记录及管理台账。

### 2. 密闭

（1）密闭位置距全风压巷道口不大于 5 m，设有规格统一的瓦斯检查牌板和警标，距巷道口大于 2 m 的设置栅栏；密闭前无瓦斯积聚。所有导电体在密闭处断开（在用管路采取绝缘措施处理的除外）。

（2）密闭内有水时设有反水池或者反水管，采空区密闭设有观测孔、措施孔，且孔口设置阀门或者带有水封结构。

**3. 风门、风窗**

（1）每组风门不少于 2 道（含主要进、回风巷之间的联络巷设的反向风门），其间距不小于 5 m（通车风门间距不小于 1 列（辆）车长度）；通车风门设有发出声光信号的装置，且声光信号在风门两侧都能接收。

（2）风门能自动关闭并连锁，使 2 道风门不能同时打开；门框包边沿口有衬垫，四周接触严密，门扇平整不漏风；风窗有可调控装置，调节可靠。

（3）风门、风窗水沟处设有反水池或者挡风帘，轨道巷通车风门设有底槛，电缆、管路孔堵严，风筒穿过风门（风窗）墙体时，在墙上安装与胶质风筒直径匹配的硬质风筒。

**4. 风桥**

（1）风桥两端接口严密，四周为实帮、实底，用混凝土浇灌填实；桥面规整不漏风。

（2）风桥通风断面不小于原巷道断面的 4/5，呈流线型，坡度小于 30°；风桥上、下不安设风门、调节风窗等。

## 四、瓦斯管理

**1. 鉴定及措施**

（1）按《煤矿安全规程》和《煤矿瓦斯等级鉴定办法》进行煤层瓦斯含量、瓦斯压力等参数测定和矿井瓦斯等级鉴（认）定及瓦斯涌出量测定。

【培训要点】

（1）鉴定依据：《煤矿安全规程》和《煤矿瓦斯等级鉴定办法》。

（2）每 2 年必须对低瓦斯矿井进行瓦斯等级和二氧化碳涌出量的鉴定工作。

（3）高瓦斯、突出矿井不再进行周期性瓦斯等级鉴定工作，但应当每年测定和计算矿井、采区、工作面瓦斯和二氧化碳涌出量。

（4）测定煤层瓦斯含量、瓦斯压力、瓦斯涌出量等参数。

（2）编制年度瓦斯治理技术方案及安全技术措施，并严格落实。

【培训要点】

（1）年度瓦斯治理技术方案要有治理项目、资金安排等。

（2）高瓦斯和突出煤层的掘进工作面编制瓦斯治理专项措施。

**2. 瓦斯检查**

（1）矿长、总工程师、爆破工、采掘区（队）长、通风区（队）长、工程技术人员、班长、流动电钳工、安全监测工、瓦斯检查工等下井时，携带便携式甲烷检测报警仪并开机使用；瓦斯检查工下井时还应携带光学瓦斯检测仪。

**【培训要点】**

（1）矿长、总工程师、爆破工、采掘区队长、通风区队长、工程技术人员、班长、流动电钳工、安全监测工等下井时，携带便携式甲烷检测报警仪。班（组）长携带的报警仪要悬挂在现场使用，回采工作面悬挂在回风隅角，掘进工作面悬挂在工作面 5 m 范围内。

（2）瓦斯检查工下井时，携带便携式甲烷检测报警仪和光学瓦斯检测仪。

（3）所有人员携带仪器必须完好，会正确操作使用仪器。

（2）瓦斯检查地点、周期符合《煤矿安全规程》规定；瓦斯检查工在井下指定地点交接班，有记录。

**【培训要点】**

（1）煤矿要根据《煤矿安全规程》第一百八十条规定，必须建立甲烷、二氧化碳和其他有害气体检查制度。

（2）煤矿要根据《煤矿安全规程》第一百七十五条规定，设定瓦斯检查地点、周期。

（3）瓦斯检查工在井下指定地点交接班，有记录。

（3）瓦斯检查做到井下记录牌、瓦斯检查手册、瓦斯检查班报（台账）相一致；通风瓦斯日报及时上报矿长、总工程师签字，并有记录。

**3. 现场管理**

（1）采掘工作面及其他地点的瓦斯浓度符合《煤矿安全规程》规定；瓦斯超限立即停止工作，撤出人员，按规定切断电源；查明瓦斯超限原因，落实防治措施。

（2）临时停风地点停止作业、切断电源、撤出人员、设置栅栏和警标；长期停风区在 24 h 内封闭完毕。停风区内甲烷或者二氧化碳浓度达到 3.0% 或者其他有害气体浓度超过《煤矿安全规程》规定不能立即处理时，在 24 h 内予以封闭，并切断通往封闭区的管路、轨道和电缆等导电物体。

（3）瓦斯排放按规定编制专项措施，经矿总工程师批准，并严格执行，且有记录；采煤工作面不使用局部通风机稀释瓦斯。

**五、突出防治**

**1. 突出管理**

（1）编制矿井及井巷揭穿突出煤层的防突专项设计和所有区域防突措施的设计，经企业技术负责人审批，新水平、新采区设计有防突设计篇章，并严格执行。

【培训要点】

(1) 煤矿新水平、新采区设计要编制防突篇章。

(2) 矿井及井巷揭穿突出煤层时，煤矿要编制防突专项设计。

(3) 煤矿要编制所有区域防突措施的设计。

(4) 防突篇章、专项设计、区域防突措施，必须经企业技术负责人审批。

(2) 区域预测为无突出危险区的结果、保护效果和范围考察结果经企业技术负责人审批；区域防突措施效果检验结果经矿总工程师审批，按预测、检验结果，采取相应防突措施；技术资料符合《煤矿安全规程》《防治煤与瓦斯突出细则》规定。

【培训要点】

(1) 企业技术负责人审批：区域预测为无突出危险区的结果、保护效果和范围考察结果。

(2) 矿总工程师审批：区域防突措施效果检验结果。

(3) 煤矿要按预测、检验结果，采取相应防突措施。

(3) 突出煤层采掘工作面编制防突专项设计及安全技术措施，经矿总工程师审批，实施中及时按现场实际作出补充修改，并严格执行；技术资料符合《煤矿安全规程》《防治煤与瓦斯突出细则》规定。

**2. 设备设施**

(1) 避难硐室、反向风门、压风自救装置、隔离式自救器、远距离爆破等安全防护措施符合《防治煤与瓦斯突出细则》要求。

【培训要点】

(1) 井巷揭穿突出煤层和在突出煤层中进行采掘作业时，必须采取避难硐室、反向风门、压风自救装置、隔离式自救器、远距离爆破等安全防护措施。

(2) 突出矿井必须建设采区避难硐室，采区避难硐室必须接入矿井压风管路和供水管路。

(3) 在突出煤层的井巷揭煤、煤巷和半煤岩巷掘进工作面进风侧，必须设置至少 2 道牢固可靠的反向风门。风门之间的距离不得小于 4 m。

(4) 井巷揭穿突出煤层和突出煤层的炮掘、炮采工作面必须采取远距离爆破安全防护措施。

(2) 突出煤层的采掘工作面、井巷揭煤工作面悬挂防突预测图板、综合防突措施管理牌板、允许推进距离标志牌，有区域预测、效果检验和测定煤层瓦斯压力、含量等钻孔的施工参数及检测数据牌板。

【培训要点】

(1) 悬挂 4 个牌板：防突预测图板、综合防突措施管理牌板、允许推进距离标志牌、钻孔施工参数及检测数据牌板。

（2）悬挂位置：突出煤层的采掘工作面、井巷揭煤工作面。

（3）有采掘工作面瓦斯地质图、防突预测图、预抽煤层瓦斯区域防突措施竣工图和在突出煤层顶、底板掘进岩巷时地质预测巷道剖面图，各类图纸绘制修改及内容符合《防治煤与瓦斯突出细则》要求。

【培训要点】

（1）矿井瓦斯地质图更新周期不得超过 1 年、工作面瓦斯地质图更新周期不得超过 3 个月。

（2）突出煤层的采掘工作面应当编制防突预测图。防突预测图以煤层瓦斯地质图为基图，将采掘工程范围内的煤层赋存、瓦斯地质、巷道布置、综合防突措施等内容标注在图纸上，分别挂设在地面调度室和井下现场，用于指导工作面防突工作。

（3）防突措施竣工图应当有平面图和剖面图。采用预抽煤层瓦斯区域防突措施的，绘制防突措施竣工图；每次工作面防突措施施工完成后，应当绘制工作面防突措施竣工图，标注每次工作面预测、效果检验的数据，出现喷孔、顶钻或者瓦斯异常现象的，应当在防突措施竣工图中标注清楚。

（4）在突出煤层顶、底板及邻近煤层中掘进巷道（包括钻场等）时，必须超前探测煤层及地质构造情况，分析勘测验证地质资料，编制巷道剖面图。

（4）有防突钻孔施工记录和验收单，区域预测、预抽、效果检验及测定煤层瓦斯压力、含量等钻孔施工有视频监控监视钻孔深度录像及核查记录。

【培训要点】

（1）记录：防突钻孔施工记录、钻孔施工核查记录。

（2）验收单：防突钻孔施工验收单。

（3）录像：钻孔施工有视频监控监视钻孔深度录像。

## 六、瓦斯抽采

### 1. 抽采系统

（1）瓦斯抽采设施、抽采泵站符合《煤矿安全规程》要求。

【培训要点】

（1）抽采瓦斯设施应当符合《煤矿安全规程》第一百八十二条的要求。

（2）设置井下临时抽采瓦斯泵站时，应当符合《煤矿安全规程》第一百八十三条的要求。

（2）编制瓦斯抽采工程（包括钻场、钻孔、管路、抽采巷等）设计，并按设计施工。

**2. 检查与管理**

（1）对瓦斯抽采系统的瓦斯浓度、压力、流量等参数实时监测，定期人工检测比对，泵站每 2 h 至少 1 次，主干、支管及抽采钻场每周至少 1 次，根据实际测定情况对抽采系统进行及时调节。

（2）井上下敷设的瓦斯管路，不得与带电物体接触并应当有防止砸坏管路的措施；每 10 天至少检查 1 次抽采管路系统，并有记录；抽采管路无破损、无漏气、无积水，抽采管路离地面高度不小于 0.3 m（采空区留管除外）。

【培训要点】

（1）井上下敷设的瓦斯管路，不得与带电物体接触并有防止砸坏管路的措施。

（2）每 10 天至少检查 1 次抽采管路系统，并有记录。

（3）抽采管路无破损、无漏气、无积水。

（4）抽采管路离地面高度不小于 0.3 m（采空区留管除外）。

（3）抽采钻场及钻孔设置管理牌板，数据填写及时、准确，有记录和台账。

（4）高瓦斯、煤与瓦斯突出矿井及时进行瓦斯抽采达标评判，保持抽采达标煤量符合准备煤量、回采煤量的可采期要求。

【培训要点】

（1）保证抽、掘、采平衡。

（2）保持抽采达标煤量与可采煤量、准备煤量、回采煤量平衡。

（3）高瓦斯、突出矿井及时进行瓦斯抽采达标评判。

（4）四量的可采期符合《煤矿安全规程》的要求。

（5）矿井瓦斯抽采率符合《煤矿瓦斯抽采达标暂行规定》要求。

## 七、安全监控

**1. 装备设置**

（1）矿井安全监控系统具备"风电、甲烷电、故障"闭锁及手动控制断电闭锁功能和实时上传监控数据的功能。

（2）安全监控设备的种类、数量、位置、报警浓度、断电浓度、复电浓度、断电范围、电缆敷设等符合《煤矿安全规程》规定，设备性能、仪器精度符合要求，系统装备实行挂牌管理。

【培训要点】

（1）煤矿井下现场各种设置，安全监控设备的种类、数量、位置、报警浓度、断电浓度、复电浓度、电缆敷设等符合《煤矿安全规程》第四百九十八条规定。

（2）设备性能、仪器精度符合要求，系统装备实行挂牌管理。

（3）安全监控系统的主机双机热备，连续运行，当工作主机发生故障时，备用主机应在 60 s 内自动投入工作；中心站应双回路供电并配备不小于 4 h 在线式不间断电源；站内设备应有可靠的接地和防雷装置，监控使用录音电话，录音保存 3 个月以上。

【培训要点】

（1）安全监控系统的主备机必须设置在安全监控中心室内，主备机同时投入运行，当工作主机发生故障时，备用主机应在 60 s 内自动投入工作。

（2）中心站要有双回路供电系统图，不间断电源每个季度至少进行一次放电试验，要确保不间断电源不小于 4 h 的备用量。

（3）防雷装置每年至少进行一次击穿试验。

（4）监控使用录音电话，录音保存 3 个月以上。

（4）井下监控设备的完好率为 100%，有监控设备台账，传感器、分站备用量不少于应配备数量的 20%，待修率不超过 20%。

**2. 调校测试**

安全监控设备每月至少调校、测试 1 次。甲烷传感器应使用标准气样和空气气样在设备设置地点调校，采用载体催化原理的甲烷传感器每 15 天、采用激光原理的甲烷传感器每 6 个月至少调校 1 次，有现场调校记录；一氧化碳、风速、温度传感器等其他传感器按使用说明书要求定期调校。甲烷电闭锁和风电闭锁功能每 15 天测试 1 次，其中，对可能造成局部通风机停电的，每半年测试 1 次，并有测试签字记录。

【培训要点】

（1）在线调校：安装使用的甲烷、一氧化碳、风速、温度传感器在设置地点在线调校。

（2）现场调校：采用载体催化原理的甲烷传感器每 15 天、采用激光原理的甲烷传感器每 6 个月使用空气样和校准气样至少调校 1 次，其他传感器每月至少调校 1 次，有现场调校记录。

（3）现场测试：甲烷电闭锁和风电闭锁功能每 15 天测试 1 次，其中，对可能造成局部通风机停电的，每半年测试 1 次，并有测试签字记录。

**3. 监控设备**

（1）安全监控设备中断运行或者出现异常情况，查明原因，采取措施及时处理，其间采用人工检测，并有记录。

【培训要点】

（1）安全监控设备中断运行或者出现异常情况采取措施。

（2）安全监控设备中断运行或者出现异常情况原因分析、故障处理记录。

（3）安全监控设备中断运行或者出现异常情况期间采用人工检测记录。

（2）安全监控系统显示和控制终端设置在矿调度室，24 h 有监控人员值班。

**4. 资料管理**

有监控系统运行日志，安全监控日报及报警断电记录月报经矿长、总工程师签字；建立监控系统数据库，系统数据有备份并保存 2 年以上。

【培训要点】

（1）有无监控系统运行状态记录、运行日志，安全监控日报表经矿长、总工程师签字。

（2）煤矿要建立监控系统数据库，系统数据有无备份并保存 2 年以上。

（3）系统数据备份在监测监控运行主机以外的电脑上或移动硬盘上。

## 八、防灭火

**1. 防治措施**

（1）按《煤矿安全规程》规定进行煤层的自燃倾向性鉴定，制定矿井防灭火措施，建立防灭火系统，并严格执行。

（2）开采自燃、容易自燃煤层的采掘工作面作业规程有防止自然发火的技术措施，并严格执行。

【培训要点】

（1）开采自燃、容易自燃煤层的采掘工作面作业规程有防止自然发火的技术措施，并严格执行。

（2）井下回采工作面两巷构筑防火门，位置、备用材料符合规定。

（3）瓦斯检查工携带一氧化碳抽气筒、监测管，按规定检查回采工作面回风流中、工作面上隅角、密闭墙内外一氧化碳、二氧化碳、温度等情况。

（4）现场采掘工作面回风流中一氧化碳传感器、温度传感器运行正常。

（5）监控中心有一氧化碳异常情况，要进行分析。

（3）井下易燃物存放符合规定，进行电焊、气焊和喷灯焊接等作业符合《煤矿安全规程》规定，每次焊接制定安全措施，经矿长批准，并严格执行。

【培训要点】

（1）井下易燃物存放要符合《煤矿安全规程》第二百五十五条规定。

（2）井下进行电气焊和喷灯焊接等作业要符合《煤矿安全规程》第二百五十四条规定。

（3）要制定井下焊接安全技术措施，经矿长批准，并严格执行。

（4）每处火区建有火区管理卡片，绘制火区位置关系图；启封火区有计划和安全措施，并经企业技术负责人批准。

**2. 设施设备**

（1）按《煤矿安全规程》规定设置井上、下消防材料库，配足消防器材，且每季度至少检查 1 次。

（2）按《煤矿安全规程》规定井下爆炸物品库、机电设备硐室、检修硐室、材料库等地点的支护和风门、风窗采用不燃性材料，并配备有灭火器材，其种类、数量、规格及存放地点，均在灾害预防和处理计划中明确规定。

（3）矿井设有地面消防水池和井下消防管路系统，每隔 100 m（在带式输送机的巷道中每隔 50 m）设置支管和阀门，并正常使用。地面消防水池保持不少于 200 m³ 的水量，每季度至少检查 1 次。

（4）开采容易自燃和自燃煤层，确定煤层自然发火标志气体及临界值，开展自然发火预测预报工作，建立监测系统；在矿井防止自然发火设计中明确选定自然发火观测站或者观测点，每周进行 1 次观测分析；发现异常，立即采取措施处理。

**3. 控制指标**

无一氧化碳超限作业，采空区密闭内及其他地点无超过 35℃的高温点（因地温和水温影响的除外）。

**4. 封闭时限**

及时封闭与采空区连通的巷道及各类废弃钻孔；采煤工作面回采结束后 45 天内进行永久性封闭。

【培训要点】

（1）及时封闭与采空区连通的巷道及各类废弃钻孔。

（2）建立采煤工作面回撤及封闭记录，采煤工作面回采结束后 45 天内进行永久性封闭。

（3）制定封闭安全技术措施。

## 九、粉尘防治

**1. 鉴定及措施**

按《煤矿安全规程》规定鉴定煤尘爆炸性；制定年度综合防尘、预防和隔绝煤尘爆炸措施，并组织实施。

【培训要点】

（1）按《煤矿安全规程》第一百八十五条规定，新建矿井或者生产矿井每延深一个新水平，应当进行 1 次煤尘爆炸性鉴定工作。

（2）开采有煤尘爆炸危险煤层的矿井，必须有预防和隔绝煤尘爆炸的措施。

矿井应当每年制定综合防尘措施、预防和隔绝煤尘爆炸措施及管理制度，并组织实施。

**2. 设备设施**

（1）按照 AQ 1020 规定建立防尘供水系统；防尘管路吊挂平直，不漏水；管路三通阀门便于操作。

（2）运煤（矸）转载点设有喷雾装置，采掘工作面回风巷至少设置 2 道风流净化水幕，净化水幕和其他地点的喷雾装置符合 AQ 1020 规定。

（3）按《煤矿安全规程》要求安设隔爆设施，且每周至少检查 1 次，隔爆设施安装的地点、数量、水量或者岩粉量及安装质量符合 AQ 1020 规定。

（4）液压支架和放顶煤工作面的放煤口安设喷雾装置，降柱、移架或者放煤时同步喷雾，采煤机、掘进机内外喷雾压力符合《煤矿安全规程》要求；破碎机安装有防尘罩和喷雾装置或者除尘器。

**3. 防除尘措施**

（1）采用湿式钻孔或者孔口除尘措施，爆破使用水炮泥，爆破前后冲洗煤壁巷帮；炮掘工作面安设有移动喷雾装置，爆破时开启使用。

（2）喷射混凝土时，采用潮喷或者湿喷工艺，并装设除尘装置；在回风侧 100 m 范围内至少安设 2 道净化水幕。

（3）采煤工作面按《煤矿安全规程》规定采取煤层注水措施，注水设计符合 AQ 1020 规定。

（4）定期冲洗巷道积尘或者撒布岩粉。主要大巷、主要进回风巷每月至少冲洗 1 次，其他巷道冲洗周期或者撒布岩粉由矿总工程师确定。巷道中无连续长 5 m、厚度超过 2 mm 的煤尘堆积。

## 十、爆破管理与基础工作

**1. 爆炸物品管理**

（1）井下爆炸物品库、爆炸物品贮存及运输符合《煤矿安全规程》规定。

【培训要点】

（1）煤矿要建立健全井下爆炸物品库管理规章制度。

（2）井下爆炸物品库、爆炸物品贮存及运输符合《煤矿安全规程》规定。

（3）火药库的设施、设备、消防等符合规定要求。

（2）有爆炸物品领退制度，电雷管（包括清退入库的电雷管）在发给爆破工前，用电雷管检测仪逐个测试电阻值，并将脚线扭结成短路。

【培训要点】

（1）建立爆炸物品原始编码台账，制定爆炸物品领退、电雷管编号制度。

（2）电雷管（包括清退入库的电雷管）在发给爆破工前，用电雷管检测仪逐个测试电阻值，并将脚线扭结成短路。

（3）如实做好导通试验记录，导通记录要填写雷管电阻值。

**2. 爆破管理**

（1）爆破作业执行"一炮三检""三人连锁"制度，采取停送电（突出煤层）、撤人、设岗警戒措施。特殊情况下的爆破作业，制定安全技术措施，经矿总工程师批准后执行。

**【培训要点】**

（1）矿井要制定"一炮三检""三人连锁"制度，"一炮三检"由谁进行检查要明确规定，"三人连锁"由哪三个人连锁，怎样连锁要进行说明和实操训练。

（2）井下爆破工作必须由专职爆破工担任。突出煤层采掘工作面爆破工作必须由固定的专职爆破工担任。爆破作业必须执行"一炮三检"和"三人连锁"制度，并在起爆前检查起爆地点的甲烷浓度。

（3）爆破地点采取停送电（突出煤层）、撤人、设岗警戒措施。

（4）特殊情况下的爆破作业，制定安全技术措施，经矿总工程师批准后执行。

（2）编制爆破作业说明书，并严格执行；现场设置爆破图牌板。

（3）爆炸物品现场存放、引药制作符合《煤矿安全规程》规定。

**【培训要点】**

按《煤矿安全规程》规定：

（1）爆破工必须把炸药、电雷管分开存放在专用的爆炸物品箱内，并加锁，严禁乱扔、乱放。爆炸物品箱必须放在顶板完好、支护完整，避开有机械、电气设备的地点。爆破时必须把爆炸物品箱放置在警戒线以外的安全地点。

（2）装配起爆药卷时，必须遵守《煤矿安全规程》第三百五十六条的规定。

（4）残爆、拒爆处理符合《煤矿安全规程》规定。

**【培训要点】**

现场出现残爆、拒爆时，处理残爆、拒爆一定要符合《煤矿安全规程》第三百七十二条规定。

**3. 工作制度**

（1）有完善的矿井通风、瓦斯防治、综合防尘、防灭火、安全监控和爆破等专业管理制度，各工种有岗位安全生产责任制和操作规程，并严格执行。

**【培训要点】**

（1）建立健全并完善矿井通风、瓦斯防治、综合防尘、防灭火、安全监控和爆破等专业管理制度。

(2) 制定各工种岗位安全生产责任制和操作规程，并行文发布。

(3) 严格执行以上制度和操作规程，及时进行严格考核。

(2) 制定瓦斯防治中长期规划和年度计划。矿每月至少召开 1 次通风工作例会，总结安排年、季、月通风工作，并有记录。

**4. 资料管理**

有通风系统图、分层通风系统图、通风网络图、通风系统立体示意图、瓦斯抽采系统图、安全监控系统图、防尘系统图、防灭火系统图等；有测风记录、通风值班记录、通风（反风）设施检查及维修记录、粉尘冲洗记录、防灭火检查记录；有密闭管理台账、煤层注水台账、瓦斯抽采台账等，并与现场实际相符。

【培训要点】

(1) 矿井通风系统图必须在采掘工程平面图上制作，分层开采的要有各分层通风系统图和综合通风系统图；通风网络图要标明每个节点及网络的风流方向和通过的风量。

(2) 测风记录是指测风员现场实际测风的原始记录，一定留存备查，每个地点的测风记录要有测风地点、巷道断面、风表曲线、3 次风速测定记录，以及每个测风地点的甲烷浓度、二氧化碳浓度、温度等。

(3) 防灭火检查记录是指对有自然发火的采空区密闭及采掘工作面防灭火检查分析记录。

(4) 台账是指密闭管理台账、煤层注水台账、瓦斯抽采台账等。

(5) 安全监控及防突方面的记录、报表、账卡、测试检验报告等资料符合 AQ 1029 及《防治煤与瓦斯突出细则》要求，并与现场实际相符。

**5. 仪器仪表**

按检测需要配备检测仪器，每类仪器的备用量不小于应配备使用数量的 20%，仪器的调校、维护及收发和送检工作有专门人员负责，按期进行调校、检验，确保仪器完好。

【培训要点】

(1) 建立各类检测仪器管理制度，明确仪器的调校、维护及收发和送检工作的专门人员。

(2) 建立各类检测仪器管理台账及发放记录。

(3) 配备相关的检测仪器，且每类仪器的备用量不小于应配备使用数量的 20%。

(4) 仪器的调校、维护及收发和送检工作有专门人员负责。

（5）仪器按期进行调校、检验。

**6. 职工素质及岗位规范**

（1）区（队）管理和技术人员掌握相关的岗位职责、管理制度、技术措施。

（2）班组长及现场作业人员严格执行本岗位安全生产责任制；掌握本岗位相应的操作规程、安全措施；规范操作，无"三违"行为；作业前对作业范围内空气环境、设备运行状态及作业地点支护和顶底板完好状况等实时观测，进行岗位安全风险辨识及安全确认。

# 第11讲 质量控制：地质灾害防治与测量

## 第23课 工作要求（风险管控）

### 一、煤矿地质

（1）查明隐蔽致灾地质因素。

**【培训要点】**

煤矿必须结合实际情况开展隐蔽致灾地质因素普查或探测工作，并提出报告，由矿总工程师组织审定。井工开采形成的老空区威胁露天煤矿安全时，煤矿应当制定安全措施。

（1）煤矿隐蔽致灾地质因素主要包括：采空区、废弃老窑（井筒）、封闭不良钻孔，断层、裂隙、褶曲，陷落柱，瓦斯富集区，导水裂缝带，地下含水体，井下火区，古河床冲刷带、天窗等不良地质体。煤矿隐蔽致灾地质因素是指隐伏在煤层及其围岩内、在开采过程中可能诱发灾害的地质构造和不良地质体及其在采动应力耦合作用下形成的灾变地质体。

近年来出现了一些新型的隐蔽致灾因素和灾害形式，如断层滞后导水、采动离层水等水害事故、瓦斯延期突出、浅埋深冲击地压、近距离煤层群火灾等，同样属于隐蔽致灾地质因素，也是普查对象。

（2）煤矿隐蔽致灾地质因素的特点。煤矿隐蔽致灾地质因素具有隐蔽性、时变性、突发性的特点，探测和预防难度大。不同的隐蔽致灾地质因素有其不同的存在状态或发育特征，在生产过程中，多不能直接辨识，且能对采掘活动造成影响。我国煤炭资源赋存条件复杂，地区与地区之间的开采条件差异较大，不同矿井发育的隐蔽致灾地质因素也不一致，对矿井安全生产的威胁程度不一。从"成灾"的角度看，中国地质灾害的区域变化具有比较明显的地域性。我国南方矿井的地质条件尤为复杂，如贵州、云南、四川、湖南、福建、江西等省，煤矿隐蔽致灾地质因素多且复杂，多数矿区存在采空区、废弃老窑（井筒）、断层、裂隙、褶曲，陷落柱，瓦斯富集区，导水裂缝带，地下含水体等地质灾害；北方煤矿也存在不同程度的地质灾害，华北地区普遍存在奥陶系灰岩含水体、瓦斯富集区等。隐蔽致灾地质因素种类多、覆盖范围广、隐患大，而且由于采矿活动的差异，使不同地区地质致灾的发育程度、致灾破坏方式和破坏程度显著不同。

隐蔽致灾地质因素普查应针对各煤矿开采的实际情况，开展致灾地质因素分析和勘查，隐蔽致灾因素普查遵循 5 项基本原则：普查人员专业性原则、普查措施有效性原则、普查范围全面性原则、普查对象重点性原则、普查结果成效性原则等。普查人员专业性原则：隐蔽致灾因素普查人员必须是专业技术人员，且要求专业齐全，专业须包括地质、测量、物探、钻探等。

（2）在不同生产阶段，按期完成各类地质报告修编、提交、审批等基础工作。

【培训要点】

基建矿井、露天煤矿移交生产前，必须编制建井（矿）地质报告，并由煤矿企业技术负责人组织审定。生产矿井应当每 5 年修编矿井地质报告。地质条件变化影响地质类型划分时，应当在 1 年内重新进行地质类型划分。

煤矿生产地质报告的具体要求：

（1）随着煤矿开采区域不断扩大和补充勘探工作不断深入，地质资料不断积累，对地质条件及其规律的认识不断深入，及时进行地质规律总结、更新地质资料，有利于指导煤矿后续生产，要求"基建煤矿移交生产后，应在 3 年内编写生产地质报告，之后每 5 年修编 1 次。"

（2）在煤矿生产过程中，发现地质构造、煤层稳定程度、瓦斯地质、水文地质和煤炭储量等方面发生了较大变化，如发生煤与瓦斯突出或突水等灾害事故，或揭露地质构造复杂程度、煤层稳定程度、顶底板类型等与之前评定类型更趋复杂，或煤炭资源/储量变化超过前期保有资源/储量的 25%，或煤矿计划改扩建时，为保障煤矿安全生产，保证煤炭资源合理开发利用，必须及时对煤矿生产地质报告进行修编，修改原地质报告的各种基本图件和地质认识，对煤矿地质条件类型重新做出评价，以满足煤矿安全生产需要。

（3）编制煤矿生产地质报告是煤矿生产一段时期后，对地质工作成果进行全面总结和再次系统分析与综合研究的专业技术性工作，煤矿生产地质报告是指导煤矿安全生产工作的重要文献，是煤矿制（修）订采掘规划，扩建或延深或技术改造等的地质依据。煤矿应借助社会科研力量，联合或委托有相关资质的科研单位、高等院校等共同编制煤矿生产地质报告。

（4）煤矿生产地质报告按照《煤矿地质工作规定》要求进行编写，由煤矿企业总工程师组织审定后，方可用于煤矿生产。

（3）原始记录、成果资料、地质图纸等基础资料齐全，管理规范。

【培训要点】

煤矿地质基础资料主要有：

（1）煤矿必须备齐下列区域地质资料和图件：

①矿区内的各类地质报告。

②矿区构造纲要图。

③矿区地形地质图。

④矿区地层综合柱状图。

⑤矿区主要地质剖面图。

（2）煤矿必须备齐下列地质资料及图件：

①地质勘探报告、煤矿地质类型划分报告、建矿地质报告和生产地质报告等。

②煤矿地层综合柱状图。

③煤矿地形地质图或基岩地质图。

④煤矿煤岩层对比图。

⑤煤矿可采煤层底板等高线及资源/储量估算图（急倾斜煤层加绘立面投影图和立面投影资源/储量估算图）。

⑥煤矿地质剖面图。

⑦煤矿水平地质切面图（煤层倾角大于25°的多煤层煤矿）。

⑧勘探钻孔柱状图。

⑨矿井瓦斯地质图。

⑩井上下对照图。

⑪采掘（剥）工程平面图（急倾斜煤层要绘采掘工程立面图）。

⑫井巷、石门地质编录。

⑬工程地质相关图件。

（3）煤矿必须备齐下列地质资料台账：

①钻孔成果台账。

②地质构造台账。

③矿井瓦斯资料台账。

④煤质资料台账。

⑤井筒、石门见煤点台账。

⑥工程地质资料台账。

⑦资源/储量台账。

⑧井田及周边采空区、老窑地质资料台账。

⑨井下火区地质资料台账。

⑩封闭不良钻孔台账。

（4）煤矿还应根据实际情况有针对性地编制相关地质报告、图件和台账。报告、图件和台账都应数字化、信息化，内容真实可靠，每年对相关内容进行补充完善。图件的比例尺以满足工作需要为原则。

（5）煤矿企业及所属矿井应建立地质资料档案室，并由专人负责管理；资料要齐全、完整，分类妥善保存，便于利用。

**（4）地质预测预报工作满足安全生产需要。**

**【培训要点】**

地质预报工作必须在各种地质报告、相关图件、采掘地质说明书等的基础上结合采掘揭露的各种地质现象，分析研究地质规律时间、空间发展趋势，可能对采掘的影响，提出有针对性的防范措施，最大限度地避免事故发生。地质预报主要包括：

（1）研究预报范围内出现和可能出现的断层、褶皱、陷落柱、地层倾角和岩浆侵入体等的特征，随时间、空间的发展趋势，对煤（岩）层和采掘工程等的影响，并随着采掘的揭露跟踪观测、分析研究，进一步认识各种地质问题，对相关地质资料和预测预报进行补充和完善。

（2）研究预报范围内的煤层厚度、煤层结构、煤体结构、煤质、煤层顶底板及其岩性等特征、产状、分布范围、变化趋势、对采掘工程的影响等。随着采掘的揭露跟踪观测、分析研究，进一步认识规律，对相关地质资料和预测预报进行补充和完善。

（3）研究预报范围内煤层瓦斯赋存规律、煤（岩）与瓦斯突出危险性等对采掘的影响，随着采掘的揭露跟踪观测煤层瓦斯、煤（岩）与瓦斯突出等参数，分析变化原因，及时评价，对煤矿瓦斯地质图和预测预报进行补充和完善。

（4）研究预报范围内含水层、隔水层、构造体的含水性和导水性等与采掘的空间关系，预报最大涌水量和正常涌水量对采掘工程的影响等。研究预报范围内老空区、老窑的位置及其积水情况等与采掘的空间关系，对采掘工程的影响。随着采掘的揭露跟踪观测、分析研究，及时探测，对相关地质资料和预测预报进行补充和完善。

（5）研究预报范围内露天煤矿滑落层（面）的产状、岩性、厚度等赋存状态，边坡滑落规律，影响边坡稳定的各种因素及影响程度等对采剥工程的影响。随着采剥工程的进度，定期评价边坡的稳定性和类型，对相关地质资料和预测预报进行补充和完善。

（6）研究预报范围内地温、冲击地压、火区等其他致灾地质因素的特征、范围、对采掘（剥）工程的影响等，提出防范措施及建议。随着采掘（剥）工程的进度，分析研究，对相关地质资料和预测预报进行补充和完善。

（5）储量计算和统计管理符合《矿山储量动态管理要求》规定。

【培训要点】

依据《生产矿井储量管理规程》规定，煤矿应具备储量计算台账；分工作面各月损失量分析及回采率计算基础台账；分月分采区分煤层损失量分析及回采率计算基础台账；全矿井分煤层损失量分析及回采率计算基础台账；矿井期末保有储量计算基础台账；矿井"三下"压煤台账；矿井永久煤柱及损失量摊销台账；矿井储量增减、变动审批情况台账；矿井储量动态数字台账；"三量"计算成果台账。

煤炭资源/储量的动态变化是煤矿地质工作的一项重要内容，是煤矿可持续发展的重要依据。煤矿每年末应根据地质勘探报告、煤矿补充勘探、采掘生产等有关资料，依据《煤、泥炭地质勘查规范》等相关规定和标准，进行煤炭资源/储量估算，掌握煤炭资源/储量增减动态，提出增加煤炭资源/储量的建议。煤炭资源/储量估算的方法应合理选择，能正确反映煤层的自然产状和特征，满足设计、开采部门的要求，估算方法简单、精确。

## 二、煤矿测量

（1）测量控制系统健全，测量工作执行通知单制度，原始记录、测量成果齐全。

【培训要点】

矿井测量原始资料应包括：

（1）地面三角测量、导线测量、高程测量、光电测距和地形测量记录簿。

（2）近井点及井上下联系测量（包括陀螺定向测量）记录簿。

（3）井筒十字中线及提升设备等的标定和检查记录簿。

（4）井下经纬仪导线及水准测量记录簿。

（5）井下采区测量和井巷工程标定记录簿。

（6）重要贯通工程测量记录簿。

（7）回采和井巷填图测量记录簿。

（8）地面各项工程施工测量记录簿。

（9）地表与岩层移动及建（构）筑物变形观测记录簿。

（2）基本矿图种类、内容、填绘、存档符合《煤矿测量规程》规定。

【培训要点】

（1）缓倾斜和倾斜薄煤层或中厚煤层的采掘工程平面图，应按自然分层绘制。厚煤层可按第一人工分层或数个人工分层综合绘制采掘工程平面图，急倾斜煤层除绘制平面图外，还应加绘竖直面投影图和沿煤层倾斜方向的断面图。

（2）可根据实际需要加绘比例尺为 1∶500、1∶1000 或 1∶2000 的分采区或分工作面的局部采掘工程平面图，及时填图并定期将图上资料转绘到分层采掘工程平面图上。

（3）采掘工程平面图和主要巷道平面图，可根据需要加绘 1∶5000 比例尺图。

（3）沉陷观测台账资料齐全。

【培训要点】

（1）建筑物受采动影响后，应对墙壁、地板或其他部位出现裂缝等现象及时进行记录，并做记号，观测其变化情况。

（2）铁路观测站一般应每隔 1～2 个月进行一次全面观测，根据下沉速度和维修需要加密观测次数。

（3）为了及时掌握线路的下沉情况，还应根据维修需要定期进行水准测量。

（4）及时对路基附近出现的裂缝及变化情况进行测量。

（5）符合矿井情况的有关岩层移动参数、沉陷观测台账资料齐全。

（6）为了及时掌握水体下采煤后井下涌水量及含水层水位变化情况，由测量人员和水文地质人员共同研究布设水文观测孔及井下涌水量观测点，并及时进行观测。水位观测孔应根据水文地质条件分别布置在盆地内外，以确定采煤后岩层移动波及含水层的情况。

### 三、煤矿防治水

（1）坚持"预测预报、有疑必探、先探后掘、先治后采"基本原则，做好雨季"三防"，矿井、采区防排水系统健全。

【培训要点】

煤矿防治水工作应当坚持"预测预报、有疑必探、先探后掘、先治后采"的原则，根据不同的水文地质条件，采取探、防、堵、疏、排、截、监等综合防治措施。

煤矿必须落实防治水的主体责任，推进防治水工作由过程治理向源头预防、局部治理向区域治理、井下治理向井上下结合治理、措施防范向工程治理、治水为主向治保结合的转变，构建理念先进、基础扎实、勘探清楚、科技攻关、综合治理、效果评价、应急处置的防治水工作体系。

排水管路应当有工作管路和备用管路。工作管路的能力，应当满足工作水泵在 20 h 内排出矿井 24 h 的正常涌水量。工作管路和备用管路的总能力，应当满足工作水泵和备用水泵在 20 h 内排出矿井 24 h 的最大涌水量。

配电设备的能力应当与工作水泵、备用水泵和检修水泵的能力相匹配，能保证全部水泵同时运转。

（2）防治水基础资料（原始记录、台账、图纸、成果报告）齐全，满足生产需要。

【培训要点】

矿井应当根据实际情况建立下列防治水基础台账，并至少每半年整理完善 1 次。

（1）矿井涌水量观测成果台账。

（2）气象资料台账。

（3）地表水文观测成果台账。

（4）钻孔水位、井泉动态观测成果及河流渗漏台账。

（5）抽（放）水试验成果台账。

（6）矿井突水点台账。

（7）井田地质钻孔综合成果台账。

（8）井下水文地质钻孔成果台账。

（9）水质分析成果台账。

（10）水源水质受污染观测资料台账。

（11）水源井（孔）资料台账。

（12）封孔不良钻孔资料台账。

（13）矿井和周边煤矿采空区相关资料台账。

（14）防水闸门（墙）观测资料台账。

（15）物探成果验证台账。

（16）其他专门项目的资料台账。

矿井水文地质图件主要内容及要求至少每半年修订 1 次。

（3）井上、下水文地质观测符合《煤矿防治水细则》要求，水文地质类型明确。

【培训要点】

矿井应当加强矿井涌水量观测工作和水质监测工作。矿井应当分井、分水平设观测站进行涌水量观测，每月观测次数不少于 3 次。对于出水较大的断裂破碎带、陷落柱，应当单独设立观测站进行观测，每月观测 1～3 次。对于水质的监测每年不少于 2 次，丰水期、枯水期各 1 次。涌水量出现异常、井下发生突水或者受降水影响矿井的雨季时段，观测频率应当适当增加。

（1）对于井下新揭露的出水点，在涌水量尚未稳定或尚未掌握其变化规律前，一般应当每日观测 1 次。对于溃入性涌水，在未查明突水原因前，应当每隔

1~2 h 观测 1 次，以后可适当延长观测间隔时间，并采取水样进行水质分析。涌水量稳定后，可按井下正常观测时间观测。

（2）当采掘工作面上方影响范围内有地表水体、富水性强的含水层、穿过与富水性强的含水层相连通的构造断裂带或接近老空积水区时，应当每日观测涌水情况，掌握水量变化。

（3）对于新凿立井、斜井，垂深每延深 10 m，应当观测 1 次涌水量。掘进至新的含水层时，如果不到规定的距离，也应当在含水层的顶底板各测 1 次涌水量。

（4）当进行矿井涌水量观测时，应当注重观测的连续性和精度，采用容积法、堰测法、浮标法、流速仪法或者其他先进的测水方法。测量工具和仪表应当定期校验，以减少人为误差。

（5）当井下对含水层进行疏水降压时，在涌水量、水压稳定前，应当每小时观测 1~2 次钻孔涌水量和水压；待涌水量、水压基本稳定后，按照正常观测要求进行。疏放老空水的，应当每日进行观测。

（4）防治水工程设计方案、施工措施、工程质量符合规定。

【培训要点】

矿井防治水技术工作应达到下列要求：防治水工程应有设计方案和施工安全技术措施，并按规定程序审批，工程结束后有验收、总结及工程效果评价报告。

（1）井上下各项防治水工程应有设计方案和施工安全技术措施，并按规定程序审批，工程结束后有验收、总结及工程施工效果评价报告。

防治水工程包括：①探：采用超前勘探方法，探查井田及周边的水文地质条件，查明矿井采掘工作面周围水体的具体位置、贮存状态、水害威胁等情况，为有效防治矿井水害做好必要的准备，其在水害防治措施中居核心地位和起先导作用；②防：各类防隔水煤柱留设、防水闸门安设与防水闸墙建设；③堵：填堵通道或注浆封堵对矿井充水有影响的局部水源或含水层的设计与管理，如含水层露头、含水层、导水断层、导水裂隙、陷落柱、废弃巷道、溶洞、地裂缝等导水性通道的局部或大面积封堵、注浆封堵；④疏：采用放水钻孔、疏水石门、疏水巷道、吸水钻孔等对矿井充水有影响的老空水和煤层顶底板含水层水及导水断裂构造水实施疏放水降压的设计与管理；⑤排：构建完善的矿井排水系统，既包括完善的排水管路、水泵、水仓（含局部积水）和供电系统等动力排水系统，又涵盖保障井上下水体的径流畅通（含井下水流畅通与地表河流改道、挖沟排洪）；⑥截：针对较大导水通道连通的强地表水（河流、水库、洪水等），强地下水难以实施局部封堵而必须实施区域河底铺整、拦挡隔断或帷幕注浆等截流治理；⑦监：建立矿井地下水动态监测系统，必要时，建立突水监测预警系统，及时掌握地下水的动态变化。

（2）各类防治水工程设计及措施不完善是指缺少针对性的水情和水害威胁分析，水害威胁分析不全面导致设计缺陷，设计考虑不周导致施工处于危险中，或设计及措施不符合要求，或设计及措施与现场作业条件存在较大出入，或设计存在漏洞等；验收总结报告内容不全是指现场施工信息未体现在现场施工记录中，或施工总结中异常信息未体现在报告中，或报告中未体现水情、水害威胁分析、防治水工程施工过程、具体施工情况的水文地质条件分析、工程施工效果分析与评价等，或工程竣工后总工程师未组织验收，或未按规定时间、标准、程序组织验收，或验收、总结报告内容不能满足控制要求，或探放水工作未采用"三专"管理。

（3）坚持"预测预报，有疑必探，先探后掘，先治后采"的原则，凡符合《煤矿安全规程》第三百一十七条规定，且物探探测、水文地质分析等确认可能存在水文、构造异常的水害威胁地段，都必须确定探水线或在安全作业环境中执行探放水，并有探放水设计及安全技术措施。

（4）探放水前后要及时下发停止掘进通知单和允许掘进通知单。充水因素不清楚地段是指地面无法查明水文地质条件和充水因素、水文地质条件不清楚、周边及矿区内小煤窑和采空区范围内积水不详等地段。

（5）探放水现场记录、施工总结、效果分析评价等内容能够相互支撑，探测水文资料丰富完整，技术数据相对可靠。

（6）单孔设计未达到要求是指未按《煤矿防治水细则》要求设计，或单孔设计未达到探水、放水的设计位置、设计目的。

（7）煤矿探放水工作均应采用"三专"管理（专门的防治水技术人员、专门的探放水队伍和专用的探放水钻机）；执行"有掘必探"原则，对探放水或探放水钻孔施工控制效果有疑问时，将施工的探放水钻孔及时如实地填绘到探放水施工效果评价图上，结合钻孔测斜或偏斜判断，分析评估探放水施工成效。

（8）定期对井田内所有钻孔进行全面排除，并做详细记录，分析研究水文钻孔与封孔不良钻孔的水害威胁及危害程度，更新完善水文钻孔管理台账。科学规划水文钻孔的布设，适时管理各类水文钻孔，有效规避随意变动防隔水煤柱的行为。

（9）依据采掘衔接规划排查分析清楚水文钻孔的功用与受保护状况，合理确认留设保护煤柱或构绘探水线、警戒线。

（10）要做好雨季"三防"工作，必须严格执行《煤矿安全规程》规定。

（5）水文地质类型复杂或极复杂的矿井建立水文动态观测系统和水害监测预警系统。

**【培训要点】**

煤矿企业、矿井应当加强防治水技术研究和科技攻关，推广使用防治水的新技术、新装备和新工艺，提高防治水工作的科技水平。水文地质条件复杂、极复杂的煤矿企业、矿井应当装备必要的防治水抢险救灾设备。矿井应当建立水文地质信息管理系统，实现矿井水文地质文字资料收集、数据采集、图件绘制、计算评价和矿井防治水预测预报一体化。

矿井地下水动态监测是研究地下水运动规律的有效手段，建立合理有效的地下水动态监测系统，是煤矿水害防治工作不可或缺的工程技术方法。目前我国多数矿井的水位、水压等重要参数的监测都是人工监测的，定期进行人工监测，稍有疏忽，就会发生事故，也不便于管理。建立实施检测系统能及时反映当前矿井不同地质层位的水压、水位及动态变化情况，通过分析大量监测数据和组织管理经验，可以及时采取防治措施，防患于未然，为加强煤矿安全生产和防治水工作提供准确可靠的依据。矿井水位、水压实时监测技术对我国各个大水矿区建立水害防治保障体系提供了重要手段，全面推广使用并尽快健全矿区地下水动态观测网，对解决煤矿安全生产、预防水害发生具有极其重要的意义。

### 四、煤矿防治冲击地压

（1）按规定进行煤岩冲击倾向性鉴定，鉴定结果报上级有关部门备案。

【培训要点】

煤岩冲击倾向性是评价煤矿冲击地压发生危险的重要依据，开采有冲击倾向性的煤层具有极大的危险性，按规定进行煤岩冲击倾向性鉴定，鉴定结果报上级有关部门备案。有下列情况之一的，应当进行煤岩冲击倾向性鉴定：

（1）有强烈震动、瞬间底（帮）鼓、煤岩弹射等动力现象的。

（2）埋深超过 400 m 的煤层，且煤层上方 100 m 范围内存在单层厚度超过 10 m 的坚硬岩层。

（3）相邻矿井开采的同一煤层发生过冲击地压的。

（4）冲击地压矿井开采新水平、新煤层。

（2）开展冲击危险性评价、预测预报工作，按规定编制防冲设计及专项措施，防治措施有效、落实到位。

【培训要点】

作业规程中防冲部分及防冲措施编制内容齐全、规范，图文清楚、保存完好；审批手续规范；贯彻、考核记录齐全。钻孔、爆破、注水等施工参数建立台账，上图管理。现场作业记录齐全、真实，有据可查。报表、阶段性工作总结齐全、规范。建立冲击地压记录卡和统计表。

新建矿井和冲击地压矿井的新水平、新采区、新煤层有冲击地压危险的，必须编制防冲设计。防冲设计应当包括开拓方式、保护层选择、采区巷道布置、工作面开采顺序、采煤方法、生产能力、支护形式、冲击危险性预测方法、冲击地压监测预警方法、防冲措施及效果检验方法、安全防护措施等内容。

（3）冲击地压监测系统健全，运行正常。

【培训要点】

建立微震监测系统，保证实时监控。使用电磁辐射仪进行防冲监测。强冲击危险区域坚硬顶板工作面使用支架压力在线监测系统、超前应力（冲击地压）在线监测系统，保证实时监控。使用钻屑法进行防冲监测。

冲击地压危险区域必须进行日常监测，防冲专业人员每天对冲击地压危险区域的监测数据、生产条件等进行综合分析，判定冲击地压危险程度，并编制监测日报，报矿防冲负责人、总工程师签字，及时告知相关单位和人员。

# 第24课  标 准 要 求

## 一、煤矿地质灾害防治与测量技术管理标准

### （一）规章制度

#### 1. 制度建设

建立以下制度：

（1）地质灾害防治技术管理制度。

（2）预测预报制度。

（3）地测安全办公会议制度。

（4）地测资料、技术报告审批制度。

（5）图纸的审批、发放、回收和销毁制度。

（6）资料收集、整理、定期分析、保管、提供制度。

（7）隐蔽致灾地质因素普查制度。

（8）应急处置制度。

【培训要点】

（1）矿井应建立与自身地质条件相适应的地质灾害防治等各项制度；各项制度应系统完善，针对性强，并行文下发，便于考核。制度应遵照《煤矿安全规程》《煤矿防治水细则》《煤矿地质工作规定》《防治煤矿冲击地压细则》《煤矿测量规程》《防治煤与瓦斯突出规定》等法规要求建立。

（2）隐蔽致灾地质因素普查制度应包括井上下各项隐蔽致灾普查内容及操作和考核内容。

#### 2. 资料管理

图纸、资料、文件等分类保管，建立纸质或电子目录索引、借阅记录台账，

存档管理，电子文档至少每半年备份 1 次。

**3. 职工素质及岗位规范**

（1）区（队）管理和技术人员掌握相关的岗位职责、管理制度、技术措施。

（2）班组长及现场作业人员严格执行本岗位安全生产责任制；掌握本岗位相应的操作规程、安全措施；规范操作，无"三违"行为；作业前进行岗位安全风险辨识及安全确认。

【培训要点】

（1）管理和技术人员的岗位职责、安全生产责任制。

（2）作业人员本岗位安全生产责任制，相应的操作规程和安全措施、操作规范。

（3）作业前先辨识安全风险，有隐患先处理，确认安全后方可作业。

**（二）装备保障**

（1）工器具装备完好，满足规定和工作需要。

（2）至少各有 1 种为煤矿地质和水文地质工作服务的物探装备。

（3）采用计算机制图。

（4）地测信息系统与上级公司联网并能正常使用。

【培训要点】

（1）煤矿企业要尽量装备交互式的地测信息系统，实现煤矿企业系统内部联网运行；联网运行的地测信息系统既要实现矿井内部管理系统联网运行，又要与上级管理机构联网运行。

（2）矿井地质、防治水、防突、防冲等技术工作，视矿井地质灾害情况至少采用一种有效的物探装备；当矿井的某一地质灾害危害程度较大，或存在较多的危害条件时，应采取适合其技术管理需求的多种物探装备或手段。

## 二、煤矿地质标准

**（一）基础工作**

**1. 地质观测与分析**

（1）按《煤矿地质工作规定》要求进行地质观测与资料编录。

（2）跟踪地质变化，进行地质分析，及时提供分析成果及相关图件。

【培训要点】

（1）要有井下各采掘工作面的专用原始记录本，观测内容和周期符合《煤矿地质工作规定》第 39 ~ 46 条规定，收集资料必须于 2 天内反映到相关图件或台账、素描等地质文档中。

（2）地质预报是对物探和钻探资料分析得出的结论，与采掘过程揭露的地质变化有出入，及时观测地质变化，分析对生产的影响，通过综合分析提出应对措施，确保安全生产。

**2. 地质勘探**

（1）井上下钻探、物探、化探工程应有设计、有成果和总结报告。

（2）按规定开展煤矿地质补充调查与勘探。

（3）按规定针对性地开展综合勘查与分析研究，编制研究报告。

【培训要点】

（1）隐蔽致灾地质因素主要包括采空区、废弃老窑（井筒）、封闭不良钻孔、断层、裂隙、褶曲、陷落柱、瓦斯富集区、导水裂隙带、地下含水体、井下火区、古河床冲刷带、天窗等不良地质体。

（2）按照"地质先行—物探跟进—钻探验证—综合分析—预测预报"的工作模式，采取"地面、井下相结合，化探、物探、钻探等多种手段相配合"的探测思路开展工作。

（3）严格按照《煤矿地质工作规定》相关要求进行补勘工作。

**3. 致灾因素普查与地质类型划分**

（1）按规定查明影响煤矿安全生产的各种隐蔽致灾地质因素。

（2）按"就高不就低"原则划分煤矿地质类型，出现影响煤矿地质类型划分的突水和煤与瓦斯突出等地质条件变化时，在1年内重新进行地质类型划分。

**（二）基础资料**

**1. 地质报告**

按规定编制满足不同生产阶段需求的地质报告，按期修编，并按要求审批。

**2. 地质说明书及采后总结**

（1）采掘工程设计或施工前，按时提交由总工程师批准的采区地质说明书、采煤工作面地质说明书、掘进工作面地质说明书。

（2）井巷揭煤前，探明煤层厚度、构造、瓦斯地质、水文地质及顶底板岩性等地质条件，编制揭煤地质说明书。

（3）采区和采煤工作面结束后，按规定编制采后总结。

**3. 图纸台账**

（1）按《煤矿地质工作规定》要求整理编制必备的地质台账、地质图件等地质基础资料。

（2）地质图件内容符合《煤矿地质测量图技术管理规定》及其补充规定要求，图种齐全有电子文档。

（3）各项综合分析成果能满足安全生产工作需要。

**4. 原始记录**

（1）有专用原始记录本，分档按时间顺序保存。

（2）记录内容齐全，字迹、草图清楚。

**（三）预测预报**

地质预报内容符合《煤矿地质工作规定》要求，内容齐全，有年报、月报和临时性预报，并以年为单位装订成册，归档保存。

【培训要点】

（1）地质预报既要有文字说明，又要有附图。除临时性预报外，还应做到月有月报、年有年报，并以年为单位装订成册、归档保存。

（2）预报内容应符合《煤矿地质工作规定》第 59 条要求，预报结果应保证矿井正常安全生产，没有因预报错误造成的工程事故；必要时应做临时性预报。

**（四）瓦斯地质**

（1）突出矿井编制并至少每年更新 1 次各主采煤层瓦斯地质图，规范填绘瓦斯赋存采掘进度、煤层赋存条件、地质构造、被保护范围等内容，图例符号绘制统一，字体规范。

（2）采掘工作面距未保护区边缘 50 m 前，编制发放临近未保护区通知单，按规定揭露煤层及断层，探测设计及探测报告及时无误。

（3）根据瓦斯地质图及时进行瓦斯地质预报。

【培训要点】

（1）对突出矿井及高瓦斯矿井，主采煤层瓦斯地质图要及时更新（不超过 1 年）。

（2）图纸内容齐全，规范填绘瓦斯赋存、采掘进度、煤层赋存条件、地质构造、被保护范围等内容，图例符号绘制统一，字体规范。

（3）邻近保护区通知单，要符合采掘工作面距保护边缘不足 50 m 前下发的规定。

（4）近期揭煤探测设计及探测报告，应及时无误，内容符合要求。

（5）近期瓦斯地质预报，要及时，内容符合规定。

**（五）资源回收及储量管理**

**1. 储量估算图**

有符合《矿山储量动态管理要求》规定的各种图纸，内容符合储量、损失量计算图要求。

**2. 储量估算成果台账**

有符合《矿山储量动态管理要求》规定的储量计算台账和损失量计算台账，种类齐全、填写及时、准确，有电子文档。

**3. 统计管理**

(1) 储量动态清楚，损失量及构成原因等准确。

(2) 储量变动批文、报告完整，按时间顺序编号、合订。

(3) 定期分析回采率，能如实反映储量损失情况。

(4) 采区、工作面结束后，有损失率分析报告。

(5) 每半年进行 1 次全矿回采率总结。

(6) 三年内丢煤通知单完整无缺，按时间顺序编号、合订。

(7) 采区、工作面回采率符合要求。

## 三、煤矿测量标准

### （一）基础工作

**1. 控制系统**

(1) 测量控制系统健全，精度符合《煤矿测量规程》要求。

(2) 及时延长井下基本控制导线和采区控制导线。

【培训要点】

(1) 煤矿测量基础工作应做到：建立健全测量控制系统，地面控制网齐全、控制点完好，控制精度达到《煤矿测量规程》要求，能满足生产需要。

(2) 按《煤矿测量规程》规定敷设井下基本控制导线和采区控制导线，导线精度达到《煤矿测量规程》规定要求且及时延长。

**2. 测量重点**

(1) 贯通、开掘、放线变更、停掘、停采、过特殊地质异常区、过空间距离小于巷高或巷宽 4 倍的相邻巷道等重点测量工作，执行通知单制度。

(2) 通知单按规定审批、提前发送到施工单位、相关部门和人员。

【培训要点】

(1) 巷道开掘通知单及施工设计图应提前 3 天发送到测量部门，采区设计图至少提前 15 天发送到测量部门，所有巷道开掘前应进行必要的设计检查、闭合计算、标定参数计算，有标定工作设计图。交岔点、弯道等应有标定设计大样图。

(2) 巷道开掘标定前必须对起算数据、导线点坐标、已知方位、设计方位、标定参数等进行认真检查、核对。

(3) 坚持对透巷、贯通、开掘、放线变更、停掘终采线、过断层、冲击地压带、突出区域、过空间距离小于巷高或巷宽 4 倍的相邻巷道，以及工程进度等的测量工作，执行预报或通知单制度。贯通透巷、停掘、终采线、过断层及相邻巷道通知单应提前（单向贯通时，岩巷 20～30 m、煤巷 30～40 m、快速掘进 50～100 m，过巷等安全通知单提前 20 m；两头相向贯通时，岩巷相距大于 40

m，煤巷两炮掘之间相距大于 50 m，煤巷单向综掘之间相距大于 70 m，开采冲击地压煤层矿井炮掘相距 30 m，开采冲击地压煤层矿井综掘相距 50 m，突出矿井煤巷掘进 60~80 m）发送到分管领导、施工单位及相关部门。

**3. 贯通精度**

贯通精度满足设计要求，两井贯通和一井内导线距离 3000 m 以上贯通测量工程应有设计，并按规定审批和总结。

【培训要点】

两井贯通和一井内导线距离 3000 m 以上贯通测量工程应有设计、审批和总结，贯通测量精度符合《煤矿测量规程》规定和工作要求。贯通容许偏差值一般由采矿设计人员提出，由总工程师召集采矿设计人员、管理人员、测量负责人根据工程性质和采矿需要共同研究决定。

**4. 中腰线标定**

中腰线标定符合《煤矿测量规程》要求。

**5. 原始记录及成果台账**

（1）导线测量、水准测量、联系测量、井巷施工标定、陀螺定向测量等外业记录本齐全，并分档按时间顺序保存，记录内容齐全，书写工整无涂改。

（2）测量成果计算资料和台账齐全。

（3）建立测量仪器检校台账，定期进行仪器检校。

**（二）基本矿图**

**1. 测量矿图**

有采掘工程平面图、工业广场平面图、井上下对照图、井底车场图、井田区域地形图、保安煤柱图、井筒断面图、主要巷道平面图等《煤矿测量规程》规定的基本矿图。

**2. 矿图要求**

（1）基本矿图采用计算机绘制，内容、精度符合《煤矿测量规程》要求。

（2）图形符号、线条、注记等符合《煤矿地质测量图例》要求。

（3）图面清洁、层次分明，色泽准确适度，文字清晰，并按图例要求的字体进行注记。

（4）采掘工程平面图每月填绘 1 次，井上下对照图每季度填绘 1 次，图面表达和注记无矛盾。

（5）数字化底图至少每季度备份 1 次。

**（三）沉陷观测控制**

**1. 地表移动**

（1）进行地面沉陷观测。

（2）提供符合矿井情况的有关岩移参数。

【培训要点】

煤矿开采沉陷治理工作一般要求：生产矿井应根据本矿和邻矿观测资料，提出适用于本矿的地表移动参数及预计方法，满足"三下"开采、环保、造地、复田、迁村购地及建筑保护等的需要。一般矿井要建立岩移或地表移动观测站，并定期进行工业广场重要建（构）筑物沉降、变形观测；设站、观测等应符合《建筑物、水体、铁路及主要井巷煤柱留设与压煤开采规范》《建筑变形测量规范》及《煤矿测量规程》要求。

**2. 资料台账**

（1）及时填绘采煤沉陷综合治理图。

（2）建立地表塌陷裂缝治理台账、村庄搬迁台账。

（3）绘制矿井范围内受采动影响土地塌陷图表。

【培训要点】

（1）采煤沉陷综合治理图，以地形图为底图。

（2）地表塌陷裂缝治理台账、村庄搬迁台账，治理前后附图和观测记录。

（3）矿井范围内受采动影响的土地塌陷图表及时更新。

## 四、煤矿防治水标准

### （一）水文地质基础工作

**1. 基础工作**

（1）按《煤矿防治水细则》要求进行水文地质观测。

（2）开展水文地质类型划分工作，发生较大及以上水害事故或者因突水造成采掘区域或矿井被淹的，恢复生产前应重新确定。

（3）对井田范围内及周边矿井采空区位置和积水情况进行调查分析并做好记录，制定相应的安全技术措施，对受老空水影响的煤层按规定划分可采区、缓采区、禁采区。

（4）按照《煤矿防治水细则》要求进行矿井水文地质补充勘探，有可靠的安全技术措施，按规定编制补充勘探设计，有补充勘探报告和相关成果，由企业总工程师对设计进行审批、对报告和成果组织评审。

（5）按《煤矿防治水细则》要求建立健全水害防治技术管理制度、水害隐患排查治理制度、探放水制度、重大水患停产撤人制度。

【培训要点】

（1）依据《煤矿防治水细则》落实水文地质观测，包括水文地质补充调查与勘探。

（2）透水征兆人人熟知，避险常识人人掌握（最基本的水文预兆观测）。

（3）水文地质类型划分是开展水文地质观测、防治突水灾害、防治水技术检查、水害隐患排除的技术依据与衡量尺度。

（4）未及时划分水文地质类型是指超过 3 年未重新划分水文地质类型，或发生重大及以上突（透）水事故后，恢复生产前未重新确定水文地质类型。

（5）隐蔽致灾地质因素，采空区及井上、下积水排查是防治水技术工作的基础。

**2. 基础资料**

（1）有井上、下和不同观测内容的专用原始记录本，记录规范，保存完好。

（2）按《煤矿防治水细则》要求编制矿井水文地质类型划分报告、水文地质补充勘探报告，按规定修编、审批。

（3）建立防治水电子基础台账，并至少每半年修正 1 次。

【培训要点】

（1）矿井水文地质原始资料应做到：有正规的井上下和不同观测内容的专用原始记录本，分档、按时间保存，有目录、索引便于查找。

（2）记录本适用于记录、管理矿井水文地质观测管理，能够保障台账统计、报告编制、技术成果分析，满足水文地质补充调查、勘探、观测工作要求。

（3）水文地质类型划分报告、各类水文地质补充勘探报告、坚持按规定修编、审批。

（4）煤矿应当依据矿井水害特点构建适宜的防治水基础台账。

（5）煤矿防治水基础台账，应当认真收集、整理，及时更新，并实行计算机数据库管理，长期保存，每季度修正 1 次。

**3. 水文图纸**

（1）绘制矿井综合水文地质图、矿井综合水文地质柱状图、矿井水文地质剖面图、矿井充水性图、矿井涌水量与各种相关因素动态曲线图等水文图件，图种齐全有电子文档，内容全面、准确。

（2）在采掘工程平面图和矿井充水性图上标绘出井巷出水点的位置及涌水量，积水的井巷及采空区范围、底板标高、积水量和水患异常区；标明井田范围内及周边采空区的积水范围、积水量、积水标高、积水线、探水线、警戒线。

【培训要点】

（1）水文地质图纸符合《煤矿防治水细则》附录一要求，适应防治水动态管理要求，图种齐全，有电子版，内容全面，符号、注记符合《煤矿地质测量图例》及其补充规定要求，比例尺以适应矿井或矿区图幅及实际管理需要为原则。

（2）水文地质图纸内容符合《煤矿防治水细则》并满足下列要求：图面清洁、层次分明、线条均匀、色泽准确适度，各图种之间内容无矛盾，真实可靠，每季度对图纸内容修正完善 1 次。

（3）在采掘工程平面图和充水性图上，应标明相邻煤矿或周边废弃煤窑的井田位置、开采范围、开采年限、积水情况或可疑积水情况。

**4. 水害预报**

（1）年报、月报、临时预报应包含突水危险性评价和水害处理意见等内容，预报内容齐全、下达及时。

（2）在水害威胁区域掘进前，应查清水文地质条件，提出水文地质情况分析报告和水害防治措施，由煤矿总工程师组织生产、安全、地测等有关部门审批。

（3）工作面回采前，应提出专门水文地质情况评价报告和水害隐患治理情况分析报告，经煤矿总工程师组织生产、安全、地测等有关部门审批；发现断层、裂隙或者陷落柱等构造充水的，应当采取注浆加固或者留设防隔水煤（岩）柱等安全措施。

（4）年初编制年度水害分析预测表及水害预测图。

（5）编制矿井中长期防治水规划及年度防治水计划，并组织实施。

**【培训要点】**

（1）预报内容齐全，要评价突水危险性，预测水情变化，提出水害处理意见等，预报下达要及时。

（2）水情水害预报应做到有文字及图纸，应做到月有月报、年有年报，并按年装订成册存档；遇到水文异常情况，预计有突水危险时，应及时发放临时性预报并送达有关单位。预报内容应包括水情变化及水害处理意见，处理措施完成后，及时总结，及时评价水情变化的控制情况，或评价突水危险性的消除、治理效果。预报结果能指导、保障煤矿安全生产，不得出现因预报错误而造成透水事故。若当月生产计划变更，存在水害隐患，应提前 5 天发送水害通知单。

（3）年报、月报、临时性预报少 1 次，或每少报 1 个采掘工作面，均为预报缺 1 次；预报不能指导生产是指预报内容、指标、管理要求脱离安全生产实际而不能指导安全生产。

（4）在矿井受水害威胁的区域进行掘进前，及时采用物探、钻探和化探等方法查清水文地质条件，提出水文地质情况分析报告及水害防范措施。

（5）报告编制、审批、提交程序符合规定控制要求；未评价突水危险性，或评价突水危险性失当，或未编制突水危险性评价报告，均为突水危险性报告缺 1 次。

（6）矿井年初提出年度水害分析预测表及水害预测图，遇重大生产变更或新发现影响安全生产的水害隐患要根据生产实际补充、修正、完善。

### （二）防治水工程

**1. 防排水系统建立**

（1）矿井、采区、工作面防排水系统健全完善，能力满足相关规定要求。

（2）建立地下水动态监测系统，受底板承压水威胁的水文地质类型复杂、极复杂矿井，还应建立突水监测预警系统。

**2. 技术要求**

（1）井上、下各项防治水工程按照《煤矿防治水细则》要求编制设计方案和施工安全技术措施，并按程序审批，工程结束提交验收报告及总结报告。

（2）按规定编制探放水设计与专项措施；井下探放水执行"三专两探一撤"的要求。

（3）探放水工程有包含单孔设计的专项设计。

（4）对井田内井下和地面的所有水文钻孔每半年进行 1 次全面排查，记录详细。

（5）按规定落实地面防治水与井下防水工程要求；防水煤柱留设按规定程序审批；防水闸门与防水闸墙按要求设计、施工、竣工验收。

（6）制定并严格执行雨季"三防"措施、水害应急专项预案和现场处置方案。

**【培训要点】**

未执行雨季"三防"措施是指雨季"三防"不符合《煤矿安全规程》《煤矿防治水细则》要求，或制定的雨季"三防"措施不符合矿井实际，或制定的雨季"三防"措施未执行，或制定的雨季"三防"措施难以执行，或雨季"三防"措施在雨季后才落实到位。

**3. 工程质量**

防治水工程质量均符合设计要求。

**【培训要点】**

防治水工程质量与工程应达到井上下防治水应符合《煤矿防治水细则》要求，严格按照工程方案设计及安全措施施工。井下防水闸门、防水闸墙、探放水、堵水、疏水、排水、截水等工程设计、工程质量、竣工验收、记录、台账等，均符合标准或设计要求。

**4. 疏干带压开采**

用物探和钻探等手段查明疏干、带压开采工作面隐伏构造、构造破碎带及其含（导）水情况，制定防治水措施。

**【培训要点】**

（1）煤层（组）顶板导水裂隙带范围内分布有富水性强的含水层时，进行疏干开采，但应做到垮落带与导水裂隙带最大高度可根据《建筑物、水体、铁路及主要井巷煤柱留设与压煤开采规范》中的有关公式计算和现场实测等方法综合确定。被松散富水性强的含水层覆盖且浅埋的缓倾斜煤层需要疏干开采时，应进行专门的水文地质勘探或补充勘探，以查明水文地质条件，并根据勘探评价成果确定疏干地段、制定疏干方案，经煤矿总工程师审批同意后执行。

（2）疏干开采半固结或者较松散的古近系、新近系含水层覆盖的煤层时，开采前应当遵守下列规定：查明流砂层的分布条件，研究其相变及成因；查明流砂层的富水性、水理性，预计涌水量和预测可疏干性，建立动态观测网，观测疏干速度和疏干半径；在疏干开采试验中，应当观测研究导水裂隙带发育高度，水砂分离方法，跑砂休止角，巷道开口时溃水溃砂的最小垂直距离，钻孔超前探放水安全距离等；研究溃水溃砂引起地面塌陷的预测及处理方法。如果煤层顶板受开采破坏后，其导水裂隙带波及范围内存在富水性强的含水层（体），在掘进、回采前，应当对含水层采取超前疏干措施；进行专门水文地质勘探和试验，选定疏干方式和方法，综合评价开采条件和技术经济合理性。疏干方案由煤矿总工程师审定。

（3）带压开采的矿井应做到：带压开采的矿井应编制安全措施或防止淹井措施，并经煤矿总工程师批准。带压开采工作面采用物探、化探、钻探手段查明隐伏构造、构造破碎带及其含水（导）情况，并提出防范措施。带压开采的水平或采区，应按规定构筑防水闸门，每年进行2次防水闸门关闭试验，编制试验报告，并经矿总工程师签字确认。不具备构筑防水闸门条件的矿井，应有防治水安全技术措施；实施局部底板注浆改造的矿井应当编制专门设计，在有充分防范措施的条件下进行试采，并编制专门的防淹井措施，由煤矿总工程师批准。

（4）无论是疏干开采方案，还是带压开采措施，在满足原预测正常涌水量与最大涌水量动力排水系统的基础上，增建必要的强排泵房与动力排水系统；必须保障具备强排能力达2~5倍最大用水量的动力排水系统，提升防治水安全防范能力。

**5. 辅助工程**

（1）积水能够及时排出。

（2）按规定及时清理水仓、水沟，保证排水畅通。

**（三）水害预警**

对断层水、煤层顶底板水、陷落柱水、地表水等威胁矿井生产的各种水害进行检测、诊断，发现异常及时预警预控。

【培训要点】

（1）对矿井构成威胁的断层突水、煤层顶底板突水、陷落柱突水、地表溃水等各种水害监测检测、诊断分析、隐患排查、超前治理，构建适宜的安全预控管理模式。水文地质条件复杂及以上的矿井，要保证水情、水害监测系统齐全，设备运行状态良好。

（2）受地表水害威胁或井口标高低于最高洪水位的，除采取可靠的防治水工程措施外，还要构建与气象、水利、防汛等部门的沟通协调渠道，关注灾害性天气预报、暴雨洪水灾害性信息，掌握汛情、水情，建立灾害性天气预警和预防机制，构建灾害性天气预警预控管理系统。受地表溃水、煤层顶底板突水、老空突水、相邻煤矿突水等水害威胁的矿井，除采取可靠的防治水工程措施外，还要做好涌水量的水情动态变化观测分析，分别做好矿井、采区、采掘工作面涌水量观测、预测、预控管理工作，根据水害威胁程度构建适宜的涌水量在线观测预警控制系统；水文地质条件复杂或有突水淹井危险的矿井除满足原有排水系统要求外，还要构筑防水闸门或增建抗灾强排的预警预控潜水电泵排水系统，提升矿井水害防范能力。断层突水、陷落柱突水、强含水层带压开采突水等水害威胁的矿井，除建立适宜的涌水量在线监测预警预控管理系统外，在主要含水层地下水补给来源方向建立水位（水压）长期观测孔，做好地下水（水压）动态观察分析，找出矿井涌水来源的渠道与规律，分析研究地下水降深与矿井突水的关系，构建与水害有关的地下水位在线动态监测预警预控系统。

## 五、煤矿防治冲击地压标准

### （一）基础管理

（1）建立冲击地压防治安全技术管理制度、冲击地压防治培训制度、冲击地压事故报告制度，建立实时预警、处置调度和处理结果反馈制度。

（2）冲击地压矿井每周召开 1 次防冲分析会，防冲技术人员每天对防冲工作分析 1 次。

【培训要点】

（1）冲击地压矿井应当有专门的防治冲击地压（以下简称防冲）机构，负责冲击地压防治工作，并配备专职防冲专业人员与专职施工队伍。冲击地压矿井应当完善各项防冲管理制度（包括冲击危险性预测分析、监测预警、防范合理、安全防护、检查验收等防冲管理制度），明确各级管理人员岗位责任制，有序开展防冲工作（冲击地压矿井防治机构配备专职人员不少于 8 人，严重冲击地压矿井防治机构配备专职人员不少于 10 人；其中，工程技术人员不少于 50%；有满足冲击地压防治工作需要的专职或者专业施工队伍）。

（2）冲击地压矿井要建立防冲会议分析排查治理工作制度、防冲培训制度。

## （二）防冲技术

### 1. 技术支撑

（1）按规定进行煤岩层冲击倾向性鉴定，开采具有冲击倾向性的煤层，应进行冲击危险性评价。

（2）冲击地压矿井应编制中长期防冲规划与年度防冲计划。

（3）按规定编制防冲专项设计，按程序进行审批。

（4）冲击危险性预警指标按规定审批。

（5）有冲击地压危险的采掘工作面有防冲安全技术措施并按规定及时审批。

【培训要点】

（1）冲击倾向性是指煤（岩）体是否能够发生冲击地压的自然属性，可以通过实验室测试鉴定。煤岩冲击倾向性是评价煤矿冲击地压发生危险的主要依据，开采具有冲击倾向性的煤层具有极大的危险性，但冲击地压危险状态不尽相同。为保证安全生产，对于不同危险状态的矿井，应具有不同的防冲对策，所以必须进行冲击危险性评价。

（2）冲击地压矿井中长期规划应当评价拟开采区域的冲击危险性，划分冲击危险区域，明确冲击地压防治技术措施。冲击地压矿井年度防冲计划应确定年度采掘范围内冲击地压危险区域，制定有针对性的局部防冲专项措施。

（3）有冲击危险的采掘工作面必须编制防冲安全技术措施，防冲安全技术措施应当包括区域冲击危险性评价与区域划分，地质构造说明与简明图标，周边（包括上下层）开采位置及其影响范围，掘进与采煤方法及工艺，巷道及采煤工作面的支护、爆破作业制度，冲击地压防治措施及发生冲击地压。

### 2. 监测预警

（1）建立冲击地压区域监测和局部监测系统，实时监测冲击危险性。

（2）区域监测系统应覆盖矿井所有采掘区域，局部监测应覆盖冲击地压危险区域的采掘地点和煤（半煤岩）巷道、硐室等地点，经评价有冲击危险的采掘工作面应安装应力在线监测系统。

（3）监测系统运行正常，出现故障时及时处理。

（4）按规定确定冲击危险性预警临界指标，监测指标发现异常时，应采用钻屑法及时进行现场验证。

【培训要点】

（1）目前，预测检验方法有钻粉率指标法（钻屑法）、地音法、微震法等。区域监测主要有微震监测法。局部监测主要有钻屑法、应力监测法、电磁辐射监测法、地音监测法、地震层析成像法等。

（2）区域监测要合理布置微震探头位置，使监测范围覆盖整个冲击地压危险区域。冲击危险程度高的采掘工作面应安装应力在线监测系统。

（3）监测系统应运行稳定，确保数据传输连续，出现监测故障及时汇报，并采取处理措施。

（4）钻屑法不但可以作为常规检测手段，同时还可以作为检查验证手段。当其他监测指标发现异常时，应采用钻屑法及时进行现场验证。

### （三）防冲措施

#### 1. 区域防冲措施

冲击地压矿井开拓方式、采掘部署、开采顺序、煤柱留设、巷道布置、采煤工艺及开采保护层等符合规定；保护层采空区原则不留煤柱，留设煤柱时，按规定审批，并及时上图。

【培训要点】

（1）合理选择开拓方式和采掘部署：合理的开拓方式和正确的采掘部署对于避免形成高应力区（冲击源）有效防范冲击地压发生极为重要。

（2）开采顺序：当有断层和采空区时，应尽量采取自断层和采空区开始回采的顺序。此外，要避免相向采煤；回采线应尽量为直线，而且有规律地选择适宜的推采速度开采，一般情况下推采速度不宜过大。巷道布置原则：开采有冲击危险的煤层时，应尽量将主要巷道和硐室布置在底板中，回采巷道采用宽幅掘进；避免形成孤立煤柱。划定井田和采区时，应按计划合理开采，避免形成应力集中的孤立煤柱和不规则几何形状的井巷煤柱。采煤工艺：对于具有冲击危险的煤层应尽量选用长壁式开采、全部垮落法管理顶板；保护层开采时采空区原则上不留煤柱，需要留设煤柱时，要按规定审批，并在采掘工程平面图上标出。

#### 2. 局部防冲措施

（1）钻机等各类装备满足矿井防冲工作需要。

（2）实施钻孔卸压时，钻孔孔深、孔径、孔距等参数应在设计中明确规定，并制定防止打钻诱发冲击伤人的安全防护措施。

（3）实施爆破卸压时，装药方式、装药长度、装药量、封孔长度以及连线方式、起爆方式等参数应在设计中明确规定，并制定安全防护措施。

（4）实施煤层预注水时，注水方式、注水压力、注水时间等应在设计中明确规定。

（5）有冲击地压危险的采掘工作面推进速度应在作业规程中明确规定并执行。

（6）冲击地压危险工作面实施解危措施后，应进行效果检验。

【培训要点】

（1）配备满足防冲需要的各种钻具，主要用于施工煤（岩）层卸压钻孔、煤层注水钻孔、爆破卸压钻孔、钻屑检查钻孔、监测装置埋设钻孔等。

（2）钻孔卸压就是在具有冲击危险的煤体中钻大直径（约 100 mm）钻孔，钻孔后钻孔周围的煤体受压状态发生了变化，使煤体内应力降低，支撑压力分布发生变化，峰值位置向煤体深部转移。防冲专项设计中，必须明确卸压钻孔的孔径、孔深、间距、倾角等参数。采用钻孔卸压措施时，必须制定防止诱发冲击伤人的安全防护措施。

（3）卸压爆破就是在应力区附近打钻，在钻孔中装药爆破。其目的也是改变支撑压力带形状和减小峰值，实施爆破卸压时，装药方式、装药长度、装药量、封孔长度及连线方式、起爆方式等参数应在设计中明确规定，并明确躲炮时间和躲炮半径。

（4）煤层注水就是在工作面前方将高压水注入煤体，压裂煤体，破坏煤体结构，从而降低承载能力，降低压力，另外可降低煤体的弹性性能。实施煤层注水时，注水方式、注水压力、注水时间等应在设计中明确规定。

（5）减小开采强度是冲击地压治理的有效措施，冲击地压危险的工作面推进速度应在防冲专项设计和作业规程中明确规定并执行。

（6）冲击危险工作面实施解除冲击危险措施后，要利用钻屑监测法进行效果检验，检验无冲击危险后，方可进行采掘作业。

**（四）防护措施**

（1）爆破卸压作业的躲炮直线距离不小于 300 m，躲炮时间不小于 30 min。

（2）冲击危险区采取限员、限时措施，设置压风自救系统，设立醒目的防冲警示牌、防冲避灾路线图。

（3）评价为强冲击地压危险的区域不得存放备用材料和设备；巷道内杂物应清理干净，保持行走路线畅通；冲击地压危险区存放的设备、材料应采取固定措施，码放高度不应超过 0.8 m；大型设备、备用材料应存放在采掘应力集中区以外。

（4）冲击危险区各类管路应吊挂在巷道腰线以下，吊挂高度高于 1.2 m 的必须采取固定措施，电缆吊挂应留有垂度。

（5）U 型钢支架卡缆、螺栓等按规定采取防崩措施。

（6）加强冲击地压危险区巷道支护，采煤工作面两巷超前支护范围和支护强度符合作业规程规定。

（7）严重冲击地压危险区域采掘工作面作业人员佩戴个人防护装备。

**【培训要点】**

（1）冲击危险区域要执行限员、限时管理，人员准入人数、工作时间要在措施中明确规定。采煤工作面和顺槽超前 300 m 以内不得超过 16 人；顺槽长度不足 300 m 的，在顺槽与采区巷道交岔口以内不得超过 16 人；掘进工作面 200 m 范围内不得超过 9 人；掘进巷道长度不足 200 m 的，在工作面回风流与全风压风流混合处以内不得超过 9 人。

（2）冲击地压发生时，煤（岩）积聚弹性能突然释放形成强烈冲击波，可冲倒几十米内的风门、风墙等设施，可能引起瓦斯积聚或煤与瓦斯突出，有冲击倾向性的采掘工作面必须设置压风自救系统，明确发生冲击地压的避灾路线。

（3）采掘工作面的供电供液是采掘生产的动力源泉，必须妥善加以保管，一旦发生冲击地压就可能毁坏供电供液设备，使工作面停工停电，所以供电等设备应设置在采掘应力集中区外。危险区域内的其他设备、管线、物品等应采取固定措施，管路应吊挂在巷道腰线以下，以避免冲击地压发生时遭到破坏。

（4）冲击地压对井下巷道的影响主要是动力将煤岩抛向巷道空间内，破坏巷道周围煤岩结构及支护系统，造成工作面大量支柱折损诱发局部冒顶甚至大面积冒顶事故，所以采煤工作面必须加大上下出口和巷道超前支护的范围和强度。

**（五）基础资料**

（1）作业规程中防冲措施编制内容齐全、规范，图文清楚、保存完好，执行、考核记录齐全。

（2）建立钻孔、爆破、注水等施工参数台账，上图管理。

（3）现场作业记录齐全、真实、有据可查，报表、阶段性工作总结齐全、规范。

（4）建立冲击地压记录卡和统计表。

（5）冲击地压危险区域必须进行日常实时监测，并编制监测日报。

# 第12讲 质量控制：采煤

## 第25课 工作要求（风险管控）

### 一、基础管理

（1）有批准的采（盘）区设计，采（盘）区内同时生产的采煤工作面个数符合《煤矿安全规程》的规定；按规定编制采煤工作面作业规程。

【培训要点】

（1）采（盘）区设计，采（盘）区内同时生产的采煤工作面个数符合《煤矿安全规程》第九十五条相关规定；采（盘）区开采前必须按照生产布局和资源回收合理的要求编制采（盘）区设计，并严格按照采（盘）区设计组织施工，情况发生变化时及时修改设计。

（2）一个采（盘）区内同一煤层的一翼最多只能布置1个采煤工作面和2个煤（半煤岩）巷掘进工作面同时作业。一个采（盘）区内同一煤层双翼开采或者多煤层开采的，该采（盘）区最多只能布置2个采煤工作面和4个煤（半煤岩）巷掘进工作面同时作业。

（3）《煤矿安全规程》第九十六条规定：采煤工作面回采前必须编制作业规程。情况发生变化时，必须及时修改作业规程或者补充安全措施。

（4）作业规程和安全技术措施按照煤矿作业规程编制指南及企业的技术管理规定编制。同时在编制作业规程和制定措施时一定要体现年度和专项辨识成果的应用。

（2）持续提高采煤机械化、自动化、智能化水平。

【培训要点】

（1）条件许可时，持续提高采煤机械化水平。

（2）鼓励运用智能化开采技术。

（3）采用"一井一面"或"一井两面"生产模式。

【培训要点】

"一井一面"或"一井两面"生产模式的矿井生产系统是否实现了优化，简化了生产环节，实现了集约化生产。

（4）有支护质量、顶板动态监测制度，技术管理体系健全。

【培训要点】

建立健全技术管理体系，明确部门、人员的技术职责及管理流程。

生产矿井要求建立健全支护质量、顶板动态监测的相关制度，并有矿压观测分析机构，及时开展支护质量和顶板动态监测工作，对监测中发现的问题应进行分析，并及时采取切实可行的解决措施，保证安全生产，并做好各项记录。

## 二、质量与安全

（1）工作面的支护形式、支护参数符合作业规程要求。

【培训要点】

工作面的支护形式、支护参数必须符合作业规程要求，作业规程编制必须遵守《煤矿安全规程》相关规定。

（2）工作面出口畅通，进、回风巷支护完好，无失修巷道，巷道净断面满足通风、运输、行人、安全设施及设备安装、检修、施工的需要。

【培训要点】

采煤工作面的安全出口须满足《煤矿安全规程》第九十七条规定，冲击地压矿井的超前支护距离符合《防治煤矿冲击地压细则》相关规定。

（3）工作面通信、监测监控设备运行正常。

【培训要点】

采煤工作面语音通信系统、瓦斯监测系统及工作面集中控制站等监测监控系统应运转正常。

（1）语音通信应按规定设置，瓦斯探头应悬挂在规定位置。

（2）执行《煤矿安全规程》第一百二十一条规定，使用刮板输送机运输时，采煤工作面刮板输送机必须安设能发出停止、启动信号和通信的装置，发出信号点的间距不得超过 15 m。

（3）《煤矿安全规程》第四百九十九条规定，井下下列地点必须设置甲烷传感器：采煤工作面及其回风巷和回风隅角，高瓦斯和突出矿井采煤工作面回风巷长度大于 1000 m 时回风巷中部。

（4）工作面安全防护设施和安全措施符合规定。

【培训要点】

工作面安全防护设施和安全措施主要包括煤矿机电设备完好标准、综合完好率、安全防护装置可靠性等。

煤矿各种机械设备状态是决定设备能否安全运行的关键，煤矿各种机械设备均应在完好状态下运行，其各种保护、保险及安全防护装置应齐全、灵敏、有效、可靠。

## 三、机电设备

（1）设备能力匹配，系统无制约因素。

【培训要点】

综采工作面三机配套，采煤机选型合理，是实现安全高效生产的关键。采煤工作面各工序、各设备间的能力相互匹配，并应在作业规程中进行验算，不得出现能力不匹配、制约生产能力发挥的设备与因素。

采煤机截齿和截深，应根据煤层截割难易程度和特点确定；截割功率、行走功率，应根据煤层硬度、倾角和设计的采煤机最大牵引速度等参数计算后确定。刮板输送机运输能力满足生产能力的需要；液压支架满足支护顶板和推移设备的需要。

（2）设备完好，保护齐全。

【培训要点】

主要规定了工作面设备必须完好，完好率符合机电设备完好标准；设备的各类保护齐全、灵敏、可靠。

（3）乳化液泵站压力和乳化液浓度符合要求，并有现场检测手段。

【培训要点】

遵守《煤矿安全规程》第一百一十四条规定，采用综合机械化采煤时，乳化液的配制、水质、配比等，必须符合有关要求。泵箱应当设自动给液装置，防止吸空。

乳化液泵站完好，综采工作面乳化液浓度为3%～5%、压力不小于30 MPa，炮采、高档普采工作面乳化液浓度为2%～3%、压力不小于18 MPa；每班至少检测2次乳化液配比浓度是否符合要求；现场有检测工具。

## 四、职工素质及岗位规范

（1）严格执行本岗位安全生产责任制。

【培训要点】

建立健全各岗位安全生产责任制，符合相关法律和《煤矿安全规程》第四条相关条款的要求；责任制中应明确安全风险管控、隐患排查和职业健康的内容，并严格执行。

（2）管理人员、技术人员掌握相关的岗位职责、管理制度、技术措施，作业人员掌握本岗位相应的操作规程、安全措施。

**【培训要点】**

煤矿管理人员、技术人员掌握采煤工作面作业规程，作业人员熟知本岗位操作规程、作业规程和安全技术措施相关内容的要求。

作业人员应掌握本岗位操作规程、作业规程相关内容和安全技术措施，作业过程中必须严格落实规程措施的要求。

（3）现场作业人员操作规范，无"三违"行为，作业前进行岗位安全风险辨识及安全确认。

**【培训要点】**

煤矿所有从业人员必须操作规范，作业过程中杜绝"三违"，并遵守《煤矿安全规程》第八条相关要求。

作业人员进入采煤工作面作业前首先要进行安全确认，在确认作业环境、设备、设施等安全后，方可进行作业。各煤矿企业可以制定自己的安全确认形式，确认内容具体、全面。

## 五、文明生产

（1）作业场所卫生整洁，照明符合规定。

**【培训要点】**

采煤作业场所卫生面貌主要包括：作业场所卫生整洁，包括巷道及硐室底板平整，无浮渣及杂物、无淤泥、无积水，管路、设备无积尘。

照明要符合《煤矿安全规程》第四百六十九条第六款规定。

（2）工具、材料等摆放整齐，管线吊挂规范，图牌板内容齐全、准确、清晰。

## 六、发展提升

推进智能化建设，保障安全生产。

# 第26课　标　准　要　求

## 一、基础管理

**1. 监测**

（1）采煤工作面实行顶板动态和支护质量监测；进、回风巷实行围岩变形观测，锚杆支护有顶板离层监测。

（2）监测观测有记录，记录数据符合实际。

（3）异常情况有处理意见并落实。

（4）对观测数据进行规律分析，有分析结果。

【培训要点】

采煤工作面观测内容包括日常支架（支柱）支护质量动态监测、巷道变形离层观测、顶板活动规律分析等。工作面观测方法通过安装矿压观测仪器、仪表，或利用在线监测仪，或收集顶板动态观测记录仪的存储数据来完成。作业规程中应说明矿压观测仪器的安设位置、观测方式、观测时段，生产过程中有记录、有分析。

两巷的观测：架棚巷道以围岩监测为主，锚杆支护巷道在掘进时必须安设顶板离层指示仪，并进行围岩监测，回采过程中记录观测数据。

（1）工作面两顺槽架棚支护形式：围岩监测记录；其他支护形式：顶板离层及围岩监测记录。

（2）工作面支护质量检测及顶板动态监测记录。

（3）监测数据的分析及应用。

（4）监测数据发生较大变化时应立即组织分析。

**2. 规程措施**

（1）作业规程符合《煤矿安全规程》等要求；采煤工作面地质条件发生变化时，及时修改作业规程或补充安全技术措施。

（2）矿总工程师至少每两个月组织对作业规程及贯彻实施情况进行复审，且有复审意见。

（3）工作面安装、初次放顶、强制放顶、收尾、回撤、过地质构造带、过老巷、过煤柱、过冒顶区、过钻孔、过陷落柱等，以及托伪顶开采时，制定安全技术措施并组织实施。

（4）作业规程中支护方式的选择、支护强度的计算有依据。

（5）作业规程中各种附图完整规范。

（6）放顶煤开采工作面开采设计制定有防瓦斯、防灭火、防水等灾害治理专项安全技术措施，并按规定进行审批和验收。

【培训要点】

（1）作业规程是指导采煤工作面安全回采的基础性技术文件，必须符合《煤矿安全规程》和技术规范的要求。作业规程应在采煤工作面试生产 10d 前审批完毕并贯彻到每个职工，试生产前考试完毕并签字留存。

（2）由总工程师或技术负责人组织做好作业规程的编制、审批、贯彻、落实、管理等各个环节的工作。

（3）作业规程的复审是确保作业规程能否有效指导采煤工作面安全生产，

是否需要及时增补安全技术措施的关键。煤矿企业由总工程师负责组织做好作业规程的审批工作。作业规程复审每 2 个月至少 1 次。当采煤工作面开采条件出现重大变化时，应及时复审，且有复审意见，并根据复审情况决定是否编写补充安全技术措施。

（4）安全技术措施是对作业规程的有效补充。采煤工作面安装、初次放顶、收尾、回撤、过地质构造带、过老巷、过煤柱、过冒顶区以及托伪顶开采时，如原作业规程中没有相关内容，需制定专项安全技术措施。当采煤工作面开采条件出现重大变化，作业规程无法有效指导安全生产时，应及时编制补充安全技术措施。安全技术措施的审批程序、权限应符合有关规定。

（5）作业规程中工作面支护设计一般采用顶底板控制设计专家系统或经验公式进行设计，选择支架的支护强度应大于采场最大压力，支架的工作阻力应满足要求。

（6）放顶煤开采的工作面要有上级集团公司（市级以上煤炭管理部门）的设计批复和验收文件。

（7）工作面初采初放、撤除、遇构造带、过老巷、改变支护形式、工艺等编制的安全技术措施。

**3. 管理制度**

（1）有工作面顶板管理制度，有支护质量检查、顶板动态监测和分析制度。

（2）有采煤作业规程编制、审批、复审、贯彻、实施制度。

（3）有工作面机械设备检修保养制度，乳化液泵站管理制度，文明生产管理制度，工作面支护材料、设备、配件备用制度等。

【培训要点】

（1）根据《煤矿安全规程》第四条规定，煤矿企业必须加强安全管理，建立健全各级负责人、各部门、各岗位安全生产责任制。制定单位的作业规程、操作规程及其编制、审批、复审、贯彻和实施制度。建立各种设备、设施检查维修制度，定期进行检查维修，并做好记录。

（2）煤矿企业有完善顶板管理制度和巷道维修制度，顶板支护质量、顶板动态监测和分析制度。变化管理制度指不在正规作业标准涵盖范围的作业项目，要超前安排、超前部署，制定超前防范措施。

（3）煤矿企业建立技术措施审批、培训，安全检查制度，事故隐患排查、治理、报告制度等。

（4）有工作面机电设备检修保养制度、乳化液泵站管理制度、文明生产管理制度，有工作面支护材料及设备配件备用制度等，对设备检修周期和使用情况及材料配件管理有明确的管理制度。

**4. 支护材料**

支护材料有管理台账，单体液压支柱完好，使用 8 个月应进行检修和压力试验，记录齐全；现场备用支护材料和备件符合作业规程要求。

【培训要点】

（1）支护材料管理台账。备用支护材料应符合煤矿安全规程的相关规定。

（2）单体滚压支柱管理及检修和试压记录。

（3）现场备用的支护材料和备件的规格、型号、数量等技术参数应符合作业规程要求，并和地面台账一致。

（4）单体液压支柱完好应符合《煤矿安全规程》第一百条的相关规定。

**5. 采煤机械化**

采煤工作面采用机械化开采。

【培训要点】

综采机械化程度直接反映了矿井的工艺水平、管理水平和安全可靠程度。综合机械化采煤工艺是煤矿的主要发展方向。

**6. 优化系统**

采用"一井一面"或"一井两面"生产模式。

## 二、质量与安全

**1. 顶板管理**

（1）工作面液压支架初撑力不低于额定值的 80%，现场每台支架有检测仪表；单体液压支柱初撑力符合《煤矿安全规程》要求。

【培训要点】

（1）液压支架（或单体液压支柱）的初撑力是保证采煤工作面顶板控制安全的关键，初撑力不低于额定值的 80%。

综采工作面必须装备支架工作阻力监测系统；单体液压支柱工作面必须建立单体液压支柱阻力监测制度。

（2）单体支柱符合《煤矿安全规程》第一百零一条的规定：采煤工作面必须及时支护，严禁空顶作业。所有支架必须架设牢固，并有防倒措施。严禁在浮煤或者浮矸上架设支架。单体液压支柱的初撑力，柱径为 100 mm 的不得小于 90 kN，柱径为 80 mm 的不得小于 60 kN。对于软岩条件下初撑力确实达不到要求的，在制定措施满足安全的条件下，必须经矿总工程师审批。

（2）工作面支架中心距（支柱间排距）偏差不超过 100 mm，侧护板正常使用，架间间隙不超过 100 mm（单体支柱间距偏差不超过 100 mm）；支架（支柱）不超高使用，支架（支柱）高度与采高相匹配，控制在作业规程规定的范围内，支架的活柱行程余量不小于 200 mm（企业特殊定制支架、支柱以其技术指标为准）。

【培训要点】

（1）综采工作面支架（或单体液压支柱）的布置符合《煤矿安全规程》及本标准要求。支架中心距（支柱间排距）过大容易造成架间窜矸，达不到设计的支护强度；过小容易挤死支架，单体液压支柱还影响工作面操作空间。架间间隙要求高于旧标准。

（2）设计支架最高应大于采高 200 mm 以上。支架活柱行程要求是为防止压死支架；工作面单体液压支柱的使用也类似于支架。

（3）液压支架接顶严实，相邻支架（支柱）顶梁平整，无明显错茬（不超过顶梁侧护板高的 2/3），支架不挤不咬；采高大于 3.0 m 或片帮严重时，应有防片帮措施；支架前梁（伸缩梁）梁端至煤壁顶板垮落高度不大于 300 mm。高档普采（炮采）工作面机道梁端至煤壁顶板垮落高度不大于 200 mm，超过 200 mm 时采取有效措施。

【培训要点】

（1）接顶严实是发挥支架支护性能的关键，顶梁平整可保证支架处于良好受力状态。

（2）综采工作面液压支架错茬不大于侧护板高的 2/3，不得出现挤架、咬架现象，防止发生架间冒顶或超前冒顶事故。

（3）工作面采高较大时，面前压力也相应增大，很容易造成煤壁片帮和超期冒顶。因此要求当采高超过 3 m 或煤壁片帮严重时，液压支架必须设护帮板，并坚持使用。采高超过 4.5 m 时必须采取防片帮伤人的措施。

（4）工作面支架前梁梁端（机道梁端）至煤壁冒落高度符合要求。

（4）支架顶梁与顶板平行，最大仰俯角不大于 7°（遇断层、构造带、应力集中区在保证支护强度条件下，应满足作业规程或专项安全措施要求）；支架垂直顶底板，歪斜角不大于 5°；支柱迎山角符合作业规程规定。

【培训要点】

（1）支架顶梁与顶板不平行，造成支架接顶不实，不能有效支护顶板，造成冒顶事故；支架不垂直顶底板，易造成支架顶梁由面接触变成线接触，影响支护效果。

（2）采用高档普采的工作面，支柱的仰角、俯角（迎山角）在作业规程中应明确规定。

（3）采煤工作面仰角、俯角是否控制在 7°以内。

（5）工作面液压支架（支柱顶梁）端面距符合作业规程规定。工作面"三直一平"，液压支架（支柱）排成一条直线，其偏差不超过 50 mm。工作面伞檐长度大于 1 m 时，其最大突出部分，薄煤层不超过 150 mm，中厚以上煤层不超过 200 mm；伞檐长度在 1m 及以下时，最突出部分薄煤层不超过 200 mm，中厚煤层不超过 250 mm。

【培训要点】

合适的端面距可有效地控制煤壁顶板，防止漏顶窜矸，明确规定了采煤工作面支架端面距偏差不超过 50 mm。严格控制伞檐可防止片帮伤人、砸坏设备及线缆，明确规定了不同采高的采煤工作面允许出现的伞檐尺寸。

（6）工作面内液压支架（支柱）编号管理，牌号清晰。

（7）工作面内特殊支护齐全；进回风巷工作面端头处及时退锚；顶板不垮落、悬顶距离超过作业规程规定的，停止采煤，采取人工强制放顶或者其他措施进行处理。

（8）不随意留顶煤、底煤开采，留顶煤、托夹矸开采时，制定专项措施。

（9）工作面因顶板破碎或分层开采，需要铺设假顶时，按照作业规程的规定执行。

（10）工作面控顶范围内顶底板移近量按采高不大于 100 mm/m；底板松软时，支柱应穿柱鞋，钻底小于 100 mm；工作面顶板不应出现台阶式下沉。

（11）坚持开展工作面工程质量、顶板管理、规程落实情况的班评估工作，记录齐全，并放置在井下指定地点。

**2. 安全出口与端头支护**

（1）工作面安全出口畅通，人行道宽度不小于 0.8 m，综采（放）工作面安全出口高度不低于 1.8 m，其他工作面不低于 1.6 m。工作面两端第一组支架与巷道支护间净距不大于 0.5 m，单体支柱初撑力符合《煤矿安全规程》规定。

【培训要点】

（1）采煤工作面上下出口是巷道与工作面衔接的重要地点，也是矿压显现强烈和事故易发地段。安全出口的标准应符合《煤矿安全规程》第九十七条的规定，对采煤工作面上下出口的宽度、高度做了明确规定，保证出口通道畅通；对端头支架与巷道支护的间距提出了要求，以保证出口的顶板支护安全。并鼓励、推广使用端头支架或其他先进有效的支护形式。

（2）单体支柱符合《煤矿安全规程》第一百零一条对初撑力的规定：柱径为 100 mm 的不得小于 90 kN，柱径为 80 mm 的不得小于 60 kN。对于软岩条件下初撑力确实达不到要求的，在制定措施、满足安全的条件下，必须经矿总工程师审批。工作面上下出口畅通、无杂物。

（2）冲击地压矿井使用工作面端头支架、两巷超前支护液压支架和吸能装置。

【培训要点】

（1）工作面端头空顶面积大、应力集中，端头支架具有支护强度高、支护面积大的特点，冲击地压矿井和条件适宜的其他矿井应采用端头支架和两巷超前支护液压支架能满足端头和两巷支护的特殊要求。

（2）各地区、各煤炭企业应结合本地区或本企业条件实施，放顶煤开采的工作面和采高达到 3 m 的一次采全高工作面为条件适宜。

（3）进、回风巷超前支护距离不小于 20 m，支柱柱距、排距允许偏差不大于 100 mm，支护形式符合作业规程规定；进、回风巷与工作面放顶线放齐（沿空留巷除外），控顶距应在作业规程中规定；挡矸有效。

【培训要点】

（1）超前支护主要是通过提高采煤工作面超前压力范围内的巷道支护强度，减少巷道变形量，确保上下安全出口的高度、宽度符合规定，超前支护的距离应根据超前压力的实测数据确定，但不应小于 20 m，超前支护布置形式在作业规程中要明确规定；冲击地压矿井的超前支护应符合冲击地压矿井对超前支护的规定。

（2）采煤工作面上下出口管理是安全管理的重点，进、回风巷必须与采煤工作面放顶线放齐，主要是防止上、下隅角过大造成空顶距大、矿压集中，从而造成采煤工作面上、下出口顶板管理困难，同时防止瓦斯积聚。

（3）采煤工作面控顶距应在作业规程中做出明确规定，作业现场应与作业规程中的规定一致。采煤工作面切顶线侧挡矸应有效，无窜矸现象，沿空留巷除外。

（4）架棚巷道采用超前替棚的，超前替棚距离，锚杆、锚索支护巷道退锚距离符合作业规程规定。

【培训要点】

（1）架棚巷道超前替换、锚杆（索）巷道退锚主要是为了方便采煤工作面上下出口回撤巷道支架，保证工作面出口安全。

（2）若超前替换距采煤工作面过近，替换作业时有可能与工作面作业相互干涉，并危及出口安全，故在作业规程中对超前替换和退锚距离做出明确规定，并制定相关的安全技术措施。

**3. 安全设施**

（1）各转载点有喷雾降尘装置，带式输送机机头、乳化液泵站、配电点等场所消防设施齐全。

（2）设备转动外露部位、溜煤眼及煤仓上口等人员通过的地点有可靠的安全防护设施。

（3）单体液压支柱有防倒措施；工作面倾角大于 15°时，液压支架有防倒、防滑措施，其他设备有防滑措施；倾角大于 25°时，有防止煤（矸）窜出伤人的措施。

（4）行人通过的刮板输送机机尾设盖板；带式输送机行人跨越处有过桥；工作面刮板输送机信号闭锁符合要求。

【培训要点】

（1）明确刮板输送机机尾设置盖板；带式输送机需安设行人过桥，过桥应有扶手，且能顺利通过行人。

（2）使用刮板输送机运输时，采煤工作面刮板输送机必须安设能发出停止、起动信号和通信的装置，发出信号点的间距不得超过 15 m。

（5）破碎机安全防护装置齐全有效。

【培训要点】

（1）破碎机入口前安装急停闭锁装置，没封闭的破碎机需设有效的安全防护装置，避免伤人。

（2）采用综合机械化采煤时，必须遵守"工作面转载机配有破碎机时，必须有安全防护装置"的规定。

## 三、机电设备

### 1. 设备选型

1）支护装备（泵站、支架及支柱）满足设计要求

【培训要点】

（1）液压支架（单体支柱）是保证采煤工作面支护安全的基础，其规格、型号的选择必须与煤层厚度（设计采高）、倾角、顶底板特性等开采条件相适应。

（2）支护应有计算过程，支架的工作阻力应满足要求。乳化液泵的完好和供液质量，是保证采煤工作面设备与支护安全的基础，也是满足工作面支架（支柱）支护顶板和推移设备的需要。

（3）编制支护设计说明书。

2）生产装备选型、配套合理，满足设计生产能力需要

【培训要点】

（1）生产设备选型是实现安全高效生产的关键。采煤机截齿的选择，应根据煤层截割难易程度和特点进行确定；截割功率、行走功率的选择，应根据煤层硬度、倾角和设计的采煤机最大牵引速度等参数，经过计算后再确定。

（2）采煤工作面各工序、各设备间的能力应相互匹配，并应在作业规程中有验算过程，不得出现能力不匹配、制约生产能力发挥的因素。

（3）编制设备选型设计说明书。

3）电气设备满足生产、支护装备安全运行的需要

【培训要点】

（1）组合开关、电缆等的技术参数要满足设备安全运行的需要。

（2）设备选型和配套资料。

（3）电气设备符合煤矿安全要求，本质安全。

**2. 设备管理**

1）泵站

（1）乳化液泵站完好，乳化液泵站压力综采（放）工作面不小于 30 MPa，炮采、高档普采工作面不小于 18 MPa，乳化液（浓缩液）浓度符合产品技术标准要求，并在作业规程中明确规定。

（2）液压系统无漏、窜液，部件无缺损，管路无挤压，连接销使用规范；注液枪完好，控制阀有效。

（3）采用电液阀控制时，净化水装置运行正常，水质、水量满足要求。

（4）各种液压设备及辅件合格、齐全、完好，控制阀有效，耐压等级符合要求，操纵阀手把有限位装置。

【培训要点】

（1）综采工作面投入使用前，应对配液用水、乳化油进行化验，保证乳化液质量源头达标。水质不合格时，应对井下配液用水加装软化、净化装置。

（2）现场对乳化液浓度进行测量，必须达到 3% ~5% 要求。当采用浓缩液时，应按产品使用说明执行。泵站司机必须熟知糖量仪使用方法，熟知乳化油的换算系数。

（3）现场需有乳化液浓度自检台账，每班检查次数不少于 2 次。

（4）智能型乳化液泵站控制系统显示屏参数（液位、浓度）显示正常，浓度显示值与实际测量值误差范围不能超过 ±0.5。

（5）乳化液泵压力表齐全，显示正常。

（6）乳化液泵站各连接管路、接头不得存在滴、漏液现象。

（7）支架操作阀手把有限位装置，防止误操作。

（8）泵站各项管理制度和岗位责任制健全。

（9）消防设施齐全有效，管理到位。

2）采（刨）煤机

（1）采（刨）煤机完好。

（2）采煤机有停止工作面刮板输送机的闭锁装置。

（3）采（刨）煤机设置甲烷断电仪或者便携式甲烷检测报警仪，且灵敏可靠。

（4）采（刨）煤机截齿、喷雾装置、冷却系统符合规定，内外喷雾有效。

（5）采（刨）煤机电气保护齐全可靠。

（6）刨煤机工作面至少每隔30 m装设能随时停止刨头和刮板输送机的装置或向刨煤机司机发送信号的装置；有刨头位置指示器。

（7）大中型采煤机使用软启动控制装置。

（8）采煤机具备遥控功能。

【培训要点】

（1）滚筒截齿数量齐全，截齿合金头磨损严重情况下应及时更换。

（2）采煤机摇臂位于水平位置时，油位应达到油表中间位置，注油口应保持清洁通畅，不得出现渗、漏油。

（3）采煤机电控系统显示屏完好，显示正常；调高泵站、冷却水压力表显示正常，不得出现破损、损坏现象。

（4）采煤机具备与刮板输送机实现闭锁功能，并配备瓦斯断电装置。采煤机停电的情况下瓦斯监测仪有显示的功能（供电时间不低于2 h）。采煤机检修时，应该闭锁刮板输送机，打开隔离，打开截割电机离合手把。

（5）采煤机专用电缆不能冷却，电缆之间不应有接线盒。

（6）采煤工作面刮板输送机必须安设能发出停止、起动信号和通信的装置，发出信号点的间距不得超过15 m。

3）刮板输送机、转载机、破碎机

（1）刮板输送机、转载机、破碎机完好。

（2）使用刨煤机采煤、工作面倾角大于12°时，配套的刮板输送机装设防滑、锚固装置。

（3）刮板输送机机头、机尾固定可靠。

（4）刮板输送机、转载机、破碎机的减速器与电动机软连接或采用软启动控制，液力偶合器不使用可燃性传动介质（调速型液力偶合器不受此限），使用合格的易熔塞和防爆片。

（5）刮板输送机安设能发出停止和启动信号的装置。

（6）刮板输送机、转载机、破碎机电气保护齐全可靠，电动机采用水冷方式时，水量、水压符合要求。

【培训要点】

（1）刮板输送机、转载机溜槽无开焊、断裂；刮板不短缺，无断链、跳链现象；铲煤板、挡煤板和电缆架完好。

（2）刮板输送机、转载机、破碎机动力部上方加装防水、防尘装置。

（3）刮板输送机的机头、机尾必须固定可靠，防止运行过程中移动伤及周围操作人员。

（4）刮板输送机起动有预警装置，安设发出停止和起动信号的装置，发出信号点的间距不得超过 15 m。

（5）减速器、电动机冷却进出口保持清洁畅通。

（6）减速器无渗漏油现象，注油嘴清洁畅通。

4）带式输送机

（1）带式输送机完好，机架、托辊齐全完好，输送带不跑偏。

（2）带式输送机电气保护齐全可靠。

（3）带式输送机的减速器与电动机采用软连接或软启动控制，液力偶合器不使用可燃性传动介质（调速型液力偶合器不受此限），并使用合格的易熔塞和防爆片。

（4）使用阻燃、抗静电输送带，有防打滑、防堆煤、防跑偏、防撕裂保护装置，有温度、烟雾监测装置，有自动洒水装置。

（5）带式输送机机头、机尾固定牢固，机头有防护栏，有消防设施，机尾使用挡煤板，有防护罩。在大于 16°的斜巷中带式输送机设置防护网，并采取防止物料下滑、滚落等安全措施。

（6）连续运输系统有连锁、闭锁控制装置，机头、机尾及全线安设通信和信号装置，安设间距不超过 200 m。

（7）上运式带式输送机装设防逆转装置和制动装置，下运式带式输送机装设软制动装置和防超速保护装置。

（8）带式输送机安设沿线有效的急停装置。

（9）带式输送机系统宜采用无人值守集中综合智能控制方式。

【培训要点】

（1）带式输送机的"四保护"（防堆煤，防打滑，防跑偏，防撕裂）和"两装置"（温度、烟雾监测装置和自动洒水装置）齐全有效。

（2）带式输送机机头防护网齐全，传动部要求设有保护栅栏，警示标识齐全。

（3）带式输送机机头电动机、减速器冷却水嘴清洁畅通。

（4）带式输送机机尾清扫器完好有效，机尾缓冲托辊齐全完好，缓冲架无变形、损坏，机尾滚筒运转正常并且有护罩，护罩完好紧固。自移机尾装置各千斤顶、操作阀灵活可靠，无窜液、漏液现象。

（5）减速器无渗漏油现象，注油嘴清洁畅通。

（6）液力耦合器具有两项保护：一是温度保护，用易熔塞实现；二是压力保护，用防爆片实现。

（7）皮带接口处无毛边，接口（卡口）完好，无坏针。

（8）带式输送机沿线每隔100 m应设有拉线急停装置，拉线急停灵敏可靠，急停拉线严禁用铁丝代替。

（9）机架编号管理。

（5）辅助运输设备完好，制动可靠，安设符合要求，声光信号齐全；轨道铺设符合要求；钢丝绳及其使用符合《煤矿安全规程》要求，检验合格。

（6）通信系统畅通可靠，工作面每隔15 m及变电站、乳化液泵站、各转载点有语音通信装置；监测、监控设备运行正常，安设位置符合规定。

（7）小型电器排列整齐，干净整洁，性能完好；机电设备表面干净，无浮煤积尘；移动变电站完好；接地线安设规范；开关上架，电气设备不被淋水；移动电缆有吊挂、拖曳装置。

【培训要点】

（1）机电设备表面干净、无浮煤积尘是为防止设备因外部损坏、防爆面损伤或沾污防爆面造成防爆性能降低导致设备失爆。

（2）安设接地线，接地线安装是否符合要求。

（3）当设备、电缆淋水容易造成设备、电缆受潮，导致绝缘性能降低，当设备发生接地或电缆外皮损坏时，容易漏电。

（4）移动电缆有吊挂、拖拽装置是为了避免因挤压、撞击损坏电缆，影响使用安全。

## 四、职工素质及岗位规范

### 1. 管理技术人员

区（队）管理和技术人员掌握相关的岗位职责、管理制度、技术措施。

### 2. 作业人员

班组长及现场作业人员严格执行本岗位安全生产责任制；掌握本岗位相应的操作规程、安全措施；规范操作，无"三违"行为；作业前进行岗位安全风险辨识及安全确认；零星工程施工有针对性措施、有管理人员跟班。

## 五、文明生产

（1）电缆、管线吊挂整齐，泵站、休息地点、油脂库、带式输送机机头和机尾等场所有照明；图牌板（工作面布置图、设备布置图、通风系统图、监测通信系统图、供电系统图、工作面支护示意图、正规作业循环图表、避灾路线图，炮采工作面增设的炮眼布置图、爆破说明书等）齐全，清晰整洁；巷道每隔 100 m 设置醒目的里程标志。

（2）进、回风巷支护完整，无失修巷道；设备、物料与胶带、轨道等的安全距离符合规定，设备上方与顶板净距离不小于 0.3 m。

（3）巷道及硐室底板平整，无浮碴及杂物，无淤泥，无积水；管路、设备无积尘；物料分类码放整齐，有标志牌，设备、物料放置地点与通风设施距离大于 5 m。

（4）工作面内管路敷设整齐，液压支架内无浮煤、积矸，照明符合规定。

## 六、附加项

采用智能化采煤工作面，生产时作业人数不超过 5 人。

# 第 13 讲　质量控制：掘进

## 第 27 课　工作要求（风险管控）

### 一、生产组织

（1）煤巷、半煤岩巷宜采用综合机械化掘进，综合机械化程度不低于 50%，并持续提高机械化程度。

【培训要点】

综合机械化掘进技术就是系统地装配和组织掘进机、输送机和转载机等机械化设备来自动或半自动地高效率完成煤（岩）巷的掘进工作，同时在掘进的过程中辅以定向测量、定向掘进、定向运输、定向支护和有效除尘技术，系统性地组合以达到高产高效的最终效果。掘进机械化，是提高掘进单进，实现减头减面，减轻职工劳动强度，提高安全程度最有效的措施和手段。

综掘机械化程度是指生产矿井中机械化掘进进尺占掘进总进尺的比例。其计算公式如下：掘进装载机械化程度 ＝ 掘进装载机械工作面进尺 ÷ 掘进总进尺 ×100% 。

（2）掘进作业应组织正规循环作业，按循环作业图表进行施工。

【培训要点】

掘进作业应符合作业规程中的劳动组织，按照循环作业图表组织正规循环作业，使劳动组织更加科学合理、安全高效；正规循环率也是考核掘进效率的一个重要指标。

（3）采用机械化装运煤（矸），人工运输材料距离不超过 300 m。

【培训要点】

材料、设备运输采用机械运输可以有效减轻工人的劳动强度，也可以减少长距离搬运过程中容易出现的各种砸伤、挤伤以及注意力转移导致的其他工伤事故，因此规定了不超过 300 m 的人工运料距离。

（4）掘进队伍工种配备满足作业要求。

【培训要点】

掘进队伍工种的配备，应该满足掘进作业要求，管理人员能够满足跟班作业的要求。同时掘进队伍的管理人员、作业人员配备还须遵守《煤矿安全规程》第三十七条的规定："煤矿建设、施工单位必须设置项目管理机构，配备满足工程需要的安全人员、技术人员和特种作业人员。"

主要负责人和安全生产管理人员必须具备煤矿安全生产知识和管理能力，并经考核合格。特种作业人员必须按国家有关规定培训合格，取得资格证书，方可上岗作业。煤矿企业必须对从业人员进行安全教育和培训。不得安排未经安全培训合格的人员从事生产作业活动。

## 二、设备管理

（1）掘进机械设备完好，装载设备照明、保护及其他防护装置齐全可靠，使用正常。

【培训要点】

掘进施工机（工）具的精准完好，掘进机械设备完好，掘进设备的信号装置、照明装置、内外喷雾完好和可靠。

（1）"掘进施工机（工）具的精准完好"是指激光指向仪、工程质量验收使用的器具（仪表）的主要部件、重要连接部位连接件齐全，安全保护有效，运行性能、精度指标达到出厂要求。

（2）"掘进机械设备的完好"是指综掘机、掘锚一体机、锚杆机组、装煤机、耙装机等掘进设备主要部件、重要连接部位连接件齐全，安全保护有效，运行性能指标达到出厂要求。激光指向仪、工程质量验收使用的器具（仪表）的主要部件、重要连接部位连接件齐全，安全保护有效，运行性能、精度指标达到出厂要求。

（3）使用掘进机、掘锚一体机、连续采煤机掘进和使用耙装机时，必须遵守《煤矿安全规程》第一百一十九条和第六十一条的相关规定

（2）运输系统设备配置合理，无制约因素。

【培训要点】

掘进工作面的运输系统设备要求各项参数配置合理，运输能力匹配，后运配套系统设备设施能立相匹配，无其他内在与外在的因素影响出煤（矸），保证运输系统畅通。

（3）运输设备完好整洁，附件齐全、运转正常，电气保护齐全可靠；减速器与电动机实现软启动或软连接。

【培训要点】

配套设备设施须遵守《煤矿安全规程》第一百二十条相关规定；刮板输送机须遵守《煤矿安全规程》第一百二十一条的规定；带式输送机运输须遵守

《煤矿安全规程》第三百七十四条的规定。

"采用集中综合智能控制方式"是指运输系统中多部带式输送机或刮板输送机采用集中开启或停运的方式，以期减少人员达到"人少则安全"的目的。

（4）运输机头、机尾固定牢固，行人处设过桥。

【培训要点】

运输机机头、机尾的固定方式必须有专门的安全技术措施，现场施工必须按照措施施工，确保固定牢靠。同时为了人身安全，行人跨越输送机处必须设过桥，从过桥上通过，不能直接跨越。

（5）轨道运输各种安全设施齐全可靠。

【培训要点】

轨道运输设备安设符合要求，制动可靠，声光信号齐全；轨道线路轨型、轨道铺设质量、钢丝绳的选取等符合标准要求。同时轨道运输须执行好《煤矿安全规程》第八十条、第三百八十七条相关规定。

### 三、技术保障

（1）有矿压观测、分析、预报制度。

【培训要点】

为加强采掘工作面的顶板管理，掌握采掘工作面顶底板活动和来压规律，为采掘工作面支护提供科学依据，确保采掘工作面有效支护，防止冒顶事故发生，煤矿必须有矿压观测、分析、预报制度，并在制度中须明确以下职责：

（1）成立矿压观测领导小组，负责井下施工采掘工作面及已掘巷道的测点布置、矿压观测数据分析与总结，为选择合理支护方式提供科学的参考依据。

（2）配备专职技术人员及检测工具，建立健全观测组织机构，配备相应仪器仪表，负责收集矿压观测资料并认真分析、归纳、总结。

（3）矿压观测技术人员通过现场观测的数据进行分析研究，通过科学分析，就巷道支护强度、支护方式、工作面推进速度等提出合理性意见和建议，同时将结论报总工程师审核批准，必要时由矿总工程师定期组织相关人员进行分析、讨论，总结矿压显现规律，为采掘工作面顶板管理和支护设计提供科学依据。

（4）矿压工程观测原始数据和参数必须真实可靠，不得弄虚作假。每次监测数据要有分析结果，实行监控、分析、措施制定、责任落实过程闭环管理。

（2）按地质及水文地质预报采取针对性措施。

【培训要点】

执行《煤矿安全规程》第二十八条规定："煤矿建设、生产阶段，必须对揭露的煤层、断层、褶皱、岩浆岩体、陷落柱、含水岩层，矿井涌水量及主要出水点等进行观测及描述，综合分析，实施地质预测、预报"以及《煤矿防治水细则》第40条："矿井受水害威胁的区域，巷道掘进前，地测部门应当提出水文地质情况分析报告和水害防治措施，由煤矿总工程师组织生产、安检、地测等有关单位审批"的规定。

地质部门必须为掘进施工提供地质及水文地质预报（年报、月报和临时性预报），掘进队必须根据预报情况制定针对性的安全技术措施，确保实现安全生产。

（3）坚持"有疑必探，先探后掘"的原则。

【培训要点】

在掘进过程中，必须坚持"有疑必探，先探后掘"原则。符合《煤矿防治水细则》第3条的相关规定："煤矿防治水工作应当坚持预测预报、有疑必探、先探后掘、先治后采的原则，根据不同水文地质条件，采取探、防、堵、疏、排、截、监等综合防治措施。"

在作业规程中明确出现透水征兆时应当立即停止作业，撤出所有受水患威胁地点的人员，报告矿调度室并发出警报；在原因未查清、隐患未排除之前，不得进行任何采掘活动；规程中有探放水的安全技术措施。

（4）掘进工作面设计、作业规程编制审批符合要求，贯彻记录齐全；地质条件等发生变化时，对作业规程及时进行修改或补充安全技术措施。

【培训要点】

掘进工作面设计、作业规程编制主要有以下要求：

掘进作业规程的编制，须按照《煤矿作业规程编制指南》进行编制，并严格执行规程规范和各项技术标准。遵守《煤矿安全规程》第38条之规定：单项工程、单位工程开工前，必须编制施工组织设计和作业规程，并组织相关人员学习。掘进工作面设计和作业规程的编制体现安全风险辨识成果的运用。

（1）煤矿作业规程的编制、审批、贯彻、管理等环节形成一个完整的系统，缺一不可。

①编制环节。煤矿作业规程的编制应由施工单位的工程技术人员负责。要做到内容齐全、语言简明、准确、规范；图表满足施工要求，采用规范图例，内容和标注齐全，比例恰当、图面清晰，按章节顺序编号，采用计算机编制。

②审批环节。各部门要结合各自的分工，对作业规程进行严格审查，查漏补缺，同时要签署审查意见。

③贯彻环节。传达学习煤矿作业规程是一个非常重要的环节。一切技术准备，最终只能通过现场按章作业才能反映出成果来。煤矿通常采用学习、考试、安全检查等方式来贯彻落实煤矿作业规程。

④管理环节。主要包括规程的复查、补充措施、总结、安全检查等环节。通

过该环节的运行，促进作业规程的有效落实。

（2）有下列情况之一时应编制专门技术措施：

①掘进工作面有煤与瓦斯突出（瓦斯涌出异常）、煤层自燃、受水害威胁、冲击地压等灾害时。

②工作面过断层、应力集中区、垮落带，石门揭露煤层或巷道开掘、贯通，复合顶板支护及掘进巷道岩性发生变化时，各单位要由总工程师或分管副总工程师负责组织分管技术负责人及专业部门对现场进行勘察会审，制定专项设计和措施。

（5）作业场所有规范的施工图牌板。

【培训要点】

掘进工作面作业场所应安设巷道平面布置图、施工断面图、炮眼布置图、爆破说明书（断面截割轨迹图）、正规循环作业图和避灾路线图等，图牌板内容正确、图文清晰、图例图签齐全；牌板的制作、悬挂要有具体的标准，悬挂处有照明，便于观看。

## 四、工程质量与安全

（1）建立工程质量考核验收制度，验收记录齐全。

【培训要点】

矿井须建立健全掘进巷道工程质量标准、验收标准，并建立工程质量考核、检查制度。矿井对掘进工程质量的各种检查进行记录，有质量问题的巷道应记录相关情况并整改。不合格工程整改要有措施、有要求、有记录、有验收，进行闭合管理。

掘进区队班组必须建立班组验收制度，班组验收必须细化到每一个施工工序，并做好班组验收记录。

（2）规格质量、内在质量、附属工程质量、工程观感质量符合《煤矿井巷工程质量验收规范》（GB 50213—2010）要求。

【培训要点】

煤矿井巷工程质量验收执行《煤矿井巷工程质量验收规范》（GB 50213—2010）中对应的支护方式或施工形式验收；验收表格按照《煤矿井巷工程质量验收规范》填写。

（3）巷道支护材料规格、品种、强度等符合设计要求。

【培训要点】

掘进工程使用的锚杆、网片、树脂药卷、水泥、钢架及其构件等需提供合格证明，按规定和批次提供检测报告；喷射混凝土提供试块检测报告及其他辅料的合格证或检测报告。

以上报告或合格证应留存备检。

（4）掘进工作面控顶距符合作业规程要求，杜绝空顶作业；临时支护符合规定，安全设施齐全可靠。

【培训要点】

掘进工作面控顶距、临时支护及其形式、安全设施必须在作业规程中明确，具体要求有：

（1）施工岩（煤）平巷（硐）时，应当遵守下列规定：

①掘进工作面严禁空顶作业。临时和永久支护距掘进工作面的距离，必须根据地质、水文地质条件和施工工艺在作业规程中明确，并制定防上冒顶、片帮的安全措施。

②距掘进工作面10 m内的架棚支护，在爆破前必须加固。对爆破崩倒、崩坏的支架必须先行修复，之后方可进入工作面作业。修复支架时必须先检查顶、帮，并由外向里逐架进行。

③在松软的煤（岩）层、流砂性地层或者破碎带中掘进巷道时，必须采取超前支护或者其他措施。

（2）顶板管理工作要引起煤矿的高度重视，加强矿井地质勘探和地质资料分析研究及矿压观测工作，并合理确定顶板的支护方式和支护参数。

（5）无失修的巷道。

【培训要点】

失修巷道是指主体支护有局部失效的地点，正在维修的巷道段不算失修巷道。《煤矿安全规程》第一百二十五条规定："矿井必须制定井巷维修制度，加强井巷维修，保证通风、运输畅通和行人安全。"

## 五、职工素质及岗位规范

（1）严格执行本岗位安全生产责任制。

【培训要点】

建立健全各岗位安全生产责任制，并符合法律和《煤矿安全规程》第四条相关条款的要求；责任制中应明确安全风险管控、隐患排查和职业健康的内容并严格执行。

（2）管理人员、技术人员掌握相关的岗位职责、管理制度、技术措施，作业人员掌握本岗位相应的操作规程和安全措施。

【培训要点】

煤矿管理人员、技术人员掌握采煤工作面作业规程，作业人员熟知本岗位操作规程、作业规程和安全技术措施相关内容。

作业人员应掌握本岗位操作规程、作业规程相关内容和安全技术措施，作业过程中必须严格落实规程措施的要求。

（3）现场作业人员操作规范，无"三违"行为，作业前进行岗位安全风险辨识及安全确认。

【培训要点】

煤矿所有从业人员必须操作规范，作业过程中杜绝"三违"，并遵守《煤矿安全规程》第八条的相关要求。

作业人员进入掘进工作面作业前要先进行安全确认，在确认作业环境、设备、设施等安全后，方可进行作业。各煤矿企业可以明确自己的安全确认形式，确认内容须具体全面。

## 六、文明生产

（1）作业场所卫生整洁；工具、材料等分类、集中放置整齐，有标志牌。

【培训要点】

文明生产实现"三无一整齐"（三无：无浮渣、无淤泥积水、无杂物；一整齐：物料码放整齐）。材料设备定置存放，挂牌管理。缆线布置、吊挂符合要求，监测、通信、信号电缆与动力电缆分挂在巷道两侧，如一侧布置必须按监测、通信、信号、低压、高压顺序自上而下分挡吊挂，垂直度合适，电缆沟固定上下平直，所有电缆必须入沟（除拖移电缆外），包括信号线、电话线严禁出现蜘蛛网状。

所有材料、设备、配件的码放不得影响正常通行，保证安全的行人距离。

（2）设备设施保持完好状态。

【培训要点】

掘进设备设施的完好须按照煤矿矿井机电设备完好标准，健全设备检查维修制度，做好设备的日常管理，设备完好率符合要求。煤矿各种机械设备状态是决定设备能否安全运行的关键，煤矿各种机械设备均应在完好状态下运行，其各种保护、保险及安全防护装置应齐全、灵敏、有效、可靠。

（3）巷道中有醒目的里程标志。

【培训要点】

《煤矿安全规程》第八十八条规定："井巷交岔点，必须设置路标，标明所在地点，指明通往安全出口的方向。巷道至少每100 m设置醒目的里程标志。"

（4）转载点、休息地点、车场、图牌板及硐室等场所有照明。

【培训要点】

《煤矿安全规程》第六十一条规定：耙装机作业时必须有照明。第一百一十九条规定：掘进机必须装有前照明灯和尾灯。第四百六十九条规定：下列地点必须有足够照明：①井底车场及其附近；②机电设备硐室、调度室、机车库、爆炸物品库、候车室、信号站、瓦斯抽采泵站等；③使用机车的主要运输巷道、兼作人行道的集中带式输送机巷道、升降人员的绞车道以及升降物料和人行交替使用的绞车道（照明灯的间距不得大于 30 m，无轨胶轮车主要运输巷道两侧安装有反光标识的不受此限）；④主要进风巷的交岔点和采区车场；⑤从地面到井下的专用人行道。

《煤矿安全规程》规定："照明的供电额定电压不超过 127 V；严禁用电机车架空线作照明电源；井下照明应采用具有短路、过负荷和漏电保护的照明综合保护装置供电。"

## 七、发展提升

加强掘进工作面锚杆锚固质量检测，采用无损检测技术；鼓励装备智能化综合掘进系统。

# 第 28 课　标　准　要　求

## 一、生产组织

### 1. 机械化程度

（1）煤巷、半煤岩巷综合机械化程度不低于 50%。

（2）条件适宜的岩巷宜采用综合机械化掘进。

（3）采用机械装、运煤（矸）。

（4）材料、设备采用机械运输，人工运料距离不超过 300 m。

【培训要点】

（1）条件适宜的煤巷、半煤岩巷应该采用综合机械化掘进，综合机械化掘进不低于 50%，原则上岩巷围岩 $f \leqslant 7$、巷道长度大于 500 m、倾角小于 12°，煤巷（半煤岩）围岩 $f \leqslant 5$、巷道长度大于 600 m、倾角小于 16°，均应采用机械化施工。

（2）"条件适宜的岩巷"指适合机械化破岩的巷道，一般指近水平、岩石单轴饱和抗压强度小于 60 MPa 的岩巷。鼓励岩巷综掘，施工巷道根据岩性适宜状况，应采用综掘机等配套设备割、装、运矸。

（3）掘进装载机械化程度 = 掘进装载机械工作面进尺 ÷ 掘进总进尺 × 100%。

（4）施工所需的材料、设备采用绞车、输送机等机械运输，不得采用旱船运输。人工运料距离不得超过 300 m。

**2. 劳动组织**

（1）掘进作业应按循环作业图表施工。

（2）完成考核周期内进尺计划。

（3）掘进队伍工种配备满足作业要求。

【培训要点】

（1）掘进作业应按循环作业图表施工，循环作业图表必须真正起到指导施工的作用，实现正规循环作业，是科学管理的基础，是保证安全有序生产的前提。现场循环作业图表必须与作业规程相符。

（2）考核周期以月为单位。月度生产计划和进尺实际完成情况必须真实有效，不得造假隐瞒，要求当月实际进尺应完成月度进尺计划。

（3）作业规程中必须有劳动组织的内容，根据正规循环作业需要，工种人员配备齐全，组成正规作业队伍。特种作业人员持证上岗，工种与所持证件必须相符。

## 二、设备管理

**1. 掘进机械**

（1）掘进施工机（工）具完好，激光指向仪、工程质量验收使用的器具（仪表）完好精准。

（2）掘进机械设备完好，截割部运行时人员不在截割臂下停留和穿越，机身与煤（岩）壁之间不站人；综掘机铲板前方和截割臂附近无人时方可启动，停止工作和交接班时按要求停放综掘机，将切割头落地，并切断电源；移动电缆有吊挂、拖曳、收放、防拔脱装置，并且完好；掘进机、掘锚一体机、连续采煤机、梭车、锚杆钻车装设甲烷断电仪或者便携式甲烷检测报警仪。

（3）使用掘进机、掘锚一体机、连续采煤机掘进时，开机、退机、调机时发出报警信号，设备非操作侧设有急停按钮（连续采煤机除外），有前照明和尾灯；内外喷雾使用正常。

（4）安装机载照明的掘进机后配套设备（如锚杆钻车等）启动前开启照明。

（5）耙装机装设有封闭式金属挡绳栏和防耙斗出槽的护栏，固定钢丝绳滑轮的锚桩及其孔深和牢固程度符合作业规程规定，机身和尾轮应固定牢靠；上山施工倾角大于 20°时，在司机前方设有护身柱或挡板，并在耙装机前增设固定装置；在斜巷中使用耙装机时有防止机身下滑的措施；耙装机距工作面的距离符合作业规程规定；耙装机作业时有照明。

（6）掘进机械设备有管理台账和检修维修记录。

【培训要点】

（1）本项主要对掘进施工机具的完好性、设备安全运行、设备安全保护装置、信号装置、喷雾装置、机载照明装置、耙装机的使用和安全防护等方面的考核做了要求。具体要求："掘进施工机（工）具完好精准"是指综掘机、掘锚一体机、锚杆机组、装煤机、耙装机等机械设备；激光指向仪、工程质量验收使用的器具（仪表）的主要部件、重要连接部位连接件齐全，安全保护有效，运行性能、精度指标达到出厂要求。

（2）使用掘进机、掘锚一体机、连续采煤机掘进时，必须遵守《煤矿安全规程》第一百一十九条的规定。

（3）使用耙装机时，必须遵守《煤矿安全规程》第六十一条的规定。

（4）掘进设备管理台账健全，检修、维修记录内容翔实。

**2. 运输系统**

（1）后运配套系统设备设施能力匹配。

（2）运输设备完好，电气保护齐全可靠，行人跨越处应设过桥。

（3）刮板输送机、带式输送机减速器与电动机实现软启动或软连接，液力偶合器不使用可燃性传动介质（调速型液力偶合器不受此限），使用合格的易熔塞和防爆片；开关上架，电气设备不被淋水；机头、机尾固定牢固。

（4）带式输送机输送带阻燃和抗静电性能符合规定，有防打滑、防跑偏、防堆煤、防撕裂等保护装置，装设温度、烟雾监测装置和自动洒水装置；机头、机尾应有安全防护设施；机头处有消防设施；连续运输系统安设有连锁、闭锁控制装置，机头、机尾及全线安设通信和信号装置，安设间距不超过 200 m；采用集中综合智能控制方式；上运时装设防逆转装置和制动装置，下运时装设软制动装置且装设有防超速保护装置；大于 16°的斜巷中使用带式输送机设置防护网，并采取防止物料下滑、滚落等安全措施；机头尾处设置有扫煤器；支架编号管理；托辊齐全、运转正常。

（5）轨道运输设备安设符合要求，制动可靠，声光信号齐全；轨道铺设符合要求；钢丝绳及其使用符合《煤矿安全规程》要求；其他辅助运输设备符合规定。

【培训要点】

（1）掘进后运配套系统设备设施能力与掘进出煤（矸）量匹配，运输设备完好，电气保护齐全可靠，无其他内在与外在的因素影响出煤（矸），保证运输系统畅通。必须遵守《煤矿安全规程》第一百二十条的规定。

（2）刮板输送机必须遵守《煤矿安全规程》第一百二十一条的规定；带式输送机运输遵守《煤矿安全规程》第三百七十四条的规定。

（3）"采用集中综合智能控制方式"是指运输系统中多部带式输送机或刮板输送机采用集中开启或停运的方式，以期减少人员达到"人少则安全"的目的，是鼓励、引导作用的条款。

（4）按照煤矿矿井机电设备完好标准中运输设备的相关规定确定设备综合完好率。

（5）为了人身安全，行人跨越输送机处必须设过桥。行人越过输送机时，从过桥上通过，不能直接跨越。

（6）轨道运输执行好《煤矿安全规程》第八十条、第三百八十七条相关规定。

（7）掘进运输设备管理制度、安全操作规程及安全操作技术措施。

## 三、技术保障

### 1. 监测控制

（1）煤巷、半煤岩巷锚杆、锚索支护巷道进行顶板离层观测和锚固层位观测，并填写记录牌板；进行围岩观测并分析、预报，根据预报调整支护设计并实施。

（2）根据地质及水文地质预报制定安全技术措施，落实到位。

（3）做到有疑必探，先探后掘。

【培训要点】

（1）"煤巷、半煤岩巷锚杆、锚索支护巷道进行顶板离层观测"这里仅指的是煤巷、半煤巷，并不包括岩巷。

（2）煤巷、半煤岩巷锚杆、锚索支护巷道必须安设顶板离层仪，并进行顶板离层观测，不包括岩巷。顶板离层仪安设位置、观测时间必须符合作业规程规定。现场必须填写记录牌板，并配有观测记录本。

（3）矿井要配备矿压观测人员，负责井下施工采掘工作面及已掘巷道的测点布置、矿压观测、数据分析、预测及总结，为选择合理支护方式提供科学的参考依据。当离层仪数值突变时，必须立即组织分析。

（4）根据地质及水文地质预报及时制定安全技术措施，并落实到位。

（5）坚持做到"有疑必探，先探后掘"，在受水害威胁的区域施工，必须坚持"预测预报，有掘必探，先探后掘"的原则，并符合《煤矿防治水细则》的相关规定。

### 2. 现场图牌板

作业场所安设巷道平面布置图、施工断面图、炮眼布置图、爆破说明书（断面截割轨迹图）、正规循环作业图表、避灾路线图、临时支护图，图牌板内容齐全、图文清晰、正确、保护完好，安设位置便于观看。

【培训要点】

（1）图牌板种类符合要求，内容齐全、图文清晰、图例图签规范。

（2）图牌板悬挂在有照明的地方，且便于观看。

**3. 规程措施**

（1）作业规程编制、审批符合要求，矿总工程师至少每两个月组织对作业规程及贯彻实施情况进行复审且有复审意见；当设计、工艺、支护参数、地质及水文地质条件等发生较大变化时，及时修改完善作业规程或补充安全措施并组织实施。

（2）作业规程中明确巷道施工工艺、掘进循环进尺、临时支护及永久支护的形式和支护参数、距掘进工作面的距离等，并制定防止冒顶、片帮的安全措施。

（3）巷道有经审批符合要求的设计，巷道开掘、贯通前组织现场会审并制定专项安全措施。

（4）过采空区、老巷、断层、破碎带和岩性突变地带应有针对性措施，加强支护。

【培训要点】

（1）作业规程编制严格执行煤矿作业规程编制指南的要求，作业规程中明确巷道施工工艺、临时支护及永久支护的形式和支护参数、距掘进工作面的距离等，并制定防止冒顶、片帮的安全措施。

（2）作业规程编制必须严格执行好现场勘查、编制、审批、学习、考试、补考、成绩登记、现场执行、补充措施及监督检查等十大环节。各环节必须做到有痕迹。

（3）工作面过断层、应力集中区、垮落带，石门揭露煤层或巷道开掘、贯通，复合顶板支护及掘进巷道岩性发生变化时，矿相关负责人应组织有关人员进行现场勘查会审，进行专项安全风险辨识评估，并制定专项措施。

（4）作业规程的复审由总工程师组织，参加复审人员应出具复审建议和意见，当地质条件发生较大变化时，总工程师应及时组织完善相关技术措施并实施。

## 四、工程质量与安全

**1. 保障机制**

（1）建立工程质量考核制度，各种检查有现场记录。

（2）有班组检查验收记录。

【培训要点】

（1）矿井必须健全掘进工程质量考核标准，严格执行井巷工程验收规范，建立工程质量考核、检查制度；掘进工程质量的日常检查记录要全面翔实。

（2）掘进区队班组必须建立班组验收制度，班组检查验收记录，班组验收记录必须细化到每一个施工工序。

**2. 安全管控**

（1）永久支护距掘进工作面距离符合作业规程规定。

（2）执行敲帮问顶制度，无空顶作业，空帮距离符合作业规程规定。

（3）临时支护形式、数量、安装质量符合作业规程要求。

（4）架棚支护棚间装设有牢固的撑杆或拉杆，可缩性金属支架应用金属拉杆，距掘进工作面 10 m 内架棚支护爆破前进行加固。

（5）无失修巷道，各种安全设施齐全可靠。

（6）压风、供水系统压力等符合施工要求。

（7）掘进机装备机载支护装置。

**【培训要点】**

（1）根据围岩或煤层的稳定性确定永久支护距掘进工作面的距离，临时支护的方式、临时支护的距离要在作业规程中明确，永久支护的距掘进工作面的距离与作业规程规定相符。

（2）执行《煤矿安全规程》第一百零二条、第一百零四条的规定，严格执行敲帮问顶制度。

（3）必须按规程进行临时支护，临时支护要及时有效，临时支护的方式要在作业规程中规定，现场要严格执行。架棚支护巷道拉杆、撑木齐全有效。

（4）"无失修巷道"是指巷道主体支护有局部失效的地点，正在维修的巷道不算失修巷道。

（5）运输设备符合《煤矿安全规程》煤矿矿井机电设备完好标准及煤矿井下辅助运输设计规范（GB 50533—2009）的要求，安全设施齐全可靠。

（6）掘进工作面压风、供水系统压力符合施工需求并在作业规程中明确。

**3. 规格质量**

（1）巷道净宽偏差符合以下要求：锚网（索）、锚喷、钢架喷射混凝土巷道有中线的 0～100 mm，无中线的 −50～200 mm；刚性支架、预制混凝土块、钢筋混凝土弧板、钢筋混凝土巷道有中线的 0～50 mm，无中线的 −30～80 mm；可缩性支架巷道有中线的 0～100 mm，无中线的 −50～100 mm。

（2）巷道净高偏差符合以下要求：锚网背（索）、锚喷巷道有腰线的 0～100 mm，无腰线的 −50～200 mm；刚性支架巷道有腰线的 −30～50 mm，无腰线的 −30～50 mm；钢架喷射混凝土、可缩性支架巷道 −30～100 mm；裸体巷道有腰线的 0～150 mm，无腰线的 −30～200 mm；预制混凝土、钢筋混凝土弧板、钢筋混凝土有腰线的 0～50 mm，无腰线的 -30～80 mm。

（3）有坡度要求的巷道，坡度偏差不得超过 ±1‰。

（4）巷道水沟偏差应符合以下要求：中线至内沿距离 -50～50 mm，腰线至上沿距离 -20～20 mm，深度、宽度 -30～30 mm，壁厚 -10 mm。

**4. 内在质量**

（1）锚喷巷道喷层厚度不低于设计值 90%（现场每 25 m 打一组观测孔，一组观测孔至少 3 个且均匀布置），喷射混凝土的强度符合设计要求，基础深度不小于设计值的 90%。

（2）光面爆破眼痕率符合以下要求：硬岩不小于 80%、中硬岩不小于 50%、软岩周边成型符合设计轮廓；煤巷、半煤岩巷道超（欠）挖不超过 3 处（直径大于 500 mm，深度：顶大于 250 mm、帮大于 200 mm）。

（3）锚网索巷道锚杆（索）安装、扭矩、拉拔力、网的铺设连接符合设计要求，锚杆（索）的间、排距偏差 -100～100 mm，锚杆露出螺母长度 10～50 mm（全螺纹锚杆 10～100 mm），锚索露出锁具长度 150～250 mm，锚杆与井巷轮廓线切线或与层理面、节理面、裂隙面垂直，最小不小于 75°，预应力、拉拔力不小于设计值的 90%。

（4）刚性支架、钢架喷射混凝土、可缩性支架巷道偏差符合以下要求：支架间距不大于 50 mm、梁水平度不大于 40 mm/m、支架梁扭距不大于 50 mm、立柱斜度不大于 1°，水平巷道支架前倾后仰不大于 1°，柱窝深度不小于设计值；撑（或拉）杆、垫板、背板的位置、数量、安设形式符合要求；倾斜巷道每增加 5°～8°，支架迎山角增加 1°。

**4. 材料质量**

（1）各种支架及其构件、配件的材质、规格以及背板和充填材质、规格符合设计要求。

（2）锚杆（索）的杆体及配件、网、锚固剂、喷浆材料等材质、品种、规格、强度等符合设计要求。

**【培训要点】**

（1）支架及其构件、配件的材质、规格的质量验收应符合设计及有关规定；支架的背板和充填材料的材质、规格的质量验收应符合设计要求和有关规定。

（2）锚杆的杆体及配件的材质、品种、规格、强度必须符合设计要求并有出厂合格证或出厂试验报告和抽样检验报告。

（3）水泥卷、树脂卷和砂浆锚固材料的材质、规格、配比、性能必须符合设计要求，并有出厂合格证或出厂试验报告和抽样检验报告。

（4）喷射混凝土的配合比和外加剂掺量必须符合作业规程的要求，抽查试块抗压试验报告。

## 五、岗位规范

### 1. 管理技术人员

区（队）管理和技术人员掌握相关的岗位职责、管理制度、技术措施。

### 2. 作业人员

班组长及现场作业人员严格执行本岗位安全生产责任制；掌握本岗位相应的操作规程、安全措施；规范操作，无"三违"行为；作业前进行岗位安全风险辨识及安全确认；零星工程有针对性措施，有管理人员跟班。

## 六、文明生产

### 1. 灯光照明

转载点、休息地点、车场、图牌板及硐室等场所照明符合要求。

### 2. 作业环境

（1）现场整洁，无浮渣、淤泥、积水、杂物等，设备清洁，物料分类、集中码放整齐，管线吊挂规范。

（2）材料、设备标志牌齐全、清晰、准确，设备摆放、物料码放与胶带、轨道等留有足够的安全间隙。

（3）巷道至少每 100 m 设置醒目的里程标志。

【培训要点】

（1）文明生产实现"三无一整齐"（三无：无浮渣、无淤泥积水、无杂物；一整齐：物料码放整齐）。材料上架，托盘、锚固剂等其他材料分类码放，机电配件分类集中码放，且摆放整齐平稳，不得超出指定摆放区域；检测、通信、信号电缆与动力电缆分挂在巷道两侧。

（2）所有材料、设备、配件的码放都要挂牌标注，牌板内容应包括名称、规格、数量、管理单位、责任人等，牌板应齐全、清晰、准确。

（3）码放的材料或架子不得影响行人，且保证安全行人距离。

# 第14讲　质量控制：机电

## 第29课　工作要求（风险管控）

### 一、设备与指标

（1）煤矿各类产品合格证、矿用产品安全标志、防爆合格证等证标齐全。

**【培训要点】**

证标管理是煤矿生产安全装备的安全关口，应严格按照《煤矿安全规程》《矿用产品安全标志标识》（AQ 1043—2007）等标准规范进行管理，把住煤矿装备的入口关。"产品合格证"是对设备质量的承诺与保证，"防爆合格证""煤矿矿用产品安全标志"是对设备防爆性能的承诺与保证。

《煤矿安全规程》第四百四十八条规定："防爆电气设备到矿验收时，应当检查产品合格证、煤矿矿用产品安全标志，并核查与安全标志审核的一致性。入井前，应当进行防爆检查，签发合格证后方准入井。"

（2）设备综合完好率、小型电器合格率、矿灯完好率、设备待修率和事故率等达到规定要求。

**【培训要点】**

（1）设备综合完好率不低于90%。

（2）小型电器合格率不低于95%。

（3）矿灯完好率为100%。

（4）设备维修率不高于5%。

（5）设备事故率不高于1%。

### 二、煤矿机械

（1）机械设备及系统能力满足矿井安全生产需要。

**【培训要点】**

机械设备及系统能力指煤矿提升、运输、压风、通风、排水等机械系统的安全运行能力应与矿井核定生产能力相符（或不低于），能够满足矿井安全生产的需要，可靠的系统能力是机电各大系统安全运行的前提。如果装备能力不足，设备不能及时检修和维护，必然导致煤矿生产过程中拼设备的现象。

（2）机械设备完好，各类保护、保险装置齐全可靠。

【培训要点】

煤矿各种机械设备状态是决定设备能否安全运行的关键，均应在完好状态下运行，按规定周期对各类安全保护进行试验，保证各种保护、保险装置齐全、有效、可靠。

（3）积极采用新工艺、新技术、新装备，推进煤矿机械化、自动化、信息化、智能化建设。

【培训要点】

近年来，我国煤矿生产规模和集约化程度不断提高，装备和管理水平不断提升，井下用人数量总体下降，煤矿安全生产形势明显好转。但一些开采历史较长的煤矿安全基础依然薄弱，机械化和自动化程度不高，系统复杂、超能力、超强度开采，采掘工作面数量多，井下作业用人多，不仅效率低而且安全保障程度不高，极易造成安全事故。在机械设备控制方式和运行管理方面提出集中远程、智能、无人化的要求，向机械化换人、自动化减人、智能化无人的安全管理理念迈进。

## 三、煤矿电气

（1）供电设计、供用电设备选型合理。

【培训要点】

煤矿由于生产条件的特殊性，要求生产矿井供电设计、供用电设备选型应合理，符合矿井生产实际。供电系统能力是实现煤矿供电系统安全运行的前提，也是煤矿安全生产的保障。合理的供用电设备选型，必须满足矿井生产能力、生产条件的需要。

（2）矿井主要通风机、提升人员的绞车、抽采瓦斯泵等主要设备，以及井下变（配）电所、主排水泵房和下山开采的采区排水泵房的供电线路符合《煤矿安全规程》要求。

【培训要点】

上述地点是煤矿安全生产的关键地点，供电可靠性至关重要，供电线路必须严格执行《煤矿安全规程》第四百三十八条规定，并与供电设计相符，其他地点的供电同样有相应的要求。

（3）防爆电气设备无失爆。

【培训要点】

矿用防爆电气设备系指按 GB 3836.1—2010 标准生产的专供煤矿井下使用的

防爆电气设备。电气失爆是引发煤矿瓦斯、煤尘爆炸事故的重要因素，必须保证电气设备防爆率达到100%。

《煤矿安全规程》中规定的矿用防爆型电气设备，除了符合 GB 3836.1—2010 的规定外，还必须符合专用标准和其他有关标准的规定，类型包括：

（1）隔爆型电气设备 d。

（2）增安型电气设备 e。

（3）本质安全型电气设备 i。

（4）正压型电气设备 p。

（5）充油型电气设备 o。

（6）充砂型电气设备 q。

（7）浇封型电气设备 m。

（8）无火花型电气设备 n。

（9）气密型电气设备 h。

（10）特殊型电气设备 s。特殊型电气设备 s 是异于现有防爆类型，由主管部门制订暂时规定，经国家认可的检验机构检验证明，具有防爆性能的电气设备，该类型防爆电气设备须报国家技术监督局备案。

（4）电气设备完好，各种保护设置齐全、定值合理、动作可靠。

【培训要点】

煤矿各种电气设备状态决定着设备能否安全可靠运行，煤矿各种电气设备均应在完好状态下运行，其各种保护、保险装置设计合理，应齐全、有效、可靠；按照《煤矿安全规程》规定的周期定期进行各种保护装置的试验，保证各种保护试验的可靠性、真实性。

## 四、基础管理

（1）机电管理制度完善，责任落实。

【培训要点】

煤矿机电管理的关键是管理机构、专业化管理技术团队及应具有健全、切实可行的管理制度并严格按照制度落实执行，三者缺一不可、相辅相成。

（2）机电技术管理规范、有效，机电设备选型论证、购置、安装、使用、维护、检修、更新改造、报废等综合管理程序规范，设备台账、技术图纸等资料齐全，业务保安工作持续、有效。

【培训要点】

机电技术管理是煤矿机电管理的基础和保障，各种制度、安全措施、操作规程健全、符合实际，各种记录填写真实，反映煤矿机电管理状态。机电业务保安工作有效开展，有利于全矿的机电管理发挥好指导、检查和事故统计与分析等作用。

（3）机电设备设施安全技术性能测试、检验及探伤等及时有效。

【培训要点】

煤矿应严格按照《煤矿安全规程》、相关标准、规范及时对煤矿设备进行技术性能测试，检测、检验、探伤、测试、试验等工作必须具有周期性、真实性、可靠性，掌握在用设备性能、状态，保证设备在性能可靠、经济、高效状态下安全运行。

## 五、职工素质及岗位规范

（1）严格执行本岗位安全生产责任制。

【培训要点】

根据《煤矿安全规程》第四条规定："煤矿企业必须加强安全生产管理，建立健全各级负责人、各部门、各岗位安全生产与职业病危害防治责任制，并严格执行。机电各岗位人员规范作业，严格遵守各自岗位责任制，保证作业安全。"

（2）管理、技术人员掌握相关的岗位职责、管理制度、技术措施，作业人员掌握本岗位相应的操作规程和安全措施。

【培训要点】

煤矿机电管理人员、专业技术人员及作业人员认真学习《煤矿安全规程》、作业规程、安全技术操作规程及煤矿安全生产标准化管理体系标准，掌握本岗位职责、规程、设计和措施。煤矿应严格按照《煤矿安全规程》及国家相关文件对煤矿从业人员进行强化培训，各级领导必须重视，要充分发挥培训机构、培训中心的作用，提高从业人员的政治、业务、技术、安全、文化等素质，使其达到全面适应现代化煤矿机电安全生产管理的要求。

（3）规范作业，无"三违"行为，作业前进行岗位安全风险辨识及安全确认。

【培训要点】

人的不安全行为是煤矿安全管理的重要因素，规范机电人员安全、文明的作业行为是煤矿本质安全建设不可或缺的关键。

## 六、文明生产

（1）现场设备设置规范、标识齐全，设备整洁。

【培训要点】

煤矿机电的文明化、规范化管理过程，涵盖机电设备设施的摆放、卫生、使用环境及操作作业环境的卫生等内容，应做到物料摆放整齐、物见本色、标识齐全正确、整洁卫生，从而达到设备有良好的运行环境、人员有舒心的作业环境的标准境界。

（2）管网设置规范，无跑、冒、滴、漏。

【培训要点】

管线吊挂必须符合《煤矿安全规程》要求，吊挂整齐，维修人员每天巡检管网系统，发现问题及时整改。

（3）机房、硐室以及设备周围卫生清洁。

【培训要点】

机房、硐室建立卫生责任制，明确卫生区域，做到清洁整齐，无卫生死角，无杂物，无乱堆放的设备材料，地面无积水、积灰、积油等，电缆沟内无积水、杂物，沟道、孔洞盖板完整。

（4）机房、硐室以及巷道照明符合要求。

【培训要点】

按照《煤矿安全规程》第四百六十九条规定，各处照明设置齐全，照明灯具合格，下列地点必须有足够照明：

（1）井底车场及其附近。

（2）机电设备硐室、调度室、机车库、爆炸物品库、候车室、信号站、瓦斯抽采泵站等。

（3）使用机车的主要运输巷道、兼作人行道的集中带式输送机巷道、升降人员的绞车道以及升降物料和人行交替使用的绞车道（照明灯的间距不得大于30 m，无轨胶轮车主要运输巷道两侧安装有反光标识的不受此限）。

（4）主要进风巷的交岔点和采区车场。

（5）从地面到井下的专用人行道。

（6）综合机械化采煤工作面（照明灯间距不得大于15 m）。地面的通风机房、绞车房、压风机房、变电所、矿调度室等必须设有应急照明设施。

（5）消防器材、绝缘用具齐全有效。

【培训要点】

按照《煤矿安全规程》第二百五十七条规定："井下爆炸物品库、机电设备硐室、检修硐室、材料库、井底车场、使用带式输送机或者液力偶合器的巷道以及采掘工作面附近的巷道中，必须备有灭火器材，其数量、规格和存放地点，应当在灾害预防和处理计划中确定。"

井下工作人员必须熟悉灭火器材的使用方法，并熟悉本职工作区域内灭火器材的存放地点。

井下爆炸物品库、机电设备硐室、检修硐室、材料库的支护和风门、风窗必须采用不燃性材料。

第二百五十八条规定："每季度应当对井上、下消防管路系统、防火门、消防材料库和消防器材的设置情况进行 1 次检查，发现问题，及时解决。"

绝缘用具齐全合格，严格按照《煤矿电气试验规程》规定的周期进行试验。

# 第 30 课　标　准　要　求

## 一、设备与指标

### 1. 设备证标
（1）机电设备有产品合格证。
（2）纳入安标管理的产品有煤矿矿用产品安全标志。
（3）防爆设备有防爆合格证。

**【培训要点】**

证标是指煤矿各类产品原始的证标。证标应对照煤矿机电设备台账检查，应查产品原始、有效的证标。

证标管理是煤矿生产安全装备的安全关口，应严格按照《煤矿安全规程》、AQ 相关标准、规范进行管理，把住煤矿装备的入口关。"产品合格证"是对设备质量的承诺与保证，"防爆合格证""煤矿矿用产品安全标志"是对设备防爆性能的承诺与保证。

《煤矿安全规程》规定："防爆电气设备到矿验收时，应当检查产品合格证、煤矿矿用产品安全标志，并核查与安全标志审核的一致性。入井前，应当进行防爆检查，签发合格证后方准入井。"

### 2. 设备完好
机电设备综合完好率不低于90%。

**【培训要点】**

煤矿机电设备综合状态指标：机电设备综合完好率要达到 90% 以上，现场检查设备状态，按公式计算完好率，设备完好率 = 完好设备总台数/生产设备总台数×100%，查煤矿月份机电检查基础表。符合国家煤矿安全监察局以煤安监办字〔2003〕96 号文，要求煤矿主要生产环节的安全质量工作符合法律、法规、规章、规程等的规定，达到和保持一定的标准，使煤矿生产处于良好的状态，以适应保障矿工的生命安全和煤炭工业现代化建设的需要。

**3. 固定设备**

大型在用固定设备完好。

【培训要点】

（1）现场大型设备台台处于完好状态。

（2）汇总矿井月检查考核基础表中完好设备数量，计算大型机电设备完好率。

（3）大型固定设备的完好状况（大型固定设备指主提升绞车、主提升带式输送机、主运输带式输送机、主变压器以及主排水泵、主要通风机、固定压风机、锅炉等）。

**4. 小型电器**

小型电器设备合格率不低于 95%。

【培训要点】

（1）现场小型电器处于完好状态。

（2）汇总矿井月检查考核基础表中完好小型电器数量，计算小型电器合格率。

（3）小型电器指"五小电器"，如小型开关、电铃、接线盒、按钮、电话、灯具等。

**5. 矿灯**

在用矿灯完好率 100%，使用合格的双光源矿灯。完好矿灯总数应多出常用矿灯人数的 10% 以上。

【培训要点】

（1）现场矿灯台台处于完好状态。

（2）汇总矿井月检查考核基础表中完好矿灯数量，计算矿灯完好率。

（3）矿灯台账中及现场使用矿灯总数应多出常用矿灯人数的 10% 以上。

**6. 机电事故率**

机电事故率不高于 1%。

【培训要点】

（1）调度室建立事故统计记录。

（2）建立月度机电事故考核基础表，机电事故以调度室为准。

（3）按照公式计算出机电事故率。事故影响产量/当月计划产量 = 机电事故率。

**7. 设备待修率**

设备待修率不高于 5%。

【培训要点】

设备待修率统计资料以现场和地面车间待修设备数量为准。

**8. 设备大修改造**

设备更新改造按计划执行，设备大修计划应完成90%以上。

【培训要点】

(1) 矿井年度设备更新改造和设备大修计划经过批准的。

(2) 完成率全年不低于90%，上半年不低于30%。

(3) 完成情况应附结算单和验收单。

## 二、煤矿机械

**1. 主要提升（立斜井绞车）系统**

(1) 提升系统能力满足矿井安全生产需要。

(2) 各种安全保护装置符合《煤矿安全规程》规定。

(3) 立井提升装置的过卷过放、提升容器和载荷等符合《煤矿安全规程》规定。

(4) 提升装置、连接装置及提升钢丝绳符合《煤矿安全规程》规定。

(5) 制动装置可靠，副井及负力提升的系统使用可靠的电气制动。

(6) 立井井口及各水平阻车器、安全门、摇台等与提升信号闭锁。

(7) 提升速度大于3 m/s的立井提升系统内，安设有防撞梁和缓冲托罐装置；单绳缠绕式双滚筒绞车安设地锁和离合器闭锁。

(8) 斜井提升制动减速度达不到要求时应设二级制动装置。

(9) 提升系统通信、信号装置完善，主副井绞车房与矿调度室有直通电话。

(10) 上、下井口及各水平安设摄像头，机房有视频监视器。

(11) 地面机房安设有应急照明装置。

(12) 使用低耗、先进、可靠的电控装置，有电动机及主要轴承温度和振动监测。

(13) 主井提升宜采用集中远程监控，可不配司机值守，但应设图像监视，并定时巡检。

【培训要点】

(1) 资料包括提升机系统安全检测检验报告，各种安全保护装置齐全可靠，现场试验记录，提升机日检、周检、月检记录，提升机主要受力部件探伤检验报告，提升钢丝绳检验报告等。

(2) 制动装置可靠，需检查等速段工作闸完全打开时的制动油压和闸间隙是否符合规定，通过制动闸盘温度可反映出电气制动的可靠性。

（3）重点检查防撞梁和缓冲托罐装置的安设位置和有效性，是否损坏、及时更换等。

（4）提升系统信号装置必须使用可靠，提人、提车信号要分别使用，不能混用。

**2. 主要提升（带式输送机）系统**

1）钢丝绳牵引带式输送机

（1）提升运输能力满足矿井、采区安全生产需要，人货不混乘，不超速运人。

（2）各种保护装置符合《煤矿安全规程》规定。

（3）在输送机全长任何地点装设便于搭乘人员或其他人员操作的紧急停车装置。

（4）上、下人地点设声光信号、语音提示和自动停车装置，卸煤口及终点下人处设防止人员坠入及进入机尾的安全设施和保护。

（5）上、下人和装、卸载处装设有摄像头，机房有视频监视器。

（6）输送带、滚筒、托辊等材质符合规定，滚筒、托辊转动灵活，带面无损坏、漏钢丝等现象。

（7）机房安设有与矿调度室直通电话。

（8）使用低耗、先进、可靠的电控装置，有电动机及主要轴承温度和振动监测。

（9）宜采用集中远程监控，实现无人值守。

【培训要点】

（1）各种安全保护装置符合《煤矿安全规程》规定。

（2）定期对保护进行试验，做到灵敏可靠并做好记录。

（3）按照周期进行性能测试，报告存档。

（4）进行能力核算，资料存档。

（5）采用非金属聚合物制造的输送带、托辊和滚筒，使用前进行阻燃和抗静电性能检测并报告存档。

2）滚筒驱动带式输送机。

（1）提升运输能力满足矿井、采区安全生产需要。

（2）电动机保护齐全可靠。

（3）装设防滑、防跑偏、防堆煤、防撕裂和输送带张紧力下降保护装置，以及温度、烟雾监测和自动洒水装置。

（4）上运运输机装设防逆转和制动装置，下运运输机装设软制动装置且装设防超速装置。

（5）减速器与电动机采用软连接或软启动控制，不应使用离心式联轴器，液力偶合器不使用可燃性传动介质（调速型液力偶合器不受此限）。

（6）输送带、滚筒、托辊等材质符合规定，采用非金属聚合物制造的输送带、托辊和滚筒包胶材料的阻燃性能和抗静电性能符合有关标准的规定；滚筒、托辊转动灵活，带面无损坏、漏钢丝等现象。

（7）倾斜井巷使用的钢丝绳芯输送机有钢丝绳芯及接头状态检测装备。

（8）钢丝绳芯输送机设有沿线紧急停车、闭锁装置，装、卸载处设有摄像头。

（9）机头、机尾及搭接处设有照明，转动部位设有防护栏和警示牌，行人跨越处设有过桥。

（10）在大于16°的倾斜井巷中应当设置防护网，并采取防止物料下滑、滚落等安全措施。

（11）连续运输系统安设有连锁、闭锁控制装置，沿线安设有通信和信号装置。

（12）集中控制硐室安设有与矿调度室直通电话。

（13）使用低耗、先进、可靠的电控装置，有电动机及主要轴承温度和振动监测。

（14）宜采用集中远程监控，实现无人值守。

【培训要点】

（1）各种安全保护装置符合《煤矿安全规程》规定。

（2）定期对保护进行试验，做到灵敏可靠，并做好记录。

（3）按照周期进行性能测试并报告存档。

（4）进行能力核算，资料要存档。

（5）采用非金属聚合物制造的输送带、托辊和滚筒使用前进行阻燃和抗静电性能检测并报告存档。

**3. 主通风机系统**

（1）主要通风机性能满足矿井通风安全需要。

（2）电动机保护齐全、可靠。

（3）使用在线监测装置，并且具备通风机轴承、电动机轴承、电动机定子绕组温度检测和超温报警功能，具备振动监测及报警功能。

（4）每月倒机、检查1次。

（5）安设与矿调度室直通电话。

（6）机房设有水柱计、电流表、电压表仪表，并定期校准。

（7）机房安设应急照明装置。

（8）使用低耗、先进、可靠的电控装置。

【培训要点】

（1）各种安全保护装置符合《煤矿安全规程》规定。

（2）按照周期进行主通风机性能测试并报告存档。

（3）进行能力核算，资料要存档。

（4）水柱计、电流表、电压表等仪表定期校准，资料要存当。

（5）在线监测装置要有各专项监测功能，监测数据（主要是温度和震动数据）要齐全准确。

（6）按规定每月倒机、检查检修 1 次，记录要存档。

**4. 压风系统**

（1）供风能力满足矿井安全生产需要。

（2）压缩机、储气罐及管路设置符合《煤矿安全规程》和《特种设备安全法》等规定。

（3）电动机保护齐全、可靠。

（4）压力表、安全阀、释压阀设置齐全有效，定期校准。

（5）油质符合规定，有可靠的断油保护。

（6）水冷压缩机水质符合要求，有可靠的断水保护。

（7）风冷压缩机冷却系统及环境符合规定。

（8）温度保护齐全、可靠，定值准确。

（9）井下压缩机运转时有人监护。

（10）机房安设有应急照明装置。

（11）使用低耗、先进、可靠的电控装置，有电动机及主要轴承温度和振动监测。

（12）地面压缩机宜采用集中远程监控，实现无人值守。

【培训要点】

（1）各种安全保护装置符合《煤矿安全规程》规定。

（2）定期对保护进行试验，做到灵敏可靠并做好记录。

（3）按照周期进行压风机性能测试，报告要存档。

（4）进行能力核算，资料存档。

（5）按照周期对压力表、安全阀、释压阀定期校准，资料要存档。

**5. 排水系统**

1）矿井及采区主排水系统

（1）排水能力满足矿井、采区安全生产需要。

（2）泵房及出口，水泵、管路及配电、控制设备，水仓蓄水能力符合《煤矿安全规程》规定。

（3）有可靠的引水装置。

（4）设有水位观测及高、低水位声光报警装置。

（5）电动机保护装置齐全、可靠。

（6）排水设施、水泵联合排水试验、水仓清理等符合《煤矿安全规程》规定。

（7）水泵房安设有与矿调度室直通电话。

（8）各种仪表齐全，及时校准。

（9）使用低耗、先进、可靠的电控装置，有电动机及主要轴承温度和振动监测。

（10）宜采用集中远程监控，实现无人值守。

2）其他排水地点

（1）排水设备及管路符合规定要求。

（2）设备完好，保护齐全、可靠。

（3）排水能力满足安全生产需要。

（4）使用小型自动排水装置。

【培训要点】

（1）各种安全保护装置符合《煤矿安全规程》规定。

（2）定期对水仓水位高、低水位声光报警装置及其他保护进行试验，做到灵敏可靠，并做好要记录。

（3）按照周期进行主排水系统性能测试，报告要存档。

（4）进行能力核算，资料要存档。

（5）按照周期对仪表调校，并建立记录。

（6）每个雨季前，对主排水系统（主排水泵、排水管路、闸阀、电机及控制装置）进行全面检查检修，并建立记录。

（7）每个雨季前，对主排水水仓进行清理，清理情况由矿组织验收，验收报告要存档。

（8）建立水泵运行日志。

**6. 瓦斯抽采及发电系统**

（1）抽采泵出气侧管路系统装设防回火、防回气、防爆炸的安全装置。

（2）根据输送方式的不同，设置甲烷、流量、压力、温度、一氧化碳等各种监测传感器。

（3）超温、断水等保护齐全、可靠。

（4）压力表、水位计、温度表等仪器仪表齐全、有效。

（5）机房安设应急照明。

（6）电气设备防爆性能符合要求，保护齐全、可靠。

（7）阀门装置灵活。

（8）机房有防烟火、防静电、防雷电措施。

【培训要点】

（1）出气侧管路应装设安全装置，并安排人员试动各项保护装置的灵敏可靠性。

（2）按照要求设置各种监测传感器。

（3）定期试验超温、断水保护动作情况并做好试验记录。

（4）各种仪表齐全，定期对仪表调校，做好记录。

（5）定期对电气设备防爆性能检查，杜绝失爆，做好记录。

（6）做好机房运行日志。

（7）定期检测检验，报告要存档。

**7. 供热降温系统**

1）热水锅炉

（1）安设温度计、安全阀、压力表、排污阀。

（2）按规定安设可靠的超温报警和自动补水装置。

（3）系统中有减压阀，热水循环系统定压措施和循环水膨胀装置可靠，有高低压报警和连锁保护。

（4）停电保护、电动机及其他各种保护灵敏可靠。

（5）有特种设备使用登记证和年检报告。

（6）安全阀、仪器仪表按规定检验，有检验报告。

（7）水质合格，有检验报告。

2）蒸汽锅炉

（1）安设有双色水位计或两个独立的水位表。

（2）按规定安设可靠的高低水位报警和自动补水装置。

（3）按规定安设压力表、安全阀、排污阀。

（4）按规定安设可靠的超压报警器和连锁保护装置。

（5）温度保护、熄火保护、停电自锁保护以及电动机和其他各种保护灵敏、可靠。

（6）有特种设备使用登记证和年检报告。

（7）安全阀、仪器仪表按规定检验，有检验报告。

（8）水质合格，有检验报告。

3）热风炉

（1）安设防火门和栅栏，有防烟、防火、超温安全连锁保护装置，有一氧化碳检测和洒水装置。

（2）电动机及其他各种保护灵敏、可靠。

（3）出风口处电缆有防护措施。

（4）锅炉距离入风井口不少于 20 m。

（5）有国家或者当地主管部门颁发的安全性能合格证。

4）降温系统

（1）设备完好。

（2）各类保护齐全、可靠。

（3）各种阀门、安全阀灵活可靠。

（4）仪表正常，有检验报告。

（5）水质合格，有化验记录。

【培训要点】

（1）定期对保护性能进行检查试验，做的灵敏可靠，原始记录要存档。

（2）做好机房运行日志。

（3）定期对安全阀及仪器仪表校验，检验报告要存档。

（4）锅炉年检报告要存档。

（5）特种设备使用登记证、地方安监部门颁发的安全性能合格证要存档。

（6）水质检验报告要存档。

## 三、煤矿电气

### 1. 地面供电系统

（1）有矿井供电设计及供电系统图，供电能力满足矿井安全生产需要。

（2）矿井供电主变压器运行方式符合规定。

（3）主要通风机、提升人员的绞车、抽采瓦斯泵、压风机以及地面安全监控中心等主要设备供电符合《煤矿安全规程》规定。

（4）各种保护设置齐全、定值合理、动作灵敏可靠，高压配出侧装设有选择性的接地保护。

（5）变电所有可靠的操作电源。

（6）直供电机开关或带有电容器的开关有欠压保护。

（7）高压开关柜具有防止误分合断路器、防止带负荷分合隔离开关、防止带电挂（合）接地线（接地开关）、防止带接地线（接地开关）合断路器（隔离开关）、防止误入带电间隔和通信功能。

（8）反送电开关柜加锁且有明显标志。

（9）矿井 6000 V 及以上电网单相接地电容电流符合《煤矿安全规程》规定。

（10）电气工作票、操作票符合《电力安全工作规程》的要求。

（11）防雷设施齐全、可靠。

（12）供电电压、功率因数、谐波参数符合规定。

（13）矿井主要变电所实现综合自动化保护和控制，实现无人值守。

（14）变电所有应急照明装置。

（15）矿井变电所安设与电力调度及矿调度室直通的电话并有录音功能。

【培训要点】

（1）有供电设计及最近编制的矿井供电能力核定报告书。

（2）有与地方供电部门签订的供电合同和调度协议。

（3）有地面供电系统图。

（4）有变电站电气设备预防性试验报告。

（5）有短路电流计算和继电保护整定计算书。

（6）有矿井高压电网单相接地电容电流测试报告等。

（7）有停送电记录。

（8）有防雷设施检验报告。

（9）有供电电压、功率因数、谐波参数、电容电流检检测报告。

（10）电气工作票、操作票符合《电力安全工作规程》的要求。

**2. 井下供电系统**

1）井下供配电网络

（1）各水平中央变电所、采区变电所、主排水泵房和下山开采的采区泵房供电线路符合《煤矿安全规程》规定，运行方式合理。

（2）各级变电所运行管理符合规定。

（3）矿井、采区及采掘工作面等供电地点均有合格的供电系统设计，符合现场实际。

（4）按规定进行继电保护核算、检查和整定。

（5）井下变电所高压馈电线上装有选择性接地保护装置。

（6）配电网路开关分断能力、可靠动作系数和动热稳定性以及电缆的热稳定性符合规定。

（7）实行停送电审批和工作票制度。

（8）井下变电所、配电点悬挂与实际相符的供电系统图。

（9）调度室、变电所有停送电记录。

（10）变电所设有与矿调度室直通电话。

（11）变电所设置符合《煤矿安全规程》规定。

（12）采区变电所应有专人值班或关门加锁并定期巡检。

（13）宜采用集中远程监控，实现无人值守。

【培训要点】

（1）有完整的井下供电系统图。

（2）有井下供电设计。

（3）双回路供电按照《煤矿安全规程》第四百三十六条～第四百三十八条规定。

（4）各级变电所运行管理按照《煤矿安全规程》第四百三十九条要求。

（5）有井下供电系统短路点计算和继电保护整定计算书。

（6）有电气设备防爆检查记录。

（7）有配电网络开关分断能力、可靠动作系数和动热稳定性以及电缆的热稳定性校验报告。

（8）有井下停送电记录。

（9）井下高压停送电执行工作票制度。

2）防爆电气设备及小型电器无失爆

【培训要点】

（1）有矿明确的机电部门防爆检查组及人员。

（2）防爆检查人员分片包干。

（3）每月对所分片包干电气设备的防爆性能全部检查一遍，检查记录存档。

（4）重点是管理死角、盲点、盲区的设备。

3）采掘工作面供电

（1）配电点设置符合《煤矿安全规程》规定。

（2）掘进工作面"三专两闭锁"设置齐全、灵敏可靠。

（3）采煤工作面甲烷电闭锁设置齐全、灵敏可靠。

（4）按要求试验，有试验记录。

【培训要点】

（1）采掘工作面供电系统图中"三专两闭锁"符合要求。

（2）建立风电闭锁、瓦斯电闭锁试验记录。

（3）建立风机定期切换试验记录。

4）高压供电装备

（1）高压控制设备装有短路、过负荷、接地和欠压释放保护。

（2）向移动变电站和高压电动机供电的馈电线上装有有选择性的动作于跳闸的单相接地保护。

（3）真空高压隔爆开关装设有过电压保护。

（4）推广设有通信功能的装备。

【培训要点】

（1）供电设备的各项保护要装设齐全，应投入使用。

（2）保护做到开关整定值、计算值、供电系统图纸值、标志牌值"四对应"。

5）低压供电装备

（1）采区变电所、移动变电站或者配电点引出的馈电线上有短路、过负荷和漏电保护。

（2）有检漏或选择性的漏电保护。

（3）按要求试验，有试验记录。

（4）推广设有通信功能的装备。

【培训要点】

（1）供电设备的各项保护要装设齐全，应投入使用。

（2）保护做到开关整定值、计算值、供电系统图纸值、标志牌值"四对应"。

（3）按照《煤矿安全规程》要求定期进行漏电试验，并填写记录。

（4）漏电试验总馈电、分总馈电均要试验。

（5）定期进行远方漏电试验，建立记录。

（6）远方漏电试验总馈电、分总馈电均要试验。

6）变压器及电动机控制设备

（1）40 kW 及以上电动机使用真空电磁启动器控制。

（2）干式变压器、移动变电站过负荷、短路等保护齐全可靠。

（3）低压电动机控制设备有短路、过负荷、单相断线、漏电闭锁保护及远程控制功能。

【培训要点】

（1）控制设备的各项保护要装设齐全，应投入使用。

（2）保护做到开关整定值、计算值、供电系统图纸值、标志牌值"四对应"。

（3）按照《煤矿安全规程》要求定期进行漏电试验，并填写记录。

（4）漏电试验总馈电、分总馈电均要试验。

（5）定期进行远方漏电试验，建立记录。

（6）远方漏电试验总馈电、分总馈电均要试验。

7）保护接地符合《煤矿安全规程》和《煤矿井下保护接地装置的安装、检查、测定工作细则》的要求

【培训要点】

（1）现场保护接地应按照《煤矿安全规程》和《煤矿井下保护接地装置的安装、检查、测定工作细则》的要求进行。

（2）绘制矿井接地保护系统图。

（3）对接地电阻定期测试，并建立记录。

8）信号照明系统

井下照明和信号的配电装置综合保护功能齐全、可靠。

【培训要点】

（1）井下信号、照明等其他 220 V 单相供电系统使用综合保护装置。

（2）按照《煤矿安全规程》要求定期进行试验，并填写记录。

9）电缆及接线工艺

（1）动力电缆和各种照明、信号、监控监测电缆使用煤矿矿用电缆。

（2）电缆接头及接线方式和工艺符合要求，无"羊尾巴""鸡爪子"、明接头。

（3）各种电缆按规定敷设（吊挂），合格率不低于95%。

（4）各种电气设备接线工艺符合要求。

【培训要点】

（1）现场使用矿用阻燃电缆；有出厂和使用前的电缆阻燃性能检测报告（有资质）。

（2）杜绝"鸡爪子""羊尾巴"、明接头等。

（3）建立电缆台账，有产品合格证、MA 标志。

10）井上下防雷电装置符合《煤矿安全规程》规定

【培训要点】

（1）入井金属设施防雷、变电所防雷、瓦斯抽放站防雷设施符合《煤矿安全规程》规定。

（2）矿井上下防雷设施定期测试，测试报告存档。

## 四、基础管理

### 1. 管理制度

（1）矿、专业管理部门建有以下制度（规程）：操作规程，停送电管理、设备定期检修、电气试验测试、干部上岗检查、设备管理、机电事故统计分析、防爆设备入井安装验收、电缆管理、小型电器管理、油脂管理、配件管理、阻燃胶带管理、杂散电流管理以及钢丝绳管理等制度。

（2）机房、硐室有以下制度、图纸和记录：

①有操作规程，岗位责任、设备包机、交接班、巡回检查、保护试验、设备

检修以及要害场所管理等制度，变电所有停送电管理制度。

②有设备技术特征、设备电气系统图、液压（制动）系统图、润滑系统图。

③有设备运转、检修、保护试验、干部上岗、交接班、事故、外来人员、钢丝绳检查（或其他专项检查）等记录，变电所有停送电记录。

**2. 技术管理**

（1）机电设备选型论证、购置、安装、使用、维护、检修、更新改造、报废等综合管理及程序符合相关规定，档案资料齐全。

（2）设备技术信息档案齐全，管理人员明确；主变压器、主要通风机、提升机、压风机、主排水泵、锅炉等大型主要设备做到一台一档。

（3）矿井提升、排水、压风、供热、供水、通信、井上下供电等系统和井下电气设备布置等图纸齐全，内容、图例、标注规范，及时更新。

（4）各岗位操作规程、措施及保护试验要求等与实际运行的设备相符。

（5）持续有效地开展全矿机电专业技术指导监督、专项检查与机电事故统计分析等全矿机电业务保安工作。

**3. 设备技术性能测试**

（1）大型固定设备更新改造有设计、有验收测试结果和联合验收报告。

（2）主提升设备、主排水泵、主要通风机、压风机及锅炉等按《煤矿安全规程》检测；检测周期符合《煤矿在用安全设备检测检验目录（第一批）》或其他规定要求。

（3）主绞车的主轴、制动杆件、天轮轴、连接装置以及主要通风机的主轴、叶片等主要设备的关键零部件探伤符合规定。

（4）按规定进行防坠器试验、电气试验、防雷设施及接地电阻等测试。

## 五、职工素质及岗位规范

**1. 管理技术人员**

区（队）管理和技术人员掌握相关的岗位职责、管理制度、技术措施。

**2. 作业人员**

班组长及现场作业人员严格执行本岗位安全生产责任制；掌握本岗位相应的操作规程、安全措施；规范操作，无"三违"行为；作业前进行岗位安全风险辨识及安全确认。

## 六、文明生产

**1. 设备设置**

（1）井下移动电气设备上架，小型电器设置规范、可靠。

（2）标志牌内容齐全。

（3）防爆电气设备和小型防爆电器有防爆入井检查合格证。

（4）各种设备表面清洁，无锈蚀。

**2. 管网**

（1）各种管路应每 100 m 设置标识，标明管路规格、用途、长度、载体、流向、管路编号等。

（2）管路敷设（吊挂）符合要求，稳固。

（3）无锈蚀，无跑、冒、滴、漏。

**3. 机房卫生**

（1）机房硐室、机道和电缆沟内外卫生清洁。

（2）无积水，无油垢，无杂物。

（3）电缆、管路排列整齐。

**4. 照明**

机房、硐室以及巷道等照明符合《煤矿安全规程》要求。

**5. 器材工具**

消防器材、电工操作绝缘用具齐全合格。

# 第 15 讲　质量控制：运输

## 第 31 课　工作要求（风险管控）

### 一、运输巷道与硐室

（1）满足运输设备安装、运行的空间要求。

【培训要点】

井下辅助运输线路巷道、硐室的设置及轨道的敷设应与煤矿井下整体开拓部署统一考虑，必须同时满足行人、通风、排水、供电、安全设施等的设备安装、检修、施工的要求。因此，必须符合《煤矿安全规程》第九十条、第九十一条以及《煤矿巷道断面和交岔点设计规范》（GB 50419—2017）、《煤矿井下车场及硐室设计规范》（GB 50416—2017）、《煤矿斜井井筒及硐室设计规范》（GB 50415—2017）等现行国家标准的有关要求。

（2）满足运输设备检修的空间要求。

【培训要点】

井下辅助运输线路巷道、硐室的设置及轨道的敷设应与煤矿井下整体开拓部署统一考虑，必须同时满足行人、通风、排水、供电、安全设施等的设备安装、检修、施工的要求。因此，必须符合《煤矿安全规程》第九十条、第九十一条以及《煤矿巷道断面和交岔点设计规范》（GB 50419—2017）、《煤矿井下车场及硐室设计规范》（GB 50416—2017）、《煤矿斜井井筒及硐室设计规范》（GB 50415—2017）等现行国家标准的有关要求。

（3）满足人员操作、行走的安全要求。

【培训要点】

应符合《煤矿安全规程》第九十条、第九十一条的规定，斜巷信号硐室、躲避硐等应符合《煤矿安全规程》第三百八十八条（四）"串车提升的各车场设有信号硐室及躲避硐；运人斜井各车场设有信号和候车硐室，候车硐室具有足够的空间"。

## 二、运输线路

（1）轨道线路轨型、轨道铺设质量符合标准要求。

【培训要点】

轨道运输巷道与井底车场轨道敷设，应根据运输设备类型使用地点确定，卡轨车轨道有专用异型轨、槽钢轨和普通轨，根据选型卡轨车配套采用。轨道线路轨型应符合《煤矿安全规程》第三百八十条、《煤矿井下辅助运输设计规范》（GB 50533—2009）规定，轨道铺设质量应符合《煤矿窄轨铁道维修质量标准及检查评级办法》的有关要求。轨道线路应符合下列要求：

①运行 7 t 及以上机车、3 t 及以上矿车，或者运送 15 t 及以上载荷的矿井、采区主要巷道轨道线路，应当使用不小于 30 kg/m 的钢轨；其他线路应当使用不小于 18 kg/m 的钢轨。

②卡轨车、齿轨车和胶套轮车运行的轨道线路，应当采用不小于 22 kg/m 的钢轨。

③同一线路必须使用同一型号钢轨，道岔的钢轨型号不得低于线路的钢轨型号。

（2）无轨胶轮车行驶路面质量符合标准要求。

【培训要点】

无轨胶轮车巷道根据无轨胶轮车的运输系统与运行要求，可布置成下列方式：单车单向行驶道，运行车辆应按一定方向行驶，严禁逆行；单车双向行驶道，应根据运距、运量、运速及运输车辆特性，在巷道的合适位置设置机车绕行道或会车硐室，并应设置安全可靠的行车信号闭锁监控装置；双车道行驶，来往车辆各行其道，必须确保会车及行车安全。无轨胶轮车道路应符合下列规定：

（1）井下运输巷道底板不应有低鼓现象，路面应平整、硬化，硬化路面的厚度不宜小于 150 mm，混凝土强度等级不应小于 C 20。

（2）无轨胶轮车运行巷道内应避免淋水和积水。

（3）保证车辆安全、平稳运行。

【培训要点】

轨道运输是我国井下运输的主要方式，保证车辆安全、平稳运行，必须做到运输设备、设施、线路、操作等符合《煤矿安全规程》第三百七十七条、第三百八十条、第三百八十五条、第三百八十七条、第三百八十九条等相关规定。

（4）改善运输方式，优化运输系统。

【培训要点】

井下辅助运输系统方式选择受复杂的、综合的因素影响，运输能力与对象是首要的，但应适应煤矿井下地质、煤层条件，因此运输系统方式选择是直接影响矿井生产安全可靠的关键。

提高辅助运输机械化水平，增加辅助运输能力，减少辅助运输环节及转载次数，提高辅助运输效率，提高运行可靠性，应充分考虑设备、物料的整机、整件和集装箱式运输，减少换装环节，降低劳动强度，减少运输费用。

井下开拓及运行条件适合时，应优先考虑由单一运输方式组成的井下辅助运输系统，尽可能实现物料设备或人员等的直达运输，这样做环节少、运行效率高、安全可靠。

## 三、运输设备

（1）设备完好，符合要求。

【培训要点】

根据《煤矿矿井机电设备完好标准》确定设备综合完好率。

（1）在用运输设备综合完好率不低于90%。

（2）矿车、专用车完好率不低于85%，应符合《矿用窄轨车辆》（GB/T 2885—2008）的要求。

（3）运送人员设备完好率100%。

（2）制动装置、信号装置及保护装置齐全、灵敏、可靠。

【培训要点】

符合《煤矿安全规程》第三百七十七条、第三百七十八条、第三百八十三条、第三百八十七条及《矿山在用斜井人车安全性能检验规范》（AQ 2028—2010）、《煤矿用架空乘人装置安全检验规范》（AQ 1038—2007）、《煤矿用架空乘人装置》（MT/T 1117—2011）的要求。

运输设备制动装置、撒砂装置、连接装置、防坠器安全可靠；架空乘人装置工作制动器、安全制动器、超速、打滑、全程急停、防脱绳、变坡点防掉绳、张紧力下降、越位、减速器油温检测报警装置等保护装置齐全、有效，符合有关规定要求。

（3）安装符合设计要求。

【培训要点】

按照《煤矿安全规程》《煤矿矿井机电设备完好标准》《煤矿设备安装工程施工规范》及相关法规、标准等要求执行。

## 四、运输安全设施

（1）安全设施、连接装置齐全可靠，安装规范，使用正常。

**【培训要点】**

（1）安全设施齐全可靠。应符合《煤矿安全规程》第三百八十五条、第三百八十七条、第三百九十条、第三百九十二条、第三百九十五条规定。

（2）连接装置：保险链、连接环、连接链和插销等，应符合《煤矿安全规程》第四百一十六条规定及《煤矿窄轨车辆连接件连接链》（MT 244.1—2005）、《煤矿窄轨车辆连接件连接插销》（MT 244.2—2005）的要求。上述挡车装置必须经常关闭，开车时方准打开。

（2）安全警示设施安装规范，使用正常。

**【培训要点】**

应符合《煤矿安全规程》第三百八十四条、第四百零三条、第四百零四条、第四百零五条、第四百七十三条和《煤矿井下机车运输信号设计规范》（GB 50388—2016）、《煤矿井下辅助运输设计规范》（GB 50533—2009）中绳牵引运输、辅助运输信号与通信的要求；符合《井下机车运输信号系统技术与装备标准》（中煤生字〔1991〕第 587 号）、《煤矿轨道运输监控系统通用技术条件》（MT/T 1113—2011）、《煤矿用防爆柴油机无轨胶轮车安全使用规范》（AQ 1064—2008）的要求。

（3）物料捆绑固定规范有效。

**【培训要点】**

（1）捆绑用具（专用捆绑链、手拉葫芦、卸扣体、蝴蝶结、连接件、卡具、压杠、钢丝绳扣）等必须完好可靠，无变形开焊，钢丝绳扣插接长度符合规定要求，无损伤、打结、扭曲、绳股断裂等现象；捆绑用具投入使用前必须进行完好检查，损坏的及时更换，并有显著标识。

（2）根据所装物料、设备的结构、尺寸、重量选择相符的车型，必须封车牢靠、保护有效，严禁超过车辆额定载重量，严禁乱装、混装。

（3）各类物料捆绑固定应符合《运输管理制度》规定要求。

## 五、运输管理

（1）管理制度完善，职责明确。

**【培训要点】**

制定和完善事故分析规定、交接班规定、安全生产标准化定期检查考核办法、职工学习培训考核办法、行车不行人管理办法、乘人管理办法、设备检查检修管理办法、设备设施（出厂、入库、安装）验收和报废管理办法、停送电管理规定、信集闭管理办法、小绞车（包括梭车、回柱机）使用管理办法、小电瓶车使用管理办法、上下山管理办法、卡轨车使用管理办法、单轨吊使用管理办法、无轨胶轮车使用管理办法、架空乘人装置使用管理办法、牵引网路检查维修管理办法、轨道线路检查维修管理办法、人车定期检查和试验管理办法、安全设施检查和试验管理办法、机车（包括电机车、柴油轨道机车）年审管理办法、电机车检查维修试验管理办法、连接装置检查试验管理办法、零星工程施工管理办法、特殊物料运送管理规定、综采设备支架运输和封装管理办法、设备准用证管理办法等，并认真执行。

（2）设备设施定期检测检验。

【培训要点】

按规定对斜巷人车、机车等运输设备及连接装置进行检测检验，并有完整的检测记录和检验报告。

（1）斜井人车按《煤矿安全规程》第四百一十五条规定，对使用中的斜井人车防坠器，应当每班进行1次手动落闸试验、每月进行1次静止松绳落闸试验、每年进行1次重载全速脱钩试验。防坠器的各个连接和传动部分，必须处于灵活状态。

（2）机车制动距离试验符合《煤矿安全规程》第三百七十七条第（十一）款规定："新投用机车应当测定制动距离，之后每年测定1次。运送物料时不得超过40 m；运送人员时不得超过20 m。"

（3）窄轨车辆连接器的试验应符合《煤矿安全规程》第三百八十五条和第三百八十八条规定，符合《煤矿窄轨车辆连接件　连接链》（MT 244.1—2005）和《煤矿窄轨车辆连接件　连接插销》（MT 244.2—2005）的要求。

（4）架空乘人装置每年由具有检验资质的单位，按照《煤矿用架空乘人装置安全检验规范》（AQ 1038—2007）和《煤矿用架空乘人装置》（MT/T 1117—2011）规定，对架空乘人装置进行一次检测检验，并有完整的检测记录和检验报告。

（5）单轨吊按照《DX25J防爆特殊型蓄电池单轨吊车》（MT/T 887—2000）、《柴油机单轨吊车》（MT/T 883—2000）、《矿用防爆柴油机通用技术条件》（MT 990—2006）、《煤矿井下用防爆柴油机检验规范》（MT 469—1995）要求进行检测、检验。

（6）无轨胶轮车应满足以下要求：

①新车每运行500 h，大修后的车辆每运行300 h应检测柴油机的尾气排放，CO和$NO_x$应满足《煤矿用防爆柴油机械排气中一氧化碳氮氧化物检验规范》（MT/T 220—1990）的规定。

②车辆每年必须由具有车辆年检资质的单位进行年检，各项安全性能应符合《矿用防爆柴油机无轨胶轮车通用技术条件》（MT/T 989—2006）和《矿用防爆

柴油机通用技术条件》（MT 990—2006）的要求，对司机每年要参照电机车司机年审的内容，进行培训、考试和查体等，由运输副总组织实施。

③大修后的车辆和防爆柴油机，应经国家安全生产监督管理总局授权的检测检验机构检验合格后投入使用，符合《煤矿井下用防爆柴油机检验规范》（MT 469—1995）要求。

（7）齿轨机车按照《煤矿用防爆柴油机钢轮/齿轨机车及齿轨装置》（MT/T 589—1996）要求进行检测、检验。

（8）斜巷跑车防护装置品种繁杂，很不规范，目前尚无较统一的管理试验办法，各单位可以根据有关规程和设备设施性能制定试验规定和办法。据现场设备、设施情况或运输管理台账，检查检测记录和检验报告。

（3）技术资料齐全，满足运输管理需要。

【培训要点】

（1）有运输设备、设施、线路的图纸、技术档案、维修记录。

（2）施工作业规程、技术措施符合有关规定。

（3）运输系统、设备选型和能力计算资料齐全。

## 六、职工素质及岗位规范

（1）严格执行本岗位安全生产责任制。

（2）管理人员、技术人员掌握相关的岗位职责、管理制度、技术措施，作业人员掌握本岗位相应的操作规程、安全措施。

【培训要点】

符合《煤矿安全规程》、安全技术操作规程、煤矿作业规程及机电运输行业标准规定。技术管理人员必须熟悉掌握各类规程、措施、标准，作业人员了解本岗位实际及操作流程。

（3）现场作业人员操作规范，无"三违"行为，作业前进行岗位安全风险辨识及安全确认。

【培训要点】

（1）作业人员持证上岗、正规操作，无违章指挥，无违章操作，无违反劳动纪律行为。

（2）作业前，排查现场安全隐患，执行落实好"手指口述"操作法，确认安全无误后，方可进行作业。

## 七、文明生产

（1）作业场所卫生整洁。

【培训要点】

井底车场、运输大巷和石门、主要斜巷、采区上下山、采区主要运输巷及车场、作业场所经常保持清洁，无积煤、无杂物，定期刷白，调度站、设备硐室、车间、车容、车貌等要干净、整齐。

（2）设备材料码放整齐，图牌板内容齐全、清晰准确。

【培训要点】

现场设备摆放、材料分类码放整齐、有序；现场图牌板内容齐全、参数准确、线路清晰。

# 第 32 课　标　准　要　求

## 一、巷道硐室

### 1. 巷道车场

（1）巷道支护完整，巷道（包括管、线、电缆）与运输设备最突出部分之间的最小间距符合《煤矿安全规程》规定。

（2）车场、巷道曲线半径、巷道连接方式、运输方式设计合理，符合《煤矿安全规程》及有关规定要求。

### 2. 硐室车房

斜巷信号硐室、躲避硐、绞车房、候车室、调度站、人车库、充电硐室、错车硐室、车辆检修硐室等符合《煤矿安全规程》及有关规定要求。

### 3. 装卸载站

车辆装载站、卸载站和转载站符合《煤矿安全规程》及有关规定要求。

【培训要点】

井下辅助运输线路巷道、硐室的设置及轨道的敷设应与煤矿井下整体开拓部署统一考虑，必须同时满足行人、通风、排水、供电、安全设施等的设备安装、检修、施工的要求。必须符合《煤矿安全规程》第九十条、第九十一条以及《煤矿巷道断面和交岔点设计规范》（GB 50419—2017）、《煤矿井下车场及硐室设计规范》（GB 50416—2017）、《煤矿斜井井筒及硐室设计规范》（GB 50415—2017）等现行国家标准的有关要求。

## 二、运输线路

### 1. 轨道线路

（1）运行 7t 及以上机车、3 t 及以上矿车，或者运送 15 t 及以上载荷的矿井井筒、主要水平运输大巷、车场、主要运输石门、采区主要上下山、地面运输系统轨道线路使用不小于 30 kg/m 的钢轨；其他线路使用不小于 18 kg/m 的钢轨。

（2）主要运输线路（主要运输大巷和主要运输石门、井底车场、主要绞车道，地面运煤、运矸干线和集中运载站车场的轨道）及行驶人车的轨道线路质量达到以下要求：

①接头平整度：轨面高低和内侧错差不大于 2 mm。

②轨距：直线段和加宽后的曲线段允许偏差为 −2 ~ 5 mm。

③水平：直线段及曲线段加高后两股钢轨偏差不大于 5 mm。

④轨缝不大于 5 mm。

⑤扣件齐全、牢固，与轨型相符。

⑥轨枕规格及数量应符合标准要求，间距偏差不超过 50 mm。

⑦道碴粒度及铺设厚度符合标准要求，轨枕下应捣实，轨枕露出高度不小于 50 mm。

⑧曲线段设置轨距拉杆。

【培训要点】

轨道运输巷道与井底车场轨道敷设，应根据运输设备类型、使用地点确定。轨道线路轨型应符合《煤矿安全规程》第三百八十条、《煤矿井下辅助运输设计规范》（GB 50533—2009）规定，轨道铺设质量应符合《煤矿窄轨铁道维修质量标准及检查评级办法》的有关要求。轨道线路应符合下列要求：运行 7 t 及以上机车、3 t 及以上矿车，或者运送 15 t 及以上载荷的矿井、采区主要巷道轨道线路，应当使用不小于 30 kg/m 的钢轨；其他线路应当使用不小于 18 kg/m 的钢轨。

（3）其他轨道线路不得有杂拌道（异型轨道长度小于 50 m 为杂拌道），质量应达到以下要求：

①接头平整度：轨面高低和内侧错差不大于 2 mm。

②轨距：直线段和加宽后的曲线段允许偏差为 −2 ~ 6 mm。

③水平：直线段及曲线段加高后两股钢轨偏差不大于 8 mm。

④轨缝不大于 5 mm。

⑤扣件齐全、牢固，与轨型相符。

⑥轨枕规格及数量符合标准要求，间距偏差不超过 50 mm。

⑦道碴粒度及铺设厚度符合标准要求，轨枕下应捣实。

（4）异型轨道线路、齿轨线路质量符合设计及说明书要求。

【培训要点】

卡轨车轨道有专用异型轨、槽钢轨和普通轨，根据选型卡轨车配套采用。轨道线路轨型应符合《煤矿安全规程》第三百八十条、《煤矿井下辅助运输设计规范》（GB 50533—2009）规定，轨道铺设质量应符合《煤矿窄轨铁道维修质量标准及检查评级办法》的有关要求。轨道线路应符合下列要求：卡轨车、齿轨车和胶套轮车运行的轨道线路，应当采用不小于 22 kg/m 的钢轨。

**2. 单轨吊线路**

单轨吊车线路达到以下要求：

（1）下轨面接头间隙直线段不大于 3 mm。

（2）接头高低和左右允许偏差分别为 2 mm 和 1 mm。

（3）接头摆角垂直不大于 7°，水平不大于 3°。

（4）水平弯轨曲率半径不小于 4 m，垂直弯轨曲率半径不小于 10 m。

（5）起始端、终止端设置轨端阻车器。

【培训要点】

单轨吊车运输的悬挂吊轨必须安全可靠，并应符合下列规定：

（1）采用锚喷支护时，每个吊轨悬挂点应采用双锚杆吊挂。

（2）采用矿用工字钢梯形棚支护时，可用顶梁或在顶梁间加小短梁悬挂吊轨，支架间应设纵向拉杆。

（3）U 形可缩性金属支护时，可采用支架顶梁悬挂吊轨，亘架间应设纵向拉杆。

（4）料石或混凝土墙金属横梁支护时可采用横梁悬挂吊轨。

（5）以上悬挂吊轨必须满足对锚杆锚固力或对悬挂点进行预定集中载荷试验的要求。

**3. 无轨胶轮车道路**

无轨胶轮车主要道路采用混凝土、铺钢板等方式硬化。

【培训要点】

无轨胶轮车道路应符合下列规定：

（1）井下运输巷道底板不应有底鼓现象，路面应平整、硬化，硬化路面的厚度不宜小于 150 mm，混凝土强度等级不应小于 C 20。

（2）无轨胶轮车运行巷道内应避免淋水和积水。

**4. 道岔**

（1）道岔轨型不低于线路轨型，均为标准道岔，道岔质量要达到以下要求：

①轨距按标准加宽后及辙岔前后轨距偏差不大于 +3 mm。

②水平偏差不大于 5 mm。

③接头平整度：轨面高低及内侧错差不大于 2 mm。

④尖轨尖端与基本轨密贴，间隙不大于 2 mm，无跳动，尖轨损伤长度不超

过 100 mm，在尖轨顶面宽 20 mm 处与基本轨高低差不大于 2 mm。

⑤心轨和护轨工作边间距按标准轨距减小 28 mm 后，偏差 +2 mm。

⑥扣件齐全、牢固，与轨型相符。

⑦轨枕规格及数量符合标准要求，间距偏差不超过 50 mm，轨枕下应捣实。

（2）单轨吊道岔达到以下要求：

①道岔框架 4 个悬挂点的受力应均匀，固定点数均匀分布且不少于 7 处。

②下轨面接头轨缝不大于 3 mm。

③轨道无变形，活动轨动作灵敏，准确到位。

④机械闭锁可靠。

⑤连接轨断开处设有轨端阻车器。

【培训要点】

（1）杜绝使用非标准道，道岔轨型不得低于线路轨型。

（2）道岔的轨距、水平、接头平整度、尖轨、心轨和护轨工作边间距符合要求。

（3）单轨吊每组道岔每个吊点使用的锚杆或锚索应不少于 2 根。吊轨接头间隙不得大于 3 mm，高低和左右允许偏差分别为 2 mm 和 1 mm，接头摆角垂直不得大于 7°，水平不得大于 3°。

（4）道岔框架 4 个悬挂点的受力应均匀。

道岔机械闭锁齐全、灵敏、可靠，道岔连接轨断开处应设置阻车机构，防止机车坠落。

**5. 窄轨架线电机车牵引网络**

（1）敷设质量达到以下要求：

①架空线悬挂高度：自轨面算起，架空线悬挂高度在行人的巷道内、车场内以及人行道与运输巷道交叉的地方不小于 2 m；在不行人的巷道内不小于 1.9 m；在井底车场内，从井底到乘车场不小于 2.2 m；在地面或工业场地内，不与其他道路交叉的地方不小于 2.2 m。

②架空线与巷道顶或棚梁之间的距离不小于 0.2 m；悬吊绝缘子距架空线的距离，每侧不超过 0.25 m。

③架空线悬挂点的间距，直线段内不超过 5 m，曲线段内符合规定。

④架空线直流电压不超过 600 V。

⑤两平行钢轨之间每隔 50 m 连接 1 根断面不小于 50 mm² 的铜线或者其他具有等效电阻的导线；线路上所有钢轨接缝处，用导线或者采用轨缝焊接工艺连接，连接后每个接缝处的电阻符合要求。

⑥不回电的轨道与架线电机车回电轨道之间应加绝缘；第一绝缘点设在两种

轨道的连接处，第二绝缘点设在不回电的轨道上，与第一绝缘点之间的距离应大于1列车的长度；在与架线电机车线路连通的轨道上有钢丝绳跨越时，钢丝绳不得与轨道接触。

⑦绝缘点应经常检查维护，保持可靠绝缘。

（2）电机车架空线巷道乘人车场装有架空线自动停送电开关。

（3）井下不得使用钢铝线。

**6. 运输方式改善**

（1）长度超过1.5 km的主要运输平巷或者高差超过50 m的人员上下主要倾斜井巷，应采用机械方式运送人员。

（2）水平单翼距离超过4000 m时，有缩短人员和物料运输距离的有效措施。

（3）采用先进的运输方式替代多级、多段运输。

（4）矿井逐步取消调度绞车。

（5）矿井实现辅助运输连续化。

【培训要点】

（1）提高辅助运输机械化水平，增加辅助运输能力，减少辅助运输环节及转载次数，提高辅助运输效率，提高运行可靠性，应充分考虑设备、物料的整机、整件和集装箱式运输，减少换装环节，降低劳动强度，减少运输费用。

（2）井下开拓及运行条件适合时，应优先考虑由单一运输方式组成的井下辅助运输系统，尽可能实现物料设备或人员等的直达运输，这样做环节少、运行效率高，安全可靠。

## 三、运输设备

**1. 普通轨斜巷（井）人车**

（1）制动装置齐全、灵敏、可靠。

（2）装有跟车工在运行途中任何地点都能发送紧急停车信号的装置，并具有通话和信号发送、接收功能，灵敏可靠。

**2. 架空乘人装置**

（1）架空乘人装置正常运行；每日至少对整个装置进行1次检查。

（2）双向同时运送人员时钢丝绳间距不得小于0.8 m，固定抱索器的钢丝绳间距不得小于1.0 m；乘人吊椅距底板的高度不得小于0.2 m，在上下人站处不大于0.5 m；乘坐间距不应小于牵引钢丝绳5 s的运行距离，且不得小于6 m；各乘人站设上、下人平台，平台处钢丝绳距巷道壁不小于1 m，路面应当进行防滑处理，上、下人员地点前方应装置人员到达语音提醒装置。

（3）运行坡度、运行速度不得超过《煤矿安全规程》规定。

（4）驱动系统必须设置失效安全型工作制动装置和安全制动装置，安全制动装置必须设置在驱动轮上。

（5）装设超速、打滑、全程急停、防脱绳、变坡点防掉绳、张紧力下降、越位等保护装置，安全保护装置动作后，需经人工复位，方可重新启动。

（6）沿线设有延时启动声光预警信号。

（7）各上、下人地点装备通信信号装置，具备通话和信号发送接收功能。

（8）除采用固定抱索器的架空乘人装置外，应当设置乘人间距提示或者保护装置。

（9）减速器应设置油温检测装置，当油温异常时能发出报警信号。

（10）有断轴保护措施。

（11）钢丝绳安全系数、插接长度、断丝面积、直径减小量、锈蚀程度符合《煤矿安全规程》规定。

（12）倾斜巷道中架空乘人装置与轨道提升系统同巷布置时，必须设置电气闭锁，2种设备不得同时运行；倾斜巷道中架空乘人装置与带式输送机同巷布置时，必须采取可靠的隔离措施。

（13）巷道应当设置照明。

【培训要点】

（1）每日对架空乘人装置进行检查，检修时间不得少于2 h。架空乘人装置的工作制动器、安全制动器齐全有效，确保运送人员安全，防止重大人员伤亡事故发生。安全制动装置设置在驱动轮上，是为了防止因断轴、断齿时高速轴上的工作制动装置失效而导致飞车事故。

（2）架空乘人装置装设各类安全保护装置，可以有效保证架空乘人装置的安全运行。具备这些保护后，当发生设备超速、失速运行、掉绳、人员乘车越位及其他应急情况时，能够及时停止设备运行，防止人员摔伤或钢丝绳损坏等事故。安全保护装置动作后，需经人工复位，方可重新启动。设置断轴保护措施，主要是防止因断轴造成驱动轮、尾轮在钢丝绳张力作用下快速移动而伤人的事故；减速器设置油温检测装置，是为了保障减速器的安全运行；沿线设置延时启动声光预警信号，以便在设备启动前发出声光预警信号，提醒乘车人员注意；各上、下人地点设置信号通信装置，是为了方便各乘人处与司机进行信号和通信联络。

（3）《煤矿用架空乘人装置安全检验规范》（AQ 1038—2007）《煤矿井下用架空乘人装置安全标志管理要求》：

①应设工作制动器和安全制动器，工作制动器可设在高速轴或驱动轮上，安全制动器应设在驱动轮上，制动装置应为失效安全型。

②正常工作制动时，工作制动器与安全制动器不得同时投入工作。

③当工作制动器或安全制动器引起紧急停车时，电机电源应立即自动切断，其他停车情况下，电机电源最迟在停车时切断。

④应设置减速器润滑油油温检测装置，当油温异常时应发出报警信号，宜设置润滑油油位监测装置，当油位异常时，发出报警信号，达到完好运行。

（4）架空乘人装置的钢丝绳部分应符合以下要求：

①钢丝绳检查、检验与安全系数必须符合《煤矿安全规程》有关规定。

②主运行钢丝绳应使用表面无油的钢丝绳，其插接长度不得小于钢丝绳直径的 1000 倍。

③钢丝绳每周至少检查一次，若有断股、锈蚀严重、点蚀麻坑形成沟纹或外层钢丝松动情况，必须立即更换。

④张紧钢丝绳连接必须可靠。

⑤钢丝绳在使用前必须采取措施消除内部应力。

**3. 机车、平巷人车、矿车、专用车辆**

（1）制动装置符合规定，齐全、可靠。

（2）列车或者单独机车前有照明、后有红灯。

（3）警铃（喇叭）、连接装置和撒砂装置完好。

（4）同一水平行驶 5 台及以上机车时，装备机车运输集中信号控制系统及机车通信设备；同一水平行驶 7 台及以上机车时，装备机车运输监控系统。

（5）2016 年 10 月 1 日后投产的大型矿井的井底车场和运输大巷，装备机车运输监控系统或者运输集中信号控制系统。

（6）防爆蓄电池机车或者防爆柴油机动力机车装备甲烷断电仪或者便携式甲烷检测报警仪。

（7）防爆柴油机动力机车装备自动保护装置和防灭火装置。

（8）机车、平巷人车、矿车、专用车辆完好。

**4. 调度绞车、卡轨车、无极绳连续牵引车、绳牵引卡轨车、绳牵引单轨吊车**

1）调度绞车：

（1）安装符合设计要求，固定可靠。

（2）制动装置符合规定，齐全、可靠。

（3）钢丝绳安全系数、断丝面积、直径减小量、锈蚀程度以及滑头、保险绳插接长度符合《煤矿安全规程》规定。

（4）声光信号齐全、完好。

（5）滚筒钢丝绳排列整齐，绞车有钢丝绳伤人防护措施。

2）卡轨车、无极绳连续牵引车、绳牵引卡轨车、绳牵引单轨吊车：

（1）驱动部和牵引车制动闸齐全、灵敏可靠，能使用正常。

（2）装备越位、超速、张紧力下降等安全保护装置，并正常使用。

（3）设置司机与相关岗位工之间的信号联络装置；设有跟车工时，应设置跟车工与牵引绞车司机联络用的信号和通信装置。

（4）驱动部、各车场设置行车报警和信号装置。

（5）钢丝绳安全系数、插接长度、断丝面积、直径减小量、锈蚀程度符合《煤矿安全规程》规定。

【培训要点】

（1）必须设置越位、超速、张紧力下降等保护，确保达到完好运行。

（2）在驱动部、各车场设置行车报警装置是为了对巷道和各车场人员进行提升警示，防止人员误入；而设置信号装置是为了使信号工与司机能够及时联络，相互交换信息，保证设备的安全运行。

（3）无极绳连续牵引车、绳牵引卡轨车、绳牵引单轨吊车由于运行和停止都由绞车控制，尽管前有照明和喇叭，但是绞车司机必须与列车司机配合，协调操作才能正常行驶和工作。如果发现问题紧急停车时，绞车司机不知道，有可能拉断钢丝绳，下放行车还可能导致大量松绳，造成冲击断绳事故。因此，列车司机与绞车司机不但要有紧急联络信号，还必须要有说明原因和具体要求的通信装置。

**5. 单轨吊车**

（1）具备2路以上相对独立回油的制动系统。

（2）设置既可手动又能自动的安全闸，并正常使用。

（3）超速保护、甲烷断电仪、防灭火设备等装置齐全、可靠。

（4）机车设置车灯和喇叭，列车的尾部设置红灯。

（5）柴油单轨吊车的发动机排气超温、冷却水超温、尾气水箱水位、润滑油压力等保护装置灵敏、可靠。

（6）蓄电池单轨吊车装备蓄电池容量指示器及漏电监测保护装置且齐全、可靠。

【培训要点】

（1）根据近些年单轨吊车的使用经验和国外产品的技术要求，提出配备2路以上独立回油的制动系统及超速保护装置，做到安全冗余，每一回路必须独立且能独立承担回油任务，以保障单轨吊车的安全运行。当一路回油系统出现故障时，另一路回油系统可以正常工作，避免发生制动失效的事故。确保达到完好运行。

（2）为了防备万一发生火灾，防爆柴油动力装置必须配备足够的适宜柴油灭火的灭火器，以在最短时间内完成灭火，最大限度地减少巷道中有毒烟气和火灾造成的损失。

（3）为了瞭望运行前有无行人、行车和障碍物，防止撞人、撞车事故的发生，头车和牵引机车必须设有足够的照明。为了让行人及时躲开，引起行车、行人的注意，运行中要鸣笛示警，特别是在弯道或有障碍物影响视线时，必须及时鸣响喇叭，给人充分的躲避时间。同样，列车尾设红灯是为了防止追尾事故的发生，以红色代表危险，禁止车辆和行人接近。

（4）防爆柴油机在爆炸危险环境中运行，为防止其产生危险温度、火花引燃引爆瓦斯煤尘及尾气排放超标，必须安装相关安全保护。排气超温保护：当排气温度超过 77 ℃ 时停止运行。冷却水超温保护：当排水温度超过 95 ℃ 时停止运行。尾气水箱水位保护：尾气水箱起隔爆及净化尾气作用，但其中水位低于设计规定值时必须停止运行。润滑油压力保护：当油压过低时，不但会使摩擦表面润滑不良而加快磨损，严重时还会导致烧瓦、拉缸，因此设置润滑油压力保护非常有必要。

（5）装备容量指示器，防止蓄电池过放电，提高蓄电池使用寿命和运输效率。

**6. 无轨胶轮车**

（1）车辆转向系统、制动系统、照明系统、警示装置等完好可靠，车辆自带防止停车自溜的设施或工具。

（2）装备自动保护装置、便携式甲烷检测报警仪、防灭火设备等安全保护装置。

（3）行驶 5 台及以上无轨胶轮车时，装备车辆位置监测系统。

（4）装备有通信设备。

（5）运送人员应使用专用人车。

（6）载人或载货数量在额定范围内。

（7）运行速度：运人时不超过 25 km/h，运送物料时不超过 40 km/h，车辆不空挡滑行。

（8）井下无轨胶轮车应符合排气标准规定。

【培训要点】

（1）强调运送人员使用专用人车，不得使用非专用人车运送人员，以保障乘坐人员安全。超员乘坐容易引发事故，车辆超限运输长期处于超负荷状态，会导致车辆的制动和操作等安全性能迅速下降，严禁超员乘坐，超员会使车内很挤，每人都没有自由活动的空间，运行中车内行成一个整体随车摆动，互相之间没有缓冲，加大了车辆的侧向压力，易造成翻车事故。

（2）运送人员时运行速度不得超过 25 km/h，运送物料时不得超过 40 km/h，是关于最高车速的限定。车速过快会导致行驶安全性下降，容易使车辆失控，造成人身伤害。

（3）通过设置随车通信系统或车辆位置监测系统，可以实时掌握机车运行位置，调度员或管理人员可以监控机车运行状态，方便调度指挥，提高运输效率。

## 四、运输安全设施

### 1. 挡车装置和跑车防护装置

（1）轨道斜巷挡车装置和跑车防护装置符合《煤矿安全规程》规定要求，安装齐全、可靠，并正常使用。

（2）无轨胶轮车运行的长坡段巷道内必须采取车辆失速安全措施，巷道转弯处设置防撞装置。

【培训要点】

（1）在倾斜井巷内安设能够将运行中断绳、脱钩的车辆阻止住的跑车防护装置。

（2）在各车场安设能够防止带绳车辆误入非运行车场或者区段的阻车器。

（3）在上部平车场入口安设能够控制车辆进入摘挂钩地点的阻车器。

（4）在上部平车场接近变坡点处，安设能够阻止未连挂的车辆滑入斜巷的阻车器。

（5）在变坡点下方略大于1列车长度的地点，设置能够防止未连挂的车辆继续往下跑车的挡车栏。

上述挡车装置必须经常关闭，放车时方准打开。兼作行驶人车的倾斜井巷，在提升人员时，倾斜井巷中的挡车装置和跑车防护装置必须是常开状态并闭锁。

### 2. 安全警示

（1）斜巷各车场及中间通道口装有声光行车报警装置，并能使用正常。

（2）斜巷双钩提升装备错码信号。

（3）弯道、井底车场、其他人员密集的地点、顶车作业区装有声光预警信号装置，关键部位道岔装有道岔位置指示器。

（4）各乘人地点悬挂明显的停车位置指示牌。

（5）斜巷车场悬挂最大提升车辆数及最大提升载荷数的明确标识。

（6）无轨胶轮车运输巷道各岔口、错车点、弯道、车场等处设有行车指示等安全标志和信号。

（7）有轨运输与无轨运输交叉处、有轨运输行人通行处等危险路段设置限速和警示装置。

【培训要点】

（1）设置行车报警装置是为了对巷道和各车场人员进行提升警示，并有"正在行车、不准进入"的醒目标志，防止人员误入。

（2）在弯道或司机视线受阻的区段、井底车场、其他人员密集的地点、顶车作业区、各乘人车场应使用预报警信号装置；列车通过的风门，必须设置两侧都能接收到的声光信号装置。

（3）关键部位的道岔必须使用道岔位置指示器。主要运输线和区间、交叉点及采区车场中机车行驶频繁地段的道岔，以及机车驶过次数多、速度较快、有调车、顶车作业所使用的道岔都应视为关键部位道岔。道岔位置指示器应能对道岔的尖轨与基本轨密贴在定位、反位或不密贴（其间隙大于 4 mm）进行监视。信集闭系统控制道岔的不需要另外安装道岔位置指示器。斜巷车场悬挂有最大提升车辆数及最大提升载荷数内容的牌板。

（4）采用信号灯、标志、标线、文字或符号传递引导、限制、警告或指示信息，保证车辆运行安全、顺畅。在巷道弯道或驾驶员视线受阻的区段，应设限速、鸣笛标志。

人员躲避硐室、车辆躲避硐室附近应设置提示标志。在巷道弯道或驾驶员视线受阻的区段，应设限速、鸣笛标志。行驶车辆的巷道平面交叉时，宜设置自动交通信号装置。

**3. 物料捆绑**

捆绑固定牢固可靠，有防跑防滑措施。

**4. 连接装置**

保险链（绳）、连接环（链）、连接杆、插销、连接钩头及其连接方式符合规定。

【培训要点】

（1）捆绑用具（专用捆绑链、手拉葫芦、卸扣体、蝴蝶结、连接件、卡具、压杠、钢丝绳扣）等必须完好可靠，无变形开焊，钢丝绳扣插接长度符合规定要求，无损伤、打结、扭曲、绳股断裂等现象；捆绑用具投入使用前必须进行完好检查，损坏的及时更换，并有显著标识。

（2）根据所装物料、设备的结构、尺寸、重量选择相符的车型，必须封车牢靠、保护有效，严禁超过车辆额定载重量，严禁乱装、混装。

（3）各类物料捆绑固定，应符合运输管理制度规定要求。

## 五、运输管理

**1. 制度保障**

（1）完善各岗位各工种的操作规程，内容符合现场实际，并认真执行。

（2）制定以下规定：

①运输设备运行、检修、检测等管理规定。

②运输安全设施检查、试验等管理规定。

③轨道线路检查、维修等管理规定。

④辅助运输安全事故汇报管理规定。

【培训要点】

（1）完善各级人员岗位责任制和运输各工种（各类司机、信号工、把钩工、连环工、各类跟车工、行车调度工、轨道工、维修工等）岗位责任制、操作规程，内容齐全、符合现场实际、可操作性强，并汇编成册，各固定岗位工种的岗位责任制和操作规程要制作成牌板，悬挂在工作现场。

（2）制定和完善安全活动办法、事故分析规定、交接班规定、安全安产标准化定期检查考核办法、员工学习培训考核办法、封闭巷道管理办法、行车不行人管理办法、乘人管理办法、设备检查检修管理办法、设备设施（出厂、入库、安装）验收和报废管理办法、停送电管理规定、信集闭管理办法、电瓶车使用管理办法、上下山管理办法、卡轨车使用管理办法、单轨吊使用管理办法、无轨胶轮车使用管理办法、架空乘人装置使用管理办法、牵引网路检查维修管理办法、轨道线路检查维修管理办法、人车定期检查和试验管理办法、安全设施检查和试验管理办法、机车（包括电机车、柴油轨道机车）年审管理办法、电机车检查维修试验管理办法、连接装置检查试验管理办法、零星工程施工管理办法、特殊物料运送管理规定、综采设备支架运输和封装管理办法、设备准用证管理办法等，并认真执行。根据机构设置现场设备、设施、线路情况、运输管理台账并汇编成册。

（3）认真落实各项运输管理制度和规定、各级人员岗位责任制、各工种岗位责任制和操作规程。

**2. 技术资料**

（1）有运输设备、设施、线路的图纸、技术档案，有检修记录。

（2）施工作业规程、技术措施符合有关规定。

（3）运输系统、设备选型和能力计算资料齐全。

（4）架空乘人装置有专项设计。

（5）人行车、架空乘人装置、机车、调度绞车、无极绳连续牵引车、卡轨车、绳牵引单轨吊车、单轨吊车、齿轨车、无轨胶轮车、矿车、专用车等运输设备编号管理。

【培训要点】

符合《煤矿安全规程》《矿井运输管理规定》等要求，指导矿井安全生产及设备维护管理：

（1）运输设备、设施、线路的图纸、技术档案、维修记录齐全。

（2）施工作业规程、技术措施符合有关规定。

（3）运输系统、设备选型和能力计算资料及时存档。

**3. 检测检验**

（1）更新或大修及使用中的斜巷（井）人车，有完整的重载全速脱钩测试报告及连接装置的探伤报告。

（2）按规定对架空乘人装置、窄轨车辆连接链、窄轨车辆连接插销、斜井人车进行检测检验，有完整的试验、检测检验报告。

（3）按规定对无轨胶轮车、单轨吊车进行试验、检测检验，有完整的试验、检测检验报告。

（4）新投用机车应测定制动距离，之后每年测定 1 次，有完整的制动距离测试报告。

（5）无极绳连续运输车、卡轨车、齿轨车、异型轨卡轨车、防跑车装置等根据产品使用说明书要求，由矿定期对相关安全性能进行试验，并有试验记录。

## 六、职工素质及岗位规范

**1. 管理技术人员**

区（队）管理和技术人员掌握相关的岗位职责、管理制度、技术措施。

【培训要点】

技术管理人员必须熟悉掌握各类规程、措施、标准，作业人员了解本岗位实际及操作流程。

**2. 作业人员**

班组长及现场作业人员严格执行本岗位安全生产责任制；掌握本岗位相应的操作规程、安全措施；规范操作，无"三违"行为；作业前进行岗位安全风险辨识及安全确认。

【培训要点】

作业人员持证上岗、正规操作，无违章指挥，无违章操作，无违反劳动纪律行为。

作业前，排查现场安全隐患，执行落实好"手指口述"操作法，确认安全无误后，方可进行作业。

## 七、文明生产

（1）运输线路、设备硐室、车间等卫生整洁，设备清洁，材料分类、集中码放整齐。

（2）主要运输线路水沟畅通，巷道无淤泥、积水；水沟侧作为人行道时，盖板齐全、稳固。

# 第16讲 质量控制：露天煤矿

## 第33课 工作要求（风险管控）

### 一、采矿作业

（1）采剥符合生产规模和设计要求，保证合理的采剥关系。

【培训要点】

根据采掘和运输设备规格确定最小工作平盘宽度，各工作平盘宽度不小于最小工作平盘宽度。

（2）科学组织生产，采剥、运输、排土系统匹配合理。

【培训要点】

在钻爆、采剥、运输、排土等生产环节中要确保各环节能力相互匹配，使得各环节设备效率充分发挥，要确保单位成本高的环节设备能力完全释放。

### 二、工艺与设备

采用符合要求的先进设备和工艺，配置合理。

【培训要点】

（1）露天煤矿常用的开采工艺可分为间断开采工艺、连续开采工艺、半连续开采工艺、拉斗铲倒堆开采工艺和综合开采工艺。

（2）露天开采工艺的选择，应结合地质条件、气候条件、开采规模等因素，本着因矿制宜的原则，通过多方案比较确定，并应符合下列规定：保证剥采系统的可靠性，力求生产过程的简单化，具有先进性、适应性和经济性，设备选型规格宜大型化、通用化、系列化。

（3）主要设备和辅助设备不应配备备用设备。

（4）当采掘场内有矿井采空区时，应对采空区进行专门探查，并应配备探查装备。

（5）禁止使用国家明令禁止使用或者淘汰的设备、工艺。

### 三、生产现场管理和生产过程控制

加强对生产现场的安全管理和对生产过程的控制，并对生产过程及物料、设备设施、器材、通道、作业环境等存在的安全风险进行分析和控制，对隐患进行排查治理。

【培训要点】

严格执行《煤矿安全规程》、作业规程和操作规程；加强各生产环节的过程控制，生产布局合理，接续合理，采剥比符合要求；定期开展安全质量标准化的自检自查工作，并形成自检自查报告，对存在的安全质量隐患，安排专人按时按要求整改，重大隐患应制定整改方案；建立健全安全生产风险分级管控体系、隐患排查体系和安全生产信息化系统，加大对生产过程及物料、设备设施、器材、通道、作业环境等存在的安全风险进行分析和控制。

### 四、技术保障

（1）有健全的技术管理体系和完善的工作制度。

【培训要点】

健全技术管理体系，完善工作制度，开展技术创新；作业规程、操作规程及安全技术措施符合要求。

（2）按规定设置机构，配备技术人员。

【培训要点】

煤矿应按规定健全技术管理体系，任命总工程师或技术负责人，成立技术部门，负责煤矿的相关技术工作；完善技术管理的相关工作制度，明确作业规程、操作规程及安全技术措施的编制要求及审批程序。

（3）各种规程和安全生产技术措施审批手续完备，贯彻、考核和签字记录齐全。

【培训要点】

煤矿应有完善的规程和安全生产技术措施的程序审批制度，按规定逐级对各种规程和安全生产技术措施进行审批，组织相关人员学习并进行严格考核，考核通过后签字确认。

（4）在生产组织等方面开展技术创新。

【培训要点】

露天煤矿工程设计，应体现生产集中化、装备现代化、技术经济合理化和安全高效的原则，因地制宜地采用新技术、新工艺、新装备、新材料，推行科学管理，加大煤矿安全生产信息化建设。

### 五、职工素质及岗位规范

（1）严格执行本岗位安全生产责任制。

【培训要点】

安全生产责任制是根据我国安全生产方针"安全第一，预防为主，综合治理"和安全生产法规建立的各级领导、职能部门、工程技术人员、岗位操作人员在劳动生产过程中对安全生产层层负责的制度。

（2）管理人员熟悉采矿技术，技术人员掌握专业理论知识，具有实践经验。

【培训要点】

安全生产管理人员和技术人员必须具备煤矿安全生产知识和管理能力，熟悉采矿技术，掌握相关的专业理论知识，熟悉国家的相关法律法规，熟知《煤矿安全规程》、操作规程、作业规程和安全生产技术措施，具备丰富的生产技术经验，并须按规定每3年至少接受1次技术培训。

（3）作业人员掌握操作规程及作业规程。

【培训要点】

所有作业人员必须掌握并严格执行《煤矿安全规程》、操作规程、作业规程及安全技术措施中的相关要求，现场作业人员操作规范，无违章作业、无违反劳动纪律的行为；所有从业人员必须按规定的学时参加岗前培训，考核合格后方可上岗作业，特种工作人员必须按照国家有关规定经专门的安全作业培训，取得相应特种作业资格证后，方可上岗作业。

（4）现场作业人员操作规范，无"三违"行为，作业前进行岗位安全风险辨识及安全确认。

【培训要点】

执行好《煤矿安全规程》第八条之规定：

从业人员有权制止违章作业，拒绝违章指挥；当工作地点出现险情时，有权立即停止作业，撤到安全地点；当险情没有得到处理不能保证人身安全时，有权拒绝作业。

从业人员必须遵守煤矿安全生产规章制度、作业规程和操作规程，严禁违章指挥、违章作业。

违章指挥是指煤矿领导对矿工下达违反《煤矿安全规程》、作业规程和操作规程的指令，并强迫矿工执行的行为，造成违章指挥的心理原因主要有两个：一是凭老经验办事，认为过去这样做行之有效，忽视了指挥的科学性原则；二是单纯追求经济效益，把安全置于脑后。虽然煤矿规定矿工对于违章指挥可以拒绝执行，但是领导权力给矿工的心理影响是不可能完全消除的，因此违章指挥行为往往会带动、促进矿工的违章作业行为，使之具有连锁性，即领导的违章指挥和矿工违章作业、违反劳动纪律行为会同时发生。从这个意义上讲，领导者的违章指挥行为的危害性往往要大于矿工的违章作业行为。

违章作业，就是违反《煤矿安全规程》、作业规程和操作规程，不懂安全常识及技术或不听从有关人员的劝告及阻止，冒险蛮干进行操作及作业的行为。这是人为制造事故的行为，是造成矿井事故的主要原因之一。

违反劳动纪律，即违反企业制定的有关规章制度的现象和行为。违反劳动纪律的现象在任何单位都经常发生，劳动纪律是煤矿企业对职工在生产劳动中的不规范行为的约束，它对煤矿安全生产有极其重要的作用，纪律是生产的保证，劳动纪律可以保障矿工的安全。

各班组在作业前必须对现场进行隐患排查，发现隐患立即整改，做到隐患排查、落实整改、复查验收、隐患销号的隐患闭合管理，保证所有隐患能够得到落实，确保施工安全。

上岗前作业人员可以通过"手指口述""应知应会"等进行岗前安全确认。

## 六、文明生产

作业环境满足要求，设备状态良好。

【培训要点】

作业场所空气质量、温度、噪声、辐射及照明等符合相关规定；物料分类摆放整齐，环境整洁；各类图牌板齐全，安设合理；管线吊挂整齐；各种标示标识按照《安全标志及其使用导则》（GB 2894）及企业规定设置标志。

生产经营单位应按照相关要求定期对各作业场所的环境进行检测，确保作业场所的空气质量、温度、噪声、辐射及光照度等符合要求。

建立健全设备设施综合管理制度，设备管理台账，运用信息化手段，加强设备设施管理，使用设备管理落实责任人制度。

## 七、工程质量

到界排土平盘按计划复垦绿化，工程质量除符合本标准外，还符合国家现行有关标准的规定。

【培训要点】

露天开采对土地植被、地上下水系造成了大范围持久性的破坏，同时又产生了许多新的污染源。因此，应按《中华人民共和国土地管理法》有关规定，及时进行复垦治理；依据《土地复垦规定》的规定，土地复垦实行"谁破坏、谁复垦"的原则，对破坏的土地进行复垦，把土地复垦工艺内容纳入露天煤矿生产统一管理，可大大降低土地复垦费用，提高土地复垦率，起到事半功倍的效果。依据现行国家标准《水土保持综合治理技术规范》（GB/T 16453）进行水土保持工程设计。

《煤炭工业露天矿设计规范》规定，露天煤矿工程设计，对环保工程、水土保持工程和土地复垦工程，必须做到与主体工程同时设计。

# 第34课　标　准　要　求

## 一、露天煤矿钻孔

### （一）技术管理

（1）设计：有钻孔设计并按设计布孔。

（2）钻孔位置及出入口：钻孔位置有明显标识，1个钻孔区留设的出入口不多于2个。

（3）验收资料：有完整的钻孔验收资料。

（4）合格率：钻孔合格率不小于95%。

【培训要点】

（1）钻孔、爆破设计。露天煤矿钻孔、爆破作业必须编制钻孔、爆破设计及安全技术措施，并经矿总工程师批准。钻孔、爆破作业必须按设计进行。爆破前应当绘制爆破警戒范围图，并实地标出警戒点的位置。

（2）钻孔标识。标识有两部分内容，一个是设计标识内容，包括间距、孔距、孔深、方位；另一个是验收标识，如钻孔深度是否符合要求内容。每个孔施工点要准确，施工状况要有明显记录。标识具体形式国家没有统一规定，根据自己矿实际情况选择，爆破区特别大的，留设2个出入口，方便车进车出，爆破区不大就留设1个出入口，各矿根据各自实际来定。

穿孔作业应有穿孔设计并按设计布孔，有明显标识，穿孔设计参数有孔距、行距、孔深、孔斜度、布孔方式等。采用现场人工布孔时应有明显标识，利用先进技术自动布孔（如GPS定位）时，现场不需有明显标识。

（3）不合格孔是指不符合标穿孔设计要求的钻孔，钻孔不合格率＝（不合格孔数/总孔数）×100%，钻孔不合格率应小于5%。

### （二）钻孔参数管理

#### 1. 单斗挖掘机

（1）孔深：与设计误差不超过0.5 m。

（2）孔距：与设计误差不超过0.3 m。

(3) 行距：与设计误差不超过 0.3 m。

(4) 坡顶距：孔距坡顶线距离与设计误差不超过 0.3 m。

**2. 拉斗铲**

(1) 孔深：与设计误差不超过 0.5 m。

(2) 孔距：与设计误差不超过 0.2 m。

(3) 行距：与设计误差不超过 0.2 m。

(4) 坡顶距：钻孔距坡顶线距离与设计误差不超过 0.2 m。

(5) 方向、角度：符合设计。

**（三）钻孔操作管理**

(1) 护孔：钻机在钻孔完毕后进行护孔。

(2) 调钻：钻机在调动时不压孔。

(3) 预裂孔线：与设计误差不超过 0.2 m。

(4) 钻机：正常作业。

**【培训要点】**

(1) 钻机在穿孔完毕后应进行护孔作业，孔口周围 0.3 m 内的碎石、杂物清理干净，或采用其他装置保证岩渣不倒流，孔口岩壁不稳定者应进行维护。

(2) 钻机完好可靠。设备无跑冒滴漏现象，电器、机械部分运转正常。

**（四）钻机安全管理**

(1) 边孔：钻机在打边排孔时，距坡顶的距离不小于设计，要垂直于坡顶线或夹角不小于45°。

(2) 调平：钻孔时钻机稳固并调平后方可作业。

(3) 除尘：钻孔时无扬尘，有扬尘时钻机配备除尘设施。

(4) 行走：钻机在行走时符合《煤矿安全规程》规定。

**【培训要点】**

钻孔设备进行钻孔作业和走行时，履带边缘与坡顶线的安全距离应当符合表 16-1 的要求。

表 16-1　钻孔设备履带边缘与坡顶线的安全距离　　　　　　　　　　m

| 台阶高度 | <4 | 4～10 | 10～15 | ≥15 |
|---|---|---|---|---|
| 安全距离 | 1～2 | 2～2.5 | 2.5～3.5 | 3.5～6 |

钻凿坡顶线第一排孔时，钻孔设备应当垂直于台阶坡顶线或者调角布置（夹角应当不小于45°）；有顺层滑坡危险区的，必须压碴钻孔；钻凿坡底线第一排孔时，应当有专人监护。

**（五）特殊作业管理**

(1) 特殊条件作业：钻机在采空区、自然发火的高温火区和水淹区等危险地段作业时，制定安全技术措施。

（2）补孔：在装有炸药的炮孔边补钻孔时，制定安全技术措施并严格执行，新钻孔与原装药孔的距离不小于 10 倍的炮孔直径，并保持两孔平行。

【培训要点】

（1）钻机设备在有采空区、自然发火的高温火区和水淹区等危险地段作业时，必须制定安全技术措施，并在专业人员指挥下进行。

（2）特殊危险区域作业应做好探孔工作，并做好相应的记录和明显的标记。对特殊危险作业应制定安全技术措施，经矿总工程师审批后方可作。

**（六）职工素质及岗位规范**

（1）严格执行本岗位安全生产责任制。

（2）掌握本岗位操作规程、作业规程。

（3）按操作规程作业，无"三违"行为。

（4）作业前进行岗位安全风险辨识及安全确认。

**（七）文明生产**

（1）钻机驾驶室干净整洁无杂物，门窗玻璃干净。

（2）各类物资摆放规整。

（3）各种记录页面整洁。

**二、露天煤矿爆破**

**（一）技术管理**

（1）设计：有爆破设计并按设计爆破。

（2）爆破区域清理：爆破区域外围设置警示标志，且设专人检查和管理；爆破区域内障碍物及时清理。

（3）安全技术措爆破区域清理施：有安全技术措施并严格执行。

【培训要点】

（1）在爆破区域内放置和使用爆炸物品的地点，20 m 以内严禁烟火，10 m 以内严禁非工作人员进入。

（2）检查爆破现场的安全警示标志和标识，且安排专人进行检查和管理，爆破前清理爆破区域内的障碍物，严禁与工作无关的人员和车辆进入爆破区。

（3）通常露天矿爆破不是当天装药当天爆破，存在一个预装药，这里强调的是对预装药区域的管理，这个警示标志表示这个区域里已经进行了预装药，无关人员禁止进入，这是第一个作用，第二个作用是为了防止起爆完成以后造成不必要的损害，起爆前对区域内进行清理。

## （二）爆破质量

### 1. 单斗挖掘机

（1）爆堆高度：不超过挖掘设备最大挖掘高度的 1.1～1.2 倍。

（2）爆堆沉降及伸出：爆堆沉降度和伸出宽度符合爆破设计和采装设备要求。

（3）拉底：采后平盘不出现高 1 m、长 8 m 及以上的硬块。

（4）大块：爆破后大块每万立方米不超过 3 块。

（5）硬帮：坡面上不残留长 5 m、突出 2 m 及以上的硬帮。

（6）伞檐：采过的坡顶不出现 0.5 m 及以上的大块。

### 2. 拉斗铲

（1）爆堆沉降：沉降高度符合爆破设计。

（2）抛掷率：有效抛掷率符合设计。

（3）爆堆形状：爆破后，爆堆形状利于推土机作业。

【培训要点】

（1）爆堆沉降度和伸出宽度符合爆破设计和采装要求，爆堆伸出不得超过台阶高度的 1.2～1.5 倍，且不得占道，爆堆隆起不得超过采高，隆起和沉降要均匀。

（2）有效抛掷率是评价抛掷爆破效果最重要的指标之一，预测有效抛掷率可以指导露天煤矿准确制定生产计划。

（3）爆堆形状及尺寸决定于地质地形条件、药包位置、爆破参数、药量及爆破作用指数等，爆堆形状应该使推土机为吊斗铲准备工作面需做辅助工程的推土量和推土距离尽量小，此外在露天深孔爆破特别是铁路运输条件下爆堆形状对铲装及运输效率有很大影响。

## （三）爆破操作管理

（1）装药充填：按设计要求装药，充填高度按设计施工。

（2）连线起爆：按设计施工。

（3）警戒距离：爆破安全警戒距离设置符合《煤矿安全规程》。

（4）爆破飞散物：爆破飞散物安全距离符合爆破设计要求。

【培训要点】

（1）炮孔装药和充填必须遵守下列规定：

①装药前在爆破区边界设置明显标志，严禁与工作无关的人员和车辆进入爆破区。

②装药时，每个炮孔同时操作的人员不得超过 3 人；严禁向炮孔内投掷起爆具和受冲击易爆的炸药；严禁使用塑料、金属或者带金属包头的炮杆。

③炮孔卡堵或者雷管脚线、导爆管及导爆索损坏时应当及时处理；无法处理时必须插上标志，按拒爆处理。

④机械化装药时由专人现场指挥。

⑤预装药炮孔在当班进行充填。预装药期间严禁连接起爆网络。

⑥装药完成撤出人员后方可连接起爆网络。

（2）爆破安全警戒必须遵守下列规定：

①必须有安全警戒负责人，并向爆破区周围派出警戒人员。

②爆破区域负责人与警戒人员之间实行"三联系制"。

③因爆破中断生产时，立即报告矿调度室，采取措施后方可解除警戒。

（3）安全警戒距离应当符合下列要求：

①抛掷爆破（孔深小于45 m）：爆破区正向不得小于1000 m，其余方向不得小于600 m。

②深孔松动爆破（孔深大于5 m）：距爆破区边缘，软岩不得小于100 m、硬岩不得小于200 m。

③浅孔爆破（孔深小于5 m）：无充填预裂爆破不得小于300 m。

④二次爆破：炮眼爆破不得小于200 m。

**（四）爆破安全管理**

（1）时间要求：爆破作业在白天进行，不能在雷雨时进行。

（2）特殊条件作业：在采空区和火区爆破时，按爆破设计施工并制定安全措施。

（3）爆破后检查：爆破后，对爆破区进行现场检查，发现有断爆、拒爆时，立即采取安全措施处理，并向调度室和有关部门汇报。

（4）预裂爆破：岩石最终边帮需进行预裂爆破时，按设计施工。

【培训要点】

（1）爆破后检查必须遵守下列规定：

①爆破后5 min内，严禁检查。

②发现拒爆，必须向爆破区负责人报告。

③发现残余爆炸物品必须收集上缴，集中销毁。

（2）发生拒爆和熄爆时，应当分析原因，采取措施，并遵守下列规定：

①在危险区边界设警戒，严禁非作业人员进入警戒区。

②因地面网路连接错误或者地面网路断爆出现拒爆，可以再次连线起爆。

③严禁在原钻孔位钻孔，必须在距拒爆孔10倍孔径处重新钻与原孔同样的炮孔装药爆破。

④上述方法不能处理时，应当报告矿调度室，并指定专业人员研究处理。

**（五）爆炸物品管理**

（1）运输管理：专人专车负责爆炸物品的运输，并符合《民用爆炸物品安全管理条例》和GB 6722。

（2）领退管理：爆炸物品的领取、使用、清退，严格执行账、卡、物一致的管理制度，数量吻合，账目清楚。

（3）运送车辆：运送爆炸物品的车辆要完好、安全机件齐全、整洁。

【培训要点】

（1）爆炸材料运输必须遵守《民用爆炸物品安全管理条列》和《煤矿安全规程》第五百二十五至第五百二十六条的要求，爆炸材料运输必须采用公安部指定的专用车辆生产厂家生产的车辆，专职司机和押运员由公安部门培训合格并取得证书，严禁炸药和雷管同车装运。

（2）爆炸物品的领用、保管和使用必须严格执行账、卡、物一致的管理制度；严禁发放和使用变质失效以及过期的爆炸物品；爆破后剩余的爆炸物品，必须当天退回爆炸物品库，严禁私自存放和销毁。

（3）爆炸物品车到达爆破地点后，爆破区域负责人应当对爆炸物品进行检查验收，无误后双方签字。

（4）运输车辆采用专用车辆并无故障，车厢底部铺设胶皮、顶部有帆布、设防静电装置（一般是拖挂在车体尾部并直接接触地面的金属导电线）、配制灭火器、排气管配制防火罩。

### （六）职工素质及岗位规范

（1）严格执行本岗位安全生产责任制。

（2）掌握本岗位操作规程、作业规程。

（3）按操作规程作业，无"三违"行为。

（4）作业前进行岗位安全风险辨识及安全确认。

### （七）文明生产

（1）现场作业人员劳保用品佩戴齐全，着装统一，符合 GB 6722 要求。

（2）现场标示齐全完整。

（3）及时清理场地杂物。

## 三、露天煤矿单斗挖掘机采装

### （一）技术管理

（1）设计：有采矿设计并按设计作业，设计中有对安全和质量的要求。

（2）规格参数：符合采矿设计、技术规范。

【培训要点】

（1）应编制采矿设计，采矿设计的内容、审批程序以及对安全和质量的要求应该由年度计划和月度计划共同组成，主要内容如下：编制依据、主要内容、编制程序、审批程序及目标。

（2）规格参数包括台阶高度、坡面角、平盘宽度及作业面整洁度，应确保各规格参数符合设计规范要求。

### （二）采装工作面

（1）台阶高度：符合设计，不大于挖掘机最大挖掘高度。

（2）坡面角：符合设计。

（3）平盘宽度：采装最小工作平盘宽度，满足采装、运输、钻孔设备安全运行和供电通信线路、供排水系统、安全挡墙等的正常布置。

（4）作业面整洁度：及时清理，保持平整、干净。

【培训要点】

（1）挖掘机采装的台阶高度应当符合下列要求：

①不需爆破的岩土台阶高度不得大于最大挖掘高度。

②需爆破的煤、岩台阶，爆破后爆堆高度不得大于最大挖掘高度的 1.1～1.2 倍，台阶顶部不得有悬浮大块。

③上装车台阶高度不得大于最大卸载高度与运输容器高度及卸载安全高度之和的差。

（2）工作平盘宽度由爆堆宽度、运输设备规格、设备和动力管线的配置方式以及所需的回采矿量所决定。

### （三）采装平盘工作面

（1）帮面：齐整，在 30 m 之内误差不超过 2 m。

（2）底面：平整，在 30 m 之内，需爆破的岩石平盘误差不超过 1.0 m，其他平盘误差不超过 0.5 m。

（3）伞檐：工作面坡顶不出现 0.5 m 及以上的伞檐。

【培训要点】

（1）非靠界时，采完后的工作面长 30 m 内凹凸不得超过 ±2 m；靠界时，采完后的坡顶线不得超过设计坡顶线 ±1 m。

（2）按自然分层采掘，以分界面为标准，保证运输车辆行走畅通；连续检查 300 m，不足 300 m 全检查。

（3）采完后掌子不得出现突出 0.5 m 的伞檐，连续检查 300 m，不足 300 m 全检查。

### （四）采装设备操作管理

（1）联合作业：当挖掘机、前装机、卡车、推土机联合作业时，制定联合作业措施，并有可靠的联络信号。

（2）装车质量：以月末测量验收为准，装车统计量与验收量之间的误差在 5% 之内。

（3）装车标准：采装设备在装车时，不装偏车，不刮、撞、砸设备。

（4）作业标准：挖掘机作业时，履带板不悬空作业。挖掘机扭转方向角满足设备技术要求，不强行扭角调方向。

（5）工作面：采装工作面电缆摆放整齐，平盘无积水。

【培训要点】

（1）当电铲、前装机、卡车、推土机联合作业时，应有有效的联络信号。有效联络信号是指通过灯光、鸣笛、通信设备、手势等方式，按照约定的规则实现信息的有效传递。

（2）2台以上单斗挖掘机在同一台阶或者相邻上、下台阶作业时，必须遵守下列规定：

①公路运输时，两者间距不得小于最大挖掘半径的2.5倍，并制定安全措施。

②在同一铁道线路进行装车作业时，必须制定安全措施。

③在相邻的上、下台阶作业时，两者的相对位置影响上下台阶的设备、设施安全时，必须制定安全措施。

（3）采装工作面电缆摆放整齐，平盘无积水，不留大角。大角是指采装设备在采掘过程中外侧遗留的物料，长度超过标准规定并影响卡车装车。

**（五）采装安全管理**

（1）特殊条件作业处理：在挖掘过程中发现台阶崩落或有滑动迹象，工作面有伞檐或大块物料，遇有未爆炸药包或雷管、有塌陷危险的采空区或自然发火区、有松软岩层可能造成挖掘机下沉，以及发现不明地下管线或其他不明障碍物等危险时，立即停止作业，撤到安全地点，并报告调度室。

（2）坡度限制：挖掘机不在大于规定的坡度上行走、作业。

（3）采掘安全：挖掘机不能挖炮孔和安全挡墙。

【培训要点】

（1）挖掘机在挖掘过程中有下列情况之一时，必须停止作业，撤到安全地点，并报告调度室检查处理：

①发现台阶崩落或者有滑动迹象。

②工作面有伞檐或者大块物料。

③遇有未爆炸药包或者雷管。

④遇塌陷危险的采空区或者自然发火区。

⑤遇有松软岩层，可能造成挖掘机下沉或者掘沟遇水被淹。

⑥发现不明地下管线或者其他不明障碍物。

（2）操作单斗挖掘机或者反铲时，必须遵守下列规定：

①严禁用勺斗载人、砸大块和起吊重物。

②勺斗回转时，必须离开采掘工作面，严禁跨越接触网。

③在回转或者挖掘过程中，严禁勺斗突然变换方向。

④遇坚硬岩体时，严禁强行挖掘。

⑤反铲上挖作业时，应当采取安全技术措施。下挖作业时，履带不得平行于采掘面。

⑥严禁装载铁器等异物和拒爆的火药、雷管等。

（3）单斗挖掘机雨天作业电缆发生故障时，应当及时向矿调度室报告。故障排除后，确认柱上开关无电时，方可停送电。

## （六）职工素质及岗位规范

（1）严格执行本岗位安全生产责任制。

（2）掌握本岗位操作规程、作业规程。

（3）按操作规程作业，无"三违"行为。

（4）作业前进行岗位安全风险辨识及安全确认。

## （七）文明生产

（1）操作室、配电室、行走平台及过道干净整洁无杂物，门窗玻璃干净。

（2）各类标识牌齐全完整。

（3）各种记录页面整洁。

## 四、露天煤矿轮斗挖掘机采装

### （一）技术管理

设计：有采矿设计并按设计作业，设计中有对安全和质量的要求。

【培训要点】

应编制使用轮斗挖掘机采装作业专项措施，措施中必须有针对安全和质量的具体要求，设计必须符合《煤矿安全规程》的规定及相关规范的要求，设计应按程序审批后方可实施。

### （二）采装工作面

（1）开采高度：符合设计，不大于轮斗挖掘机最大挖掘高度。

（2）采掘带宽度：符合设计。

（3）侧坡面角：符合设计。

（4）工作面：

①工作平盘标高与设计误差不超过 0.5 m。

②工作平盘宽度与设计误差不超过 1.0 m。

③台阶坡顶线平直度在 30 m 内误差不超过 1.0 m。

④工作平盘平整度符合设计。

【培训要点】

（1）轮斗挖掘机的采掘带宽度，应按斗轮臂长度、台阶高度以及工作回转角确定。

（2）轮斗挖掘机的工作平盘宽度，应根据采掘带宽度、设备行走宽度、带式输送机占用宽度和辅助设施占用宽度等因素确定；宜按采掘两个采掘带移一次带式输送机计算工作平盘宽度。

**（三）设备操作管理**

（1）联合作业：当轮斗挖掘机、胶带机、排土机联合作业时，制定联合作业措施，并有可靠的联络信号。

（2）作业管理：

①工作面的开切方法、作业方式、切割方式、开采参数以及台阶组合形式按设计施工。

②开机后注意地表，观察工作表面情况，地面要有专人指挥。

③设备作业时，人员不进入作业区域和上下设备，在危及人身安全的作业范围内，人员和设备不能停留或者通过。

④设备作业时，司机注意监视仪表显示及其他信号，并观察采掘工作面情况，发现异常及时采取措施。

⑤斗轮工作装置不带负荷启动。

⑥消防器材齐全有效。

【培训要点】

（1）当采用轮斗挖掘机–带式输送机–排土机连续开采工艺系统时，应当遵守下列规定：

①紧急停机开关必须在可能发生重大设备事故或者危及人身安全的紧急情况下方可使用。

②各单机间应当实行安全闭锁控制，单机发生故障时，必须立即停车，同时向集中控制室汇报，严禁擅自处理故障。

（2）轮斗挖掘机作业必须遵守下列规定：

①严禁斗轮工作装置带负荷启动。

②严禁挖掘卡堵和损坏输送带的异物。

③调整位置时，必须设地面指挥人员。

**（四）安全管理**

（1）特殊作业：

①工作面松软或者有含水沉陷危险，采取安全措施，防止设备陷落。

②风速达到20 m/s时不开机。

③长距离行走时，有专人指挥，斗轮体最下部距地表不小于 3 m，斗臂朝向行走方向。

④作业时，如遇大块坚硬物料，应采取措施。

（2）坡度限制：行走和作业时，工作面坡度符合设计。

（3）作业环境：夜间作业有足够照明。

【培训要点】

遇到特殊天气状况时，必须遵守下列规定：

（1）在大雾、雨雪等能见度低的情况下作业时，必须制定安全技术措施。

（2）暴雨期间，处在有水淹或者片帮危险区域的设备，必须撤离到安全地带。

（3）遇有 6 级及以上大风时禁止露天起重和高处作业。

（4）遇有 8 级及以上大风时禁止轮斗挖掘机、排土机和转载机作业。

**（五）职工素质及岗位规范**

（1）严格执行本岗位安全生产责任制。

（2）掌握本岗位操作规程、作业规程。

（3）按操作规程作业，无"三违"行为。

（4）作业前进行岗位安全风险辨识及安全确认。

**（六）文明生产**

（1）驾驶室、电气室、液压间及各行走平台和过道干净整洁，物品摆放规整，门窗玻璃干净。

（2）各类标识牌齐全完整。

（3）各种记录页面整洁。

## 五、露天煤矿拉斗挖掘机采装

### （一）技术管理

（1）设计：有采矿设计并按设计作业，设计中有对安全和质量的要求。

（2）规格参数：符合采矿设计、技术规范。

【培训要点】

（1）查看采矿设计，设计必须符合《煤矿安全规程》和有关规范的要求，有明确针对安全和质量的具体要求，设计的审批符合程序。

（2）规格参数包括台阶高度、坡面角、平盘宽度，应确保各规格参数符合设计规范要求及《煤矿安全规程》的规定，并每月进行一次实地测量。

### （二）采装工作面

（1）台阶高度：符合设计。

（2）坡面角：符合设计，坡面平整，坡顶无浮石、伞檐。

（3）工作面平盘宽度：符合设计。

（4）作业平盘：

①作业平盘密实度、平整度符合设计，作业时横向坡度不大于2%、纵向坡度不大于3%。

②及时清理，平整、干净，采装、维修、辅助设备安全运行，供排水系统等正常布置。

【培训要点】

（1）物料在平盘体积内固体所充实的程度称为平盘密实度；平整度是指作业时横向坡度不大于2%、纵向坡度不大于3%。

（2）作业平盘应及时清理，确保平盘平整干净；辅助设备安全运行，供排水系统布置合理。

**（三）操作管理**

（1）联合作业：工程设备（如推土机、前装机）进入拉斗铲150 m作业范围内作业时，做好呼唤应答，将铲斗置于安全位置，制动系统处于制动状态，拉斗铲停稳后，方可通知工程设备进入。

（2）作业管理：

①作业时，行走靴外边缘距坡顶线的安全距离符合设计，底盘中心线与高台阶坡底线距离不小于35 m，设备操作不过急倒逆。

②设备作业时，人员不能进入作业区域和上下设备，在危及人身安全的作业范围内，人员和设备不能停留或者通过。

③回转时，铲斗不拖地回转，人员不上下设备，装有物料的铲斗不从未覆盖的电缆上方回转。

④作业时，不急回转、急提升、急下放、急回拉、急刹车，不强行挖掘爆破后未解体的大块。

⑤尾线摆放规范、电缆无破皮。

⑥各部滑轮、偏心轮、辊子完好，各部润滑点润滑良好。

（3）工作面：采装工作面电缆摆放整齐，平盘无积水，扩展平台边缘无裂缝、下陷、滑落。

【培训要点】

（1）拉斗铲行走必须遵守下列规定：

①行走和调整作业位置时，路面必须平整，不得有凸起的岩石。

②变坡点必须设缓坡段。

③当行走路面处于路堤时，距路边缘安全距离应当符合设计。

④地面必须设专人指挥、监护，同时做好呼唤应答。

⑤行走靴不同步时，必须重新确定行进路线或者处理路面。

⑥严禁使用行走靴移动电缆。

（2）拉斗铲作业时，机组人员和配合作业的辅助设备进出拉斗铲作业范围必须做好呼唤应答。严禁铲斗拖地回转、在空中急停和在其他设备上方通过。

**（四）安全管理**

（1）特殊作业：

①雨雪天地表湿滑、有积水时，处理后方可作业。

②避雷装置完好有效，雷雨天时不作业，人员不上下设备。

③遇大雾或扬沙天气时，做好呼唤应答，必要时停止作业。

（2）坡度限制：走铲时横向坡度不大于5%、纵向坡度不大于10%。

**【培训要点】**

避雷装置应负荷《电力设备预防性试验规程》中金属氧化物避雷器试验标准，且避雷装置必须在每年雨季前由具备资质的单位进行检验。有特殊作业条件下的安全技术措施。

**（五）岗位规范**

（1）严格执行本岗位安全生产责任制。

（2）掌握本岗位操作规程、作业规程。

（3）按操作规程作业，无"三违"行为。

（4）作业前进行岗位安全风险辨识及安全确认。

**（六）文明生产**

（1）驾驶室、机械室、电气室、润滑室及各行走平台和过道干净整洁，物品摆放规整，室内各设施保持完好，门窗玻璃干净。

（2）机房外侧无油污。

（3）各种记录页面整洁。

（4）各种标示牌齐全完整。

## 六、露天煤矿公路运输

**（一）运输道路规格及参数**

（1）路面宽度：符合设计。

（2）路面坡度：符合设计。

（3）交叉路口：设视线角。

（4）变坡点：道路凸凹变坡点设竖曲线。

（5）干道路拱、路肩：符合设计。

（6）最小曲线半径、超高及加宽：符合设计。

**【培训要点】**

（1）露天煤矿内部卡车运输道路路面宽度必须符合《厂矿道路设计规范》（GBJ 22）的有关规定；宽度符合通行、会车等安全要求，受采掘条件限制、达不到规定的宽度时，必须视道路距离设置相应数量的会车线；此外，当行驶载重68 t 以上的大型卡车双车道路面宽度，应包括养路设备作业宽度，可按 3～4 倍车体宽度设计。设计符合《煤矿安全规程》的相关规定，符合设计规范要求，设计按程序审批。

（2）道路坡度应符合设计或作业规程的要求，长距离坡道运输系统，应当在适当位置设置缓坡道。

（3）交叉路口位置将挡墙削成斜坡所形成的角度称为视线角，视线角应保证两侧来车能够同时提前观测到对面车辆。

（4）变坡点指的是路线纵断面上两相邻坡度线的相交点，在变坡点处必须设置竖曲线。

**（二）运输道路质量管理**

（1）道路平整度：

①主干道路面起伏不超过设计的 0.2 m。

②半干线或移动线路路面起伏不超过设计的 0.3 m。

（2）道路排水：根据当地气象条件设置相应的排水系统。

（3）道路整洁度：路面整洁，无散落物料。

**【培训要点】**

（1）路面平整度：主干线不允许出现直径 35 cm、凹凸 20 cm 以上坑包，半干线不允许出现直径 35 cm、凹凸 30 cm 以上坑包，无翻浆、冒泥现象。

（2）路面整洁：无积水、冰雪、浮土、无杂物、无落石。

**（三）运输道路安全管理**

（1）安全挡墙：高度不低于矿用卡车轮胎直径的 2/5。

（2）洒水降尘：洒水抑制扬尘，冬季采用雾状喷洒、间隔分段喷洒或其他措施。

（3）道路封堵：废弃路段及时封堵。

（4）车辆管理：进入矿坑的小型车辆配齐警示旗和警示灯。

**【培训要点】**

（1）必须设置安全挡墙，高度为矿用卡车轮胎直径的 2/5～3/5。

（2）严禁矿用卡车在矿内各种道路上超速行驶；同类汽车正常行驶不得超车；特殊路况（修路、弯道、单行道等）下，任何车辆都不得超车；除正在维护道路的设备和应急救援车辆外，各种车辆应为矿用卡车让行。

（3）冬季应当及时清除路面上的积雪或者结冰，并采取防滑措施；前、后车距不得小于50 m；行驶时不得急刹车、急转弯或者超车。

**（四）道路标志与养护**

（1）反光标识：主要运输路段的转弯、交叉处有夜间能识别的反光标识。

（2）道路养护：配备必需的养路设备，定期进行养护。

（3）警示标志：根据具体情况设置警示标志。

【培训要点】

（1）应根据具体情况在弯道、坡道、交叉路口、危险路口设置警示标志，此外必须在车体前后30 m外设置醒目的安全警示标志。

（2）矿用卡车作业时，其制动、转向系统和安全装置必须完好。应当定期检验其可靠性，大型自卸车设示宽灯或者标志。

（3）矿用卡车在运输道路上出现故障且无法行走时，必须开启全部制动和警示灯，并采取防止溜车的安全措施；同时必须在车体前后30 m外设置醒目的安全警示标志，并采取防护措施。

（4）雾天或者烟尘影响视线时，必须开启雾灯或者大灯，前、后车距不得小于30 m；能见度不足30 m或者雨、雪天气危及行车安全时，必须停止作业。

（5）露天煤矿应建立完善的道路养护组织，并应根据规定配备相应规格的道路养护设备，如平地机、推土机、装载机、洒水车、自卸卡车、压路机、液压反铲。

**（五）职工素质及岗位规范**

（1）严格执行本岗位安全生产责任制。

（2）掌握本岗位操作规程、作业规程。

（3）按操作规程作业，无"三违"行为。

（4）作业前进行岗位安全风险辨识及安全确认。

**（六）文明生产**

（1）车辆驾驶室及平台干净整洁无杂物，门窗玻璃干净。

（2）各种记录页面整洁。

## 七、露天煤矿铁路运输

**（一）技术管理**

**1. 技术规划**

（1）铁路运输系统重点工程有年度设计计划并按计划执行。

（2）有铁路运输系统平面图。

**2. 安全措施**

遇临时或特殊工程，制定安全技术措施，并按程序进行审批。

【培训要点】

（1）铁路运输系统重点工程年度设计及实施计划、技术设计应符合有关技术规范及规定、设计的审批及计划的执行。

（2）铁路运输系统平面图，图纸标识完整规范；现场铁路与设计一致。

（3）临时或特殊工程的安全技术措施，技术措施应明确质量及安全的具体要求，措施审批符合程序。

**（二）质量与标准**

**1. 铁道线路**

（1）符合设计。

（2）损伤扣件及时补充、更换。

（3）目视直线直顺，曲线圆顺。

（4）空吊板不连续出现 5 块以上。

（5）无连续 3 处以上瞎缝。

（6）重伤钢轨有标记、有措施。

**2. 架线**

（1）接触网高度符合要求。

（2）各种标志齐全完整、明显清晰。

（3）各部线夹安装适当、排列整齐。

（4）角形避雷器间隙标准误差不超过 1 mm。

（5）木质电柱坠线有绝缘装置。

（6）维修、检查记录翔实。

**3. 信号**

（1）机械室管理制度、检测记录齐全翔实。

（2）信号显示距离符合标准。

（3）转辙装置各部螺丝紧固，绝缘件完好，道岔正常转换。

（4）信号外线路铺设符合要求。

**4. 车站**

（1）有车站行车工作细则。

（2）日志、图表等填写规范。

（3）行车用语符合标准。

（4）安全设施齐全完好。

**【培训要点】**

（1）露天煤矿外部的铁路建筑物和设备的限界应符合现行国家标准《标准轨距铁路建筑限界和机车车辆限界》GB 146 的规定；设计符合相关规定。

（2）对于损伤不符合标准的螺丝、道钉、垫板、轨距拉杆以及防爬器等扣件要及时更换。

（3）干线部分直线目视直顺，误差不超过 5 mm；半干线部分直线目视直顺，误差不超过 8 mm；移动线部分直线目视直顺，误差不超过 15 mm。

曲线半径的选定应结合矿山地形、线路使用期限、机车车辆轴距和运行速度等因素确定，尽可能采用大曲线半径，准轨线路最小曲线半径应符合《煤矿安全规程》要求。

（4）轨缝应根据钢轨温度计算，按标准设置或按以下规定设置：正线或半固定线，4—12 月份为 0～12 mm、1—3 月份为 5～15 mm；移动线，1—12 月份一律规定为 18 mm。

（5）重伤钢轨有标记、有措施：

①钢轨头部磨耗超限。

②钢轨在任何部位有裂纹。

③轨头下颚透锈长度超过 30 mm。

④轨端或轨顶面剥落掉块，允许速度大于 120 km/h 的线路，长度超过 25 mm，深度超过 3 mm；其他线路长度超过 30 mm，深度超过 8 mm。

⑤钢轨在任何变形（轨头扩大，轨腰扭曲鼓包等），经判断确认内有暗裂。

⑥钢轨锈蚀除去铁锈后，允许速度大于 120 km/h 的线路，轨底边缘处厚度不足 8 mm，轨腰厚度不足 14 mm；其他线路轨底厚度小于 5 mm，轨腰小于 8 mm。

⑦钢轨顶面擦伤，允许速度大于 120 km/h 的线路，深度超过 1 mm，其他线路深度超过 2 mm。

⑧钢轨探伤人员或养路工长认为有影响行车安全的其他缺陷。

（6）接触网标准高为 5.75 m，允许的最高设置为 6.0 m，允许的最低设置为 5.4 m，终点处则大于 6.2 m。

（7）标志包括：换弓子标志、随行标志、道口界限标志、电杆标号等。

（8）一、二次引配线整齐，用并沟线夹、铜铝过渡线夹、接线鼻子持续良好、松紧适当，无发热、老化、氧化现象，配管排列整齐、无锈蚀，管卡子完整。

**（三）设备管理**

（1）内业管理：有档案、台账，统计数字完整清晰。

（2）设备状态：设备技术状态标准、安全装置齐全、灵活可靠。

（3）设备使用：定人操作、定期保养。

【培训要点】

（1）查看各项设备的技术状态，安全设施安全装置是否齐全，运作是否可靠，信号装置是否规范灵敏。

（2）查看操作规程以及操作人对操作规程的熟知程度；检查设备的管理台账、日常保养、定期保养记录。

### （四）职工素质及岗位规范

（1）严格执行本岗位安全生产责任制。

（2）掌握本岗位操作规程、作业规程。

（3）按操作规程作业，无"三违"行为。

（4）作业前进行岗位安全风险辨识及安全确认。

### （五）文明生产

（1）机车驾驶室干净整洁无杂物，门窗玻璃干净。

（2）铁道线路水沟畅通，线路两侧材料摆放规整。

（3）各种记录页面整洁。

## 八、露天煤矿带式输送机/破碎站运输

### （一）技术管理

（1）设计：符合设计并按设计作业。

（2）记录：设备运行、检修、维修和人员交接班记录翔实。

【培训要点】

（1）带式输送机的技术设计内容应全面，符合技术及各项规范要求，设计中对安全有具体要求，要按照设计作业。

（2）设备运行记录、检修维修记录、人员交接班记录等，各项记录应全面真实并且有相关人员签字确认。

### （二）作业管理

**1. 巡视**

定时检查设备运行状况，记录齐全。

**2. 带式输送机**

（1）机头机尾排水：无积水。

（2）最大倾角：符合设计。

（3）分流站：分流站伸缩头有集控调度指令方可操作，设备运转部位及其周围无人员和其他障碍物，不造成物料堆积洒落。

（4）清料：沿线清料及时，无洒物，不影响行车、检修作业；结构架上积料及时清理，不磨损托辊、输送带或滚筒。

**3. 破碎站**

1）半固定式破碎站

（1）清料：破碎站工作平台及其下面没有洒料。

（2）卸料口挡车器：挡车器高度达到运煤汽车轮胎直径的2/5以上。

（3）减速机：各部减速机无渗、漏油现象。

（4）板式给料机：链节、链板无变形，托轮无滞转。

（5）润滑系统：管路、阀门、油泵运行可靠，无渗、漏油。

2）自移式破碎机

（1）液压系统：液压管路、俯仰调节液压缸等无渗漏，液压泵及液压马达运行平稳、无噪音，液压系统各部运行温度正常。

（2）板式给料机：承载托轮无滞转，链节无裂纹，刮板无变形翘曲。

（3）减速机：破碎辊减速机、大小回转减速机、板式给料机驱动减速机、行走减速机、排料胶带减速机等各种减速机无渗漏。

**【培训要点】**

（1）带式输送机机头和机尾处应设排水系统，不应存水；带式输送机沿线应当设检修通道和防排水措施；露天设置的输送机宜设防雨罩等防护装置。

（2）带式输送机运输物料的最大倾角，上行不得大于16°，严寒地区不得大于14°；下行不得大于12°；特种带式输送机不受此限。

（3）卸车平台应当设矿用卡车卸料的安全限位车挡。

（4）查看液压系统的现场管理，设备面貌，液压管路、液压缸、控制系统有无渗漏，泵、马达运行平稳，无噪声，油温正常；检查操作规程的执行，设备日常的检查检修记录等。

**（三）安全管理**

**1. 启动间隔**

2次启动间隔时间不少于5 min。

**2. 启动要求**

设备准备运转前，司机检查设备并确认无危及设备和人身安全的情况，向集控调度汇报后方可启动设备。

**3. 消防设施**

齐全有效，有检查记录。

**4. 带式输送机的安全保护装置**

（1）设置防止输送带跑偏、驱动滚筒打滑、纵向撕裂和溜槽堵塞等保护装置；上行带式输送机设置防止输送带逆转保护装置，下行带式输送机设置防止超速保护装置。

（2）沿线设置紧急连锁停车装置。

（3）在驱动、传动和自动拉紧装置的旋转部件周围设置防护装置。

**5. 半固定式破碎站**

（1）除铁器：运行有效。

（2）大块处理：处理料仓内的特大块物料时有安全技术措施。

**6. 自移式破碎机**

（1）与挖掘设备距离：符合矿相关规定。

（2）大块处理：处理料仓内的特大块物料时有安全技术措施。

【培训要点】

（1）带式输送机不应频繁启动，2 次启动间隔不少于 5 min，查看运行记录。

（2）带式输送机工程应设置设备运行和人身安全的保护装置，并应符合现行国家标准《带式输送机安全规范》GB 14784—2013 的有关规定；当输送机跨越设备和人行道时，应设置防物料洒落的防护装置；带式输送机启动时应当有声光报警装置；严格按操作规程作业，健全安全管理制度。

（3）采用带式输送机运输时，应当遵守下列规定：

①带式输送机运输物料的最大倾角，上行不得大于 16°，严寒地区不得大于 14°；下行不得大于 12°。特种带式输送机不受此限。

②输送带安全系数取值参照《煤矿安全规程》第三百七十四条。

③带式输送机的运输能力应当与前置设备能力相匹配。

（4）带式输送机必须设置下列安全保护：

①拉绳开关和防跑偏、打滑、堵塞等保护。

②上运时应当设制动器和逆止器，下运时应当设软制动和防超速保护装置。

③机头、机尾、驱动滚筒和改向滚筒处应当设防护栏。

（5）带式输送机设置应当遵守下列规定：

①避开采空区和工程地质不良地段，特殊情况下必须采取安全措施。

②带式输送机栈桥应当设人行通道，坡度大于 5° 的人行通道应当有防滑措施。

③跨越设备或者人行道时，必须设置防物料洒落的安全保护设施。

④除移置式带式输送机外，露天设置的带式输送机应当设防护设施。

⑤在转载点和机头处应当设置消防设施。

⑥带式输送机沿线应当设检修通道和防排水设施。

（6）带式输送机启动时应当有声光报警装置，运行时严禁运送工具、材料、设备和人员。停机前后必须巡查托辊和输送带的运行情况，发现异常及时处理。检修时应当停机闭锁。

### （四）职工素质及岗位规范

（1）严格执行本岗位安全生产责任制。

（2）掌握本岗位操作规程、作业规程。

（3）按操作规程作业，无"三违"行为。

（4）作业前进行岗位安全风险辨识及安全确认。

### （五）文明生产

（1）操作室干净整洁，室内各设施保持完好。

（2）各类物资摆放规整。

（3）各种记录规范，页面整洁。

## 九、露天煤矿卡车/铁路排土场

### （一）技术管理

（1）设计：有设计并按设计作业。

（2）规格参数：排弃后实测的各项技术数据符合设计。

（3）复垦绿化：排弃到界的平盘按计划复垦、绿化。

（4）安全距离：内排土场最下一个台阶的坡底线与坑底采掘工作面之间的安全距离不小于设计。

（5）巡视：定期对排土场巡视，记录齐全。

【培训要点】

（1）应每月对排土场的各项参数，如排土场平盘标高、排土台阶高度、排土坡面角等进行测量，并应符合设计要求；健全排土场巡查制度。

（2）排土机必须在稳定的平盘上作业，外侧履带与台阶坡顶线之间必须保持一定的安全距离；健全排土机作业的安全技术措施和管理制度。

（3）每班设专职兼职人员对边坡，尤其是危险边坡区段进行巡视，并有巡视记录，发现有滑坡征兆的，应按规定上报，并安设明显的标志牌；采区安全措施，重点管理；巡视记录填写翔实。

### （二）排土工作面规格参数管理

#### 1. 台阶高度

（1）符合设计。

（2）特殊区段高段排弃时，制定安全技术措施。

（3）排土最小工作平盘宽度符号设计。

**2. 工作面平整度**

作业平盘平整，50 m 范围内误差不超过 0.5 m。

**3. 卡车**

（1）排土线：排土线顶部边缘整齐，50 m 范围内误差不超过 2 m。

（2）反坡：排土工作面向坡顶线方向有 3% ~5% 的反坡。

（3）安全挡墙：排土工作面卸载区有连续的安全挡墙，车型小于 240 t 时安全挡墙高度不低于轮胎直径的 0.4 倍，车型大于 240 t 时安全挡墙高度不低于轮胎直径的 0.35 倍。不同车型在同一地点排土时，按最大车型的要求修筑安全挡墙。

**4. 铁路**

（1）标志完整：排土线常用的信号标志齐全，位置明显。

（2）排土宽度：不小于 22 m，不大于 24 m。

（3）受土坑安全距离：线路中心至受土坑坡顶距离不小于 1.5 m，雨季不小于 1.9 m。

【培训要点】

（1）挖掘机至站立台阶坡顶线的安全距离：台阶高度 10 m 以下为 6 m；台阶高度 11 ~15 m 时为 8 m；台阶高度 16 ~20 m 时为 11 m；特殊区段的高段排弃必须制定安全技术措施，并经矿总工程师批准后方可实施。

（2）卡车运输排土工作面应建成不小于 3% 的反向坡度。

（3）排土线设置移动停车位置标志和停车标志，标志应规范，位置应明显。

**（三）排土作业管理**

**1. 照明**

排土工作面夜间排弃时配有照明设备。

**2. 排土安全**

（1）风氧化煤、煤矸石、粉煤灰按设计排弃。

（2）当发现危险裂缝时立即停止作业，向调度室汇报，并制定安全措施。

（3）卡车：

①卡车排土和推土机作业时，设备之间保持足够的安全距离。

②排土工作线至少保证 2 台卡车能同时排土作业。

③排土时卡车垂直排土工作线，不能高速倒车冲撞安全挡墙。

④推土机不平行于坡顶线方向推土。

（4）铁路：

①列车进入排土线翻车房以里线路，由排土人员指挥列车运行。

②翻车时两人操作，执行复唱制度。

③工作面整洁，各种材料堆放整齐。

【培训要点】

（1）矿用卡车排土场及排弃作业应当遵守下列规定：

①排土场卸载区，必须有连续的安全挡墙，车型小于240 t时安全挡墙高度不得低于轮胎直径的0.4倍，车型大于240 t时安全挡墙高度不得低于轮胎直径的0.35倍。不同车型在同一地点排土时，必须按最大车型的要求修筑安全挡墙，特殊情况下必须制定安全措施。

②排土工作面向坡顶线方向应当保持3% ~5%的反坡。

③应当按规定顺序排弃土岩，在同一地段进行卸车和排土作业时，设备之间必须保持足够的安全距离。

④卸载物料时，矿用卡车应当垂直排土工作线；严禁高速倒车、冲撞安全挡墙。

（2）当出现滑坡征兆或者其他危险时，必须停止排土作业，采取安全措施。

检查排土的各项管理制度、安全措施的执行情况、日常的巡视记录、汇报流程等，查看现场管理及制度的落实。

（3）推土机、装载机排土必须遵守下列规定：

①司机必须随时观察排土台阶的稳定情况。

②严禁平行于坡顶线作业。

③与矿用卡车之间保持足够的安全距离。

④严禁以高速冲击的方式铲推物料。

## （四）安全管理

### 1. 安全挡墙

（1）上下平盘同时进行排土作业或下平盘有运输道路、联络道路时，在下平盘修筑安全挡墙。

（2）最终边界的坡底沿征用土地的界线修筑1条安全挡墙。

### 2. 到界平盘

最终边界到界前100 m，采取措施提高边坡的稳定性。

【培训要点】

（1）安全土墙高度不得小于轮胎外径的2/5，底宽不小于轮胎直径的0.95倍，安全挡墙要保持连续。

（2）检查到界平盘前100 m时提高边坡稳定性的技术措施，检查该措施在现场的执行情况。

## （五）职工素质及岗位规范

（1）严格执行本岗位安全生产责任制。

（2）掌握本岗位操作规程、作业规程。

（3）按操作规程作业，无"三违"行为。

（4）作业前进行岗位安全风险辨识及安全确认。

### （六）文明生产

（1）推土设备驾驶室干净整洁无杂物，门窗玻璃干净。

（2）各种记录页面整洁。

## 十、露天煤矿排土机排土场

### （一）技术管理

（1）设计：有设计并按设计作业。

（2）规格参数：排弃后实测的各项技术数据符合设计。

（3）复垦绿化：排弃到界的平盘按计划复垦、绿化。

（4）安全距离：排土场最下一个台阶的坡底线与征地界线之间的安全距离符合设计。

（5）巡视：定期对排土场巡视，记录齐全。

（6）上排高度：符合设计。

（7）下排高度：符合设计，超高时制定安全措施。

【培训要点】

（1）每月对排土场的各项参数，如排土场平盘标高、排土台阶高度、排土坡面角等进行测量，并应符合设计要求。

（2）上排台阶高度设计应根据排料臂长度、倾角、排弃物料抛出水平距离，排土机中心线至排土台阶破底线安全距离以及排土台阶坡面角等确定；现场上排高度符合设计要求。

（3）下排台阶高度设计应根据排料臂水平投影长度，排土机中心线至排土台阶坡顶线安全距离以及排土台阶坡面角等确定，软岩应对下排台阶进行稳定性验算；现场下排高度符合设计要求。

### （二）工作面规格参数

（1）台阶高度：

①符合设计。

②特殊区段高段排弃时，制定安全技术措施。

（2）排土线：沿上排坡底线、下排坡顶线方向 30 m 内误差不超过 1 m。

（3）工作面平整度：排土机工作面平顺，在 30 m 内误差不超过 0.3 m。

（4）安全挡墙：排土工作面到界结束后，距离检修道路近的地段在下排坡顶设有连续的安全挡墙。

**【培训要点】**

（1）排土台阶高度设计应根据排弃物料的物理力学性质、运输及排弃方式、设备类型以及自然条件确定；杂煤排弃线的台阶高度不宜超过 10 m；现场台阶高度符合设计。

（2）特殊区段高段排弃必须制定安全措施，并经矿总工程师批准后方可实施。

（3）排土场卸载区，必须有连续的安全挡墙，车型小于 240 t 时安全挡墙高度不得低于轮胎直径的 0.4 倍；车型大于 240 t 时安全挡墙高度不得低于轮胎直径的 0.35 倍；不同车型在同一地点排土时，必须按最大车型的要求修筑安全挡墙，特殊情况下必须制定安全措施。

**（三）排土作业管理**

（1）联合作业：推土机及时对排弃工作面进行平整，不在坡顶线平行推土。

（2）排土安全：

①推土机对出现的沉降裂缝及时碾压补料。

②排土时排土机距离下排坡顶的安全距离符合设计。

（3）照明：排土工作面夜间排弃时配有照明设备。

（4）气候影响：

①雨季重点观察排土场有无滑坡迹象，有问题及时向有关部门汇报。

②雨天持续时间较长、雨量较大时，排土机停止作业，停放在安全地带。

**【培训要点】**

雨季排土场的专项安全管理制度、巡查制度的健全与落实；有专职或兼职人员按规定对排土场进行巡查，并做好巡查记录。

**（四）安全管理**

**1. 安全挡墙**

（1）上下平盘同时进行排土作业或下平盘有运输道路、联络道路时，下平盘有安全挡墙。

（2）最终边界的坡底沿征用土地的界线修筑 1 条安全挡墙。

**2. 到界平盘**

最终边界到界前 100 m，采取措施，提高边坡的稳定性。

**【培训要点】**

安全挡墙高度不小于汽车轮胎直径 2/5，底宽不小于轮胎直径的 0.95 倍。

**（五）职工素质及岗位规范**

（1）严格执行本岗位安全生产责任制。

（2）掌握本岗位操作规程、作业规程。

（3）按操作规程作业，无"三违"行为。

（4）作业前进行岗位安全风险辨识及安全确认。

## （六）文明生产

（1）驾驶室干净整洁无杂物，门窗玻璃干净。

（2）各种记录页面整洁。

## 十一、露天煤矿机电

### （一）设备管理

（1）设备证标：机电设备有产品合格证（进口设备有厂家出具的测试报告），纳入安标管理的产品有煤矿矿用产品安全标志。

（2）设备完好：机电设备综合完好率不低于90%。

（3）管理制度：有机电设备管理、机电设备事故管理制度。

（4）待修设备：设备待修率不高于5%。

（5）机电事故：机电事故率不高于1%。

（6）设备大修改造：有年度设备更新大修计划并按计划执行。

（7）设备档案：齐全完整。

【培训要点】

（1）设备证标：

①露天煤矿用所有设备应有产品合格证，内容包括产品品名，规格型号（尺寸，质量），生产日期，执行标准（国家标准 GB，企业标准 QB），检验员号等。

②随着露天采矿工艺的发展，露天煤矿也存在井巷运输、端帮采煤等环节，其机电设备应具备煤矿矿用产品安全标志，具备防爆特性。

（2）设备完好率，指的是完好的生产设备在全部生产设备中的比重；计算公式为设备完好率＝完好设备总台数/生产设备总台数×100%。现场抽查，根据设备完好标准，确定每台设备是否属于完好设备。查看设备管理台账了解生产设备总台数。

（3）机电事故率指在一定时间周期内，发生机电事故经济损失与当期机电设备总价值之比例，该周期确定为一年内。设备损坏一般分为非正常损坏和设备事故，其划分原则按照损失程度划分，各企业集团均有自己的标准，该安全生产标准化考核按照企业的标准执行。

（4）露天煤矿应设相应规模的机电设备维修车间，也可由设备制造厂或专业维修公司承担机电设备大修任务。

### （二）钻机

#### 1. 技术要求

（1）机上设施、装置符合移交时的各项技术标准和要求。

（2）设备交接班、启动前检查、检修和运行记录完整翔实。

**2. 电气部分**

（1）供电电缆及接地完好，外皮无破损。

（2）行走时电缆远离履带。

（3）配电系统保护齐全，定时整定并有记录，机上保存最新记录，配电柜上锁。

（4）使用直流控制的操作系统，直流开关灭弧装置正常，开关性能良好。

（5）机上各仪表完好、各电气开关标识明确，停开有明显标识。

（6）各照明设备性能良好，固定牢靠。

**3. 机械部分**

（1）液压管保护完好，护套绑扎牢固，管路无破损、不漏油。

（2）钻塔起落装置、托架完好，连接件无松动、裂纹、开焊等。

（3）储杆装置完好，换杆系统灵活可靠。

（4）以内燃机为动力的钻机，三滤齐全，转速、液压、流量满足钻孔和行走要求，系统无渗漏，内燃机转速正常，启动、停车灵活可靠。

（5）液压系统用油符合说明书要求，按规定保养，工作时油温正常。

**4. 辅助设施**

（1）电热和正压通风设备运行良好。

（2）机上消防设施完好可靠。

（3）驾驶室完好，空调完好。

【培训要点】

（1）机上设施、装置移交的各项技术标准和要求应符合《煤矿安全规程》、操作规程等规定；检查钻机移交的各项管理制度；检查相关的检修记录、运行记录，要求各项记录完整翔实，规范整齐，不得缺项。

（2）供电电缆外皮完好，接地保护安装规范；配电系统、操作系统的各种保护齐全，性能良好，动作灵敏可靠；定时整定记录齐全；操作规程及各项管理制度完善，检查检修记录、交接班记录等齐全翔实；电器开关的标识明确，停开标识明显；照明设施安装牢靠，照明设施的照度符合要求。

（3）设备运行状态良好；消防设施、消防器材配备符合规定且有合格证及日常检查记录。

**（三）挖掘机**

**1. 技术要求**

（1）设施、装置符合移交时的各项技术标准和要求。

（2）设备交接班、启动前检查、检修和运行记录完整翔实。

**2. 电气部分**

（1）电缆尾杆长度适当，以防转向和倒车时压伤电缆。

（2）配电系统的各项保护齐全，计算机和显示系统工作正常，诊断警报可靠。

（3）配变电系统工作正常，机上电缆入槽，无过热，槽内清洁无杂物，保持通畅，盖板齐全，无松动。

（4）司机操作系统灵活可靠。

（5）电机不过热。

（6）维修所用连接电源安全可靠。

（7）大臂、司机室内外和机房照明正常可靠。

（8）各种电线、电缆连接可靠，绑扎固定。

（9）电器柜加锁，通风良好，无积尘。

**3. 机械部分**

（1）空气压缩系统工作正常，压缩机无漏油、跑风，气压正常，无杂音。

（2）提升（推压）钢丝绳无断股，绷绳断丝不超限，开门绳无扭结、无断股，各导绳绳轮转动良好。

（3）铲斗斗齿无缺损。

（4）铲斗插销、斗门开合自如，旋转时门缝不漏料。

（5）推压机构润滑正常，通道无积油。

（6）天轮润滑良好，无裂纹，磨损不超限。

（7）推压齿条无缺牙断齿。

（8）回转齿圈和滚道润滑正常，无缺齿，磨损不超限。

（9）提升滚筒无裂纹。

（10）履带运行正常无断裂，张紧装置定位牢固可靠，张紧适度，辊轮转动灵活，滚道无损坏。

（11）A形架无裂纹。

（12）制动系统工作正常，不发生过卷。

（13）减速传动装置有安全罩，不漏油。

**4. 辅助设施**

（1）机顶人行道防滑垫完整、粘贴可靠，各种扶手、挡链连接可靠、使用方便。

（2）机房清洁无杂物，消防设施齐全，警报装置正常，润滑室通风正常；操作室完好，空调完好。

（3）梯子完好，抽动自如，信号准确。

（4）配重箱无破裂，配重量符合标准。

（5）机下和操作室联络信号灵活可靠。

**【培训要点】**

（1）设施、装置移交的各项技术标准和要求应符合《煤矿安全规程》、操作规程等规定；检查挖掘机的各项管理制度；检查相关的检修记录、运行记录、交接班记录等，要求各项记录完整翔实，规范整齐，不得缺项。

（2）单斗挖掘机排土应当遵守下列规定：

①受土坑的坡面角不得大于70°，严禁超挖。

②挖掘机至站立台阶坡顶线的安全距离：台阶高度10 m以下为6 m；台阶高度11～15 m为8 m；台阶高度16～20 m为11 m；台阶高度超过20 m时必须制定安全措施。

**（四）矿用卡车**

**1. 技术要求**

（1）设施、装置符合移交验收时的要求。

（2）设备交接班、启动前检查、检修和运行记录翔实。

（3）移动检查装置（PTU）使用正常，有记录，定期存档。

（4）各种智能安全保护装置可靠。

**2. 动力设施**

（1）风机等的传动皮带运转正常，无超限磨损。

（2）发动机冷却液温度正常，系统工作良好。

（3）发动机怠速声均匀无杂音。

（4）启动电池连接良好，无闪络（火花）痕迹。

（5）增压器接管无裂痕，固定牢靠，有防火布。

（6）排烟管无裂缝。

（7）发动机和发电机（液压马达）连接正常。

（8）发电机通风管道无漏风，软接头良好。

（9）电动轮通风正常。

（10）电拖动开关箱无变形，闭锁正常。

（11）电子监控系统显示正常。

（12）电子加速踏板（俗称油门踏板）工作正常。

（13）车辆上的插件无松动，工作正常。

（14）缓行减速工作正常；电阻栅不过热，无过热烧损痕迹，通风冷却正常。

（15）冷却通风及过热警告系统工作正常。

（16）各种仪表显示正常。

（17）电动轮无环火，换向器表面无烧蚀痕迹，碳刷压力和高度正常，刷架定位正常。

（18）照明和倒车信号指示正确，联动无误，灯光正常。

**3. 机械部分**

（1）制动系统可靠。

（2）悬挂装置完好，工作正常。

（3）关节联结，润滑良好。

（4）举升系统完好，工作正常。

（5）鼻锥连接正常，润滑良好。

（6）平衡杆无弯曲，连接点润滑良好。

（7）箱斗和机架间衬垫良好，无缺损，车架无裂痕。

（8）转向系统调整正常。

（9）轮胎与轮辋匹配，打石器完整，灵活无断裂。

（10）定期查验防滚架（ROPS）架构，螺丝紧固适当。

（11）油尺和油箱视窗保持完好。

（12）各种管线固定，接口完好。

**4. 辅助部分**

（1）集中润滑系统完好，各人工注油嘴保持通畅，按规定注油。

（2）驾驶室空调、雨刷器完好。

（3）司机座位调整和方向盘调整适合司机操作。

（4）驾驶室完好，安全带、门锁、门窗使用灵活，玻璃完整。

（5）司机上下车梯子完整，固定可靠。

（6）消防设施完好。

（7）轮胎管理符合技术要求，定时换位，检查胎温、胎压、花纹及胎面，并作好记录、存档。

**【培训要点】**

（1）设施、装置移交的各项技术标准和要求符合操作规程及车辆使用的相关规定；检查车辆管理的制度；检查相关的检修记录、运行记录、交接班记录等，要求各项记录完整翔实，规范整齐，不得缺项，并按要求存档。现场检查车辆的仪表显示应准确，油尺油箱视窗应完好，各种管线应按标准固定，无渗漏，各个接口均完好。

（2）健全车辆管理的专项制度、岗位责任制、维修记录、日常车辆的检查记录等，严格执行保养规程；操作人员必须积极配合保养，监督验收保养质量；现场按要求内容检查车辆的机械部分。

（3）健全日常检查的管理制度、安全检查制度，严格执行保养规程；操作人员必须积极配合保养，监督验收保养质量；消防设施配备应符合要求，日常检查记录的填写应真实规范。现场按照要求内容检查。

### （五）连续工艺

**1. 轮斗挖掘机**

1）技术要求

（1）设施、装置符合移交时的各项技术标准和要求。

（2）设备交接班、启动前检查、检修和运行记录完整翔实。

2）机械部分

（1）制动性能良好，制动部件完好。

（2）钢丝绳磨损和断丝不超限，滑轮无裂痕，紧固端无松动。

（3）减速器通气孔干净、畅通，减速器油位、油质合格。

（4）润滑部件完好、齐全。

（5）防倾翻安全钩间隙不超限。

（6）履带张紧适度，履带板无断裂。

（7）斗轮体的锥体和圆弧导料板、斜溜料板、溜槽和挡板磨损不超限。

（8）变幅机构张力值不超限。

（9）钢结构无开焊、变形、断裂现象，防腐完好，各部连接螺栓紧固齐全。

（10）带式输送机驱动滚筒及改向滚筒包胶磨损不超限。

（11）胶带损伤、磨损不超限。

（12）清扫器齐全有效。

（13）各转动部位防护罩、防护网齐全有效。

（14）消防设施齐全有效。

（15）驾驶室完好，空调完好。

3）电气部分

（1）各种安全保护装置齐全有效。

（2）机上固定电缆理顺、捆绑、入槽或挂钩固定、布置整齐、接线规范、无裸露接头。

（3）电器柜内无积尘，电气元器件齐全、无破损、标识明确，柜内布线整齐，按规定捆绑。

（4）配电室及时上锁。

（5）电机接线盒、风翅、风罩齐全、无破损。

（6）电气保护接地齐全、规范。

（7）室外电气控制箱、操作箱箱体完好，箱内元器件齐全、无破损、无积尘、及时上锁。

（8）室外照明灯具完好。

【培训要点】

（1）设施、装置移交的各项技术标准和要求应符合《煤矿安全规程》、操作规程等规定；检查轮斗挖掘机的各项管理制度；检查相关的检修记录、运行记录、交接班记录等，要求各项记录完整翔实，规范整齐，不得缺项。

（2）采用轮斗挖掘机—带式输送机—排土机连续开采工艺系统时，应当遵守下列规定：

①紧急停机开关必须在可能发生重大设备事故或者危及人身安全的紧急情况下方可使用。

②各单机间应当实行安全闭锁控制，单机发生故障时，必须立即停车，同时向集中控制室汇报。严禁擅自处理故障。

**2. 排土机**

1）技术要求

（1）设施、装置符合移交时的各项技术标准和要求。

（2）设备交换班、启动前检修和运行记录完整翔实。

2）机械部分

（1）制动性能良好，制动部件完好。

（2）钢丝绳磨损和断丝不超限，滑轮无裂痕，紧固端无松动。

（3）减速器通气孔干净、畅通，减速器油位、油质合格。

（4）润滑部件完好、齐全。

（5）防倾翻安全钩间隙不超限。

（6）履带张紧适度，履带板无断裂。

（7）夹轨器状态正常。

（8）钢结构无开焊、变形、断裂现象，防腐有效，各部连接螺栓紧固齐全。

（9）带式输送机驱动滚筒及改向滚筒包胶磨损不超限。

（10）输送带损伤、磨损不超限。

（11）清扫器齐全、有效。

（12）各转动部位防护罩、防护网齐全、有效。

（13）消防设施齐全、有效。

（14）驾驶室完好，空调完好。

3）电气部分

（1）各种安全保护装置齐全有效。

（2）机上固定电缆理顺、捆绑、入槽或挂钩固定、布置整齐，接线规范、无裸露接头。

（3）电器柜内无积尘，电气元器件齐全、无破损、标识明确，柜内布线整齐，按规定捆绑。

（4）配电室及时上锁。

（5）电机接线盒、风翅、风罩齐全、无破损。

（6）电气保护接地齐全、规范。

（7）室外电气控制箱、操作箱箱体完好，箱内元器件齐全、无破损、无积尘、及时上锁。

（8）室外照明灯具完好。

**3. 带式输送机**

1）技术要求

（1）机上设施、装置符合移交时的各项技术标准和要求。

（2）设备交接班、启动前检查、检修和运行记录完整翔实。

2）机械部分

（1）制动性能良好，制动部件完好。

（2）钢丝绳磨损和断丝不超限，滑轮无裂痕，紧固端无松动。

（3）减速器通气孔干净、畅通，减速器油位、油质合格。

（4）钢结构无开焊、变形、断裂现象，防腐有效，各部连接螺栓紧固齐全。

（5）受料槽圆钢、母板、耐磨板等各部位焊接牢固，磨损不过限，不伤及母板，挡料胶条夹板无变形，部件无损坏或不全，防冲击装置使用完好。

（6）托辊组部件完好。

（7）胶带损伤、磨损不超限。

（8）清扫器齐全有效。

（9）驱动滚筒及改向滚筒包胶磨损不超限。

（10）分流站伸缩头行走机构部件处于完好状态。

（11）各转动部位防护罩、防护网齐全、有效。

（12）消防设施齐全有效。

3）电气部分

（1）各种安全保护装置齐全有效，带式输送机检修时使用检修开关并上锁，启动预警时间不少于 20 s。

（2）机上固定电缆理顺、捆绑、入槽或挂钩固定、布置整齐，接线规范，无裸露接头。

（3）电器柜内无积尘，电气元器件齐全、无破损、标识明确，柜内布线整齐，按规定捆绑。

（4）配电室及时上锁。

（5）电机接线盒、风翅、风罩齐全、无破损。

（6）电气保护接地齐全、规范。

（7）室外电气控制箱、操作箱箱体完好，箱内元器件齐全、无破损、无积尘、及时上锁。

**4. 破碎站**

1）技术要求

（1）设施、装置符合移交时的各项技术标准和要求。

（2）交接班、检修和运行记录完整翔实。

2）机械部分

（1）制动性能良好，制动部件完好。

（2）减速器通气孔干净、畅通，减速器油位、油质合格。

（3）钢结构无开焊、变形、断裂现象，防腐有效，各部连接螺栓紧固齐全。

（4）板式给料机链节、驱动轮磨损不过限，给料机链板不变形。

（5）破碎辊的破碎齿、边齿磨损不过限、不松动。

（6）受料槽圆钢、母板、耐磨板等各部位焊接牢固，磨损不过限，不伤及母板，挡料胶条夹板无变形，部件无损坏或不全，防冲击装置使用完好。

（7）胶带损伤、磨损不超限。

（8）驱动滚筒及改向滚筒包胶磨损不超限。

（9）各转动部位防护罩、防护网齐全有效。

（10）消防设施齐全有效。

（11）操作室完好，空调完好。

3）电气部分

（1）各种安全保护装置齐全有效。

（2）机上固定电缆理顺、捆绑、入槽或挂钩固定、布置整齐，接线规范、无裸露接头。

（3）电器柜内无积尘，电气元器件齐全、无破损、标识明确，柜内布线整齐，按规定捆绑。

（4）配电室上锁。

（5）电机接线盒、风翅、风罩齐全、无破损。

（6）电气保护接地齐全规范。

（7）室外电气控制箱、操作箱箱体完好，箱内元器件齐全、无破损、无积尘、及时上锁。

（8）室外照明灯具完好。

**（六）电机车（单斗—铁路工艺）**

**1. 技术要求**

（1）设施、装置符合移交时的各项技术标准和要求。

（2）设备交接班、运行前检查、检修和运行记录完整翔实。

**2. 设施要求**

（1）正旁弓子无裂纹、无折损，编组铜线烧损和折损率不大于15%，气筒不跑气。

（2）车棚盖不漏雨，避雷器完好，探照灯射程达80 m以上，主隔离开关无烧损，接触面积达75%以上。

（3）主电阻室连接铜带无松弛和烧损，导线片间距离不小于原有的66%。

（4）高压室的导线绝缘无腐蚀老化，接线头无烧损、脱焊，连锁装置正常。

（5）蓄电池箱底无腐蚀，滑道无破损，零件完整。

（6）机械室内辅助电机的保护网完整、轴承不漏油、动作可靠。

（7）台车、联结器、轮轴、牵引电动机各零件紧固、无缺失，润滑良好。

**3. 辅助设施**

（1）驾驶室完好，室内仪表齐全、完整、灵活，电热器完好，操作开关齐全完整、动作灵活。

（2）消防设施齐全有效。

**4. 机车自翻车**

（1）各机件齐全完好、无松动、不漏油，磨损符合要求，制动灵活。

（2）转动装置、台车连接处润滑良好、不缺油。

**（七）辅助机械设备**

**1. 技术要求**

（1）设施、装置符合移交时的各项技术标准和要求。

（2）设备交接班、启动前检查、检修和运行记录完整翔实。

**2. 电气部分**

（1）工作照明、各部仪表、蜂鸣器工作正常。

（2）控制装置、监控面板、报警装置工作正常，接线柱螺栓、各种保险开关不缺失。

（3）各种电线、电缆连接可靠，绑扎固定良好；各部插头联接紧固。

（4）发电机皮带、通风机皮带等运转正常，张紧度符合要求、无超限磨损。

（5）电瓶搭线连接良好，无闪络（火花）痕迹，可维护电瓶电解液液位满足使用要求。

**3. 机械部分**

（1）发动机冷却液温度正常，系统工作良好。

（2）发动机怠速声均匀无杂音、排烟正常。

（3）涡轮增压器歧管连接正常，无裂痕，固定牢固。

（4）排烟管、消音器无裂纹。

（5）机油、液压油、齿轮油油位、油质、温度、密封正常。

（6）制动装置部件齐全完好，制动性能可靠。

（7）传动装置工作正常，无漏油现象，各部分润滑良好。

（8）液压元件工作正常，液压回路密封良好，无漏油现象，液压传动系统工作安全可靠。

（9）钢结构件无开焊、变形或断裂现象，侧机架无漏油现象，铲刀、铲角、斗齿等磨损程度符合要求。

**4. 辅助设施**

（1）驾驶室完好，室内仪表、电器、操作开关完好，安全装置工作可靠。

（2）消防设施齐全有效。

**（八）供电管理**

**1. 技术管理**

（1）供电设备设施档案齐全，有设备台账。

（2）有全矿供电系统图。

（3）有巡视制度，设备设施检修和运行记录完整翔实。

**2. 断路器和互感器**

（1）油位正常。

（2）本体及高压套管无渗漏。

**3. 开关柜**

（1）内设断路器或负荷开关完好。

（2）内设电压、电流互感器完好。

（3）母线支撑瓶无损，连接螺栓无松动。

（4）开关柜柜体及各种保护完好、上锁。

**4. 变电站**

（1）采场变电站有围栏和警示牌，箱体保护接地完好，上锁。

（2）站内设备统一编号、有负荷名称、有停送电标识。

（3）供电监控系统完好。

（4）隔离开关、引线、设备卡无发热、放电现象。

（5）巡查记录齐全。

**5. 电力电缆防护区**

（1）电力电缆防护区（两侧各 0.75 m）内不堆放垃圾、矿渣、易燃易爆及有害化学物品。

（2）电缆线路标识符合 GB 50168。

（3）电缆接头及接线方式和工艺符合要求。

（4）各种电缆按规定敷设（吊挂、电缆沟道、直埋）。

**6. 配电室**

（1）配电室不渗、漏水，内、外墙皮完好，挡鼠板、防护网齐全并符合要求，上锁，非工作人员进入要登记。

（2）配电室外有"禁止攀登、高压危险""配电重地、闲人免进"等警示标示。

（3）周围无杂草、柴垛等易燃物。

（4）配电室内电缆沟使用合格盖板，出口封堵完好。

（5）按规定安装无功补偿装置。

**7. 变压器**

（1）柱上安装的变压器，底座距地面不小于 2.5 m。

（2）露天安装的变压器悬挂"禁止攀登、高压危险"标示牌。

（3）横梁、电缆套管等使用镀锌件。

（4）线路杆号、名称、色标及柱上开关（包括电缆分线箱、环网柜名称和编号）正确清楚，电缆牌齐全并与实际相符。

（5）高、低压同杆架设，横担间最小垂直距离：直线杆 1.2 m，分支和转角杆 1.0 m。

（6）柱上开关、配电台架、10 kV 电缆线路（超过 50 m 的两端）安装避雷器，避雷器按要求定期试验。

（7）配电设备的接地线使用直径不小于 16 mm 的圆钢或截面积不小于 100 mm$^2$ 的接地体，接地电阻符合要求。

（8）表计无损坏，安装规范、牢固、无歪斜，表尾用供电所专用钳封印。

（9）带风扇通风冷却的变压器能自动或手动投入运行。

【培训要点】

（1）变电站设置应当遵守下列规定：

①采场变电站应当使用不燃性材料修建，站内变电装置与墙的距离不得小于 0.8 m，距顶部不得小于 1 m，变电站的门应当向外开，门口悬挂警示牌。

②采场变电站、非全封闭式移动变电站，四周应当设有围墙或栅栏。

③必须对变电站、移动变电站、开关箱、分支箱统一编号，门必须加锁，并

设安全警示标志，变电站内的设备应该编号，并注明负荷名称，必须设有停、送电标志。

④移动变电站箱体应当有保护接地。

⑤无人值班的变电站、移动变电站至少每 2 周巡视一次。

⑥变电站室内必须配备合格的检测和绝缘用具。

变电站的各项管理制度、操作规程健全；运行记录、交接班记录齐全；消防器材配备符合规定。

（2）架空输电线下严禁停放矿用设备，严禁堆置剥离物和煤炭等物料。

（3）按照基本要求对现场逐条检查，同时检查变压器的各项管理制度、日常的各种工作记录、检查记录、维修记录等；避雷器的定期检测报告（专业机构），消防器材的配备等。

## 十二、露天煤矿边坡

### （一）技术管理

（1）管理制度：制定边坡管理制度，定期巡视边坡，有巡视记录。

（2）资料管理：

①有完善、准确、详细的工程地质、水文地质勘探资料。

②有边坡设计。

（3）气象预报：与当地气象部门建立天气预报及时通报机制。

（4）技术措施：按规定制定边坡稳定专项技术措施。

（5）应急预案：制定滑坡应急预案并组织演练。

【培训要点】

（1）健全边坡管理的专项制度；有专人或兼职人员定期巡视采场及排土场边坡，发现滑坡征兆时，及时汇报，并设立明显标志牌；对设有运输道路，采运机械和重要设施的边坡，必须及时采取安全措施；巡视记录应齐全，记录翔实。

（2）边坡设计应根据工程地质和水文地质调剂教案确定最优边坡轮廓，采掘场的边坡设计应确定采掘场最终边坡及其与稳定系数 $K$ 之间的曲线；工程地质条件复杂，有不利于边坡稳定的岩体结构、构造、软弱夹层、地震、动载荷、爆破等因素时，尚应进行专门的边坡工程地质勘探及岩土物理力学试验，边坡设计需符合《煤矿安全规程》规定和设计规范的要求，边坡设计的审批需符合程序。

（3）制定边坡稳定专项技术措施需符合《煤矿安全规程》的规定；专项措施按程序审批；必须建立应急救援组织，健全规章制度，编制应急救援预案，储备应急救援物资、装备并定期检查。

**（二）采场边坡**

（1）稳定性验算、分析与评价：每年做边坡稳定验算、稳定性分析与评价。

（2）最终边坡：最终边坡到界后，稳定性达不到要求时，修改设计，并采取治理措施。

（3）到界平盘：

①符合设计。

②临近到界的平盘采取控制爆破。

**【培训要点】**

（1）定期请有资质的科研单位对边坡进行稳定性分析，必要时采取防治措施；有专业机构出具的边坡稳定性分析与评价报告。

（2）露天煤矿必须进行年度边坡稳定性计算，当达不到边坡稳定要求时，应当修改采矿设计或者制定安全措施。

（3）工作帮边坡在临近最终设计的边坡之前，必须对其进行稳定性分析和评价，当原设计的最终边坡达不到稳定的安全系数时，应当修改设计或者采取治理措施。

（4）临近到界台阶时，应采用控制爆破。控制爆破是指对工程爆破过程中由于炸药在被爆破对象的爆炸而产生的飞散物、地震、空气冲击波、烟尘、噪声等公害通过一定的技术手段加以控制的一种的爆破技术。

**（三）排土场边坡**

（1）稳定性验算、分析与评价：定期做边坡稳定验算、稳定性分析与评价。

（2）稳定性管理：

①排土场到界前 100 m，采取措施。

②内排土场基底有不利于边坡稳定的松软土岩时，按照设计要求进行处理。

③排土场的排弃高度和边坡角，符合设计。

**【培训要点】**

（1）定期对排土场边坡进行稳定性分析，必要时采取防治措施，有专业机构出具的定期边坡稳定性分析与评价报告。

（2）《煤矿安全规程》规定，露天煤矿的长远和年度采矿工程设计，必须进行边坡稳定性验算。达不到边坡稳定要求时，应当修改采矿设计或制定安全措施。

（3）排土场的最大排弃高度和边坡角，应根据排土场基底的稳定性、地形坡度、排弃物性质确定。

**（四）不稳定边坡**

（1）管理：对不稳定边坡实施重点监管，进行稳定性分析与评价。

（2）监测：在不稳定边坡设监测网络，有监测记录。

（3）防范：加强巡视，有巡视记录，发现滑坡征兆，撤出作业人员，设警示标志。

【培训要点】

（1）边坡管理部门有对危险边坡进行重点管理的制度和措施，边坡稳定性的分析与评价报告。

（2）应当定期巡视采场及排土场边坡，发现滑坡征兆时，必须设明显标志牌；发生滑坡后，应当立即对滑坡区采取安全措施，并进行专门的勘察、评价与治理工程设计；查看巡视记录。

## 十三、露天煤矿疏干排水

### （一）技术管理

（1）管理制度：建立健全水害防治技术管理制度、水害预测预报制度、水害隐患排查治理制度、重大水患停产撤人制度以及应急处置制度等。

（2）技术资料：

①综合水文地质图。

②综合水文地质柱状图。

③疏干排水系统平面图。

④矿区地下水等水位线图。

⑤疏干巷道竣工资料。

⑥疏干巷道井上下对照图。

（3）规划及计划：有防治水中长期规划、年度疏干排水计划及措施，并组织实施。

（4）水文地质：查明地下水来水方向、渗透系数等；受地下水影响较大和已经进行疏干排水工程的边坡，进行地下水位、水压及涌水量观测并有记录，分析地下水对边坡稳定的影响程度及疏干效果，制定地下水治理措施。

（5）疏干水再利用：疏干水、矿坑水，可直接利用的或经处理后可利用的要回收利用。

【培训要点】

（1）露天矿必须有防治水工作的管理机构，必须有足够的防治水技术人员和正常工作的装备，并具备相应的硬件设备和严格的管理制度，以保证工作顺利进行。

（2）根据《煤矿防治水细则》必须编制露天防治水中长期规划，对地下水、地表水和降水可能对排土场、工业广场、采场等区域造成的危害进行风险评估；

应当每年年初制定防排水计划及措施，由煤炭企业负责人审批并组织实施。

（3）露天矿必须填报涌水量和排水量记录，全矿统一格式，按要求、时限填报，并由本部门的领导签字审核后上报主管科室备案留存；因地下水位升高，可能造成排土场或者采场滑坡时，必须进行地下水疏干。

查看涌水量和排水量记录和地下水治理的措施。

### （二）疏干排水系统

#### 1. 设备设施

（1）地面排水沟渠、储水池、防洪泵、防洪管路等设施完备，排水能力满足要求。

（2）地下水疏干水泵、管道和运行控制等设备完好，满足疏干设计。

（3）疏干巷道排水设备满足巷道涌水量要求。

#### 2. 地面排水

（1）用露天采场深部做储水池排水时，有安全措施，备用水泵的能力不小于工作水泵能力的 50%。

（2）采场内的主排水泵站设置备用电源，当供电线路发生故障时，备用电源能担负最大排水负荷。

（3）排水泵电源控制柜设置在储水池上部台阶，加高基础，远离低洼处，避免洪水淹没和冲刷。

（4）储水池周围设置挡墙或护栏，检修平台符合 GB 4053.3，上下梯子符合 GB 4053.1 ~ GB 4053.2。

（5）矿区外地表水对采场有影响时，有阻隔治理措施。

#### 3. 地下水疏干

（1）疏干工程或帷幕注浆截流工程应超前采矿工程。

（2）有涌水点的采剥台阶，设置相应的疏干排水设施。

（3）因地下水位升高，可能造成排土场或采场滑坡的，应进行地下水疏干或采取有效措施进行治理。

（4）疏干管路应根据需要配置控制阀、逆止阀、泄水阀、放气阀等装置，管路及阀门无漏水现象。

（5）疏干井地下（半地下）泵房应设通风装置。

（6）免维护疏干巷道有防火措施、排水通畅。

（7）严寒地区疏干排水系统有防冻措施。

#### 4. 现场管理

（1）在矿床疏干漏斗范围内，地面出现裂缝、塌陷，圈定范围加以防护，设置警示标识，制定安全措施。

（2）（半）地下疏干泵房应当设通风装置，进入前进行通风，检测气体合格后方可进入。

（3）现场备用排水泵处于完好状态，有定期性能检测记录。

（4）现场有配电系统图、水泵操作流程图。

（5）检查疏干排水系统，有记录。

（6）地埋管路堤坝应进行整形处理，疏干井、明排水泵周围设检修平台，外围疏干现场设检修通道。

（7）疏干巷道运行设施完好，有运行记录。

（8）维护疏干巷道时，有防火、通风措施。

（9）疏干巷道符合《矿井地质规程》。

**5. 疏干集中控制系统**

（1）主机运行状态良好。

（2）分站通信状况良好。

（3）主站采集的电流、电压、温度等数据准确，采集系统无异常或缺陷。

（4）远程启动、停止、复位指令可靠。

（5）停泵、通信异常报警正常。

（6）有完好的集控备用系统和备用电源。

【培训要点】

（1）地表及边坡上的防排水设施应当避开有滑坡危险的地段，排水沟应经常检查、清淤，不应渗透、倒灌或者漫流；当采场内有滑坡区时，应当在滑坡区周围采取截睡措施；当水沟经过有变形、裂缝的边坡地段时，应当采取防渗措施；露天矿地面排水系统的检查，主要是防、堵、疏、截、排等相关设施、设备的巡视检查，做好巡视检查记录，对发现的问题制定措施，并监督实施。

（2）地下水影响较大和已进行疏干排水工程的边坡，应当进行地下水位、水压及涌水量的观测，分析地下水对边坡稳定的影响程度及疏干的效果，并制定地下水治理措施；疏干工程应有工程设计，疏干的设备设施应符合设计要求，有相应的安全质量措施。设备的运行记录、检修记录齐全规范。

（3）集控系统设施设备状态良好，运行安全可靠，数据采集传输准确；通信系统、远程控制系统、异常报警系统、备用系统及备用电源完好；集控系统的各项管理制度、操作规程有效执行；运行记录、检查记录、维修记录等填写规范整齐；按规定配备消防器材。

**（三）岗位规范**

（1）严格执行本岗位安全生产责任制。

（2）掌握本岗位操作规程、作业规程。

（3）按操作规程作业，无"三违"行为。

（4）作业前进行岗位安全风险辨识及安全确认。

**（四）文明生产**

（1）疏干泵房及周围干净整洁无杂物，物品摆放规整。

（2）各类标识牌齐全完整。

（3）各种记录页面整洁。

# 第17讲 质量控制：调度和应急管理

## 第35课 工作要求（风险管控）

### 一、调度基础工作

（1）按规定建立健全调度工作管理制度。

【培训要点】

调度管理规章制度包括：调度值班制度，调度交接班制度，调度汇报制度，生产例会制度，业务保安制度，事故、突发事件信息处理与报告制度，调度业务学习制度、调度文档管理制度等。各项制度内容应具体、完整，并装订成册。调度台应有矿领导值班与下井（坑）带班制度、矿井（坑）灾害预防和处理计划、事故应急救援预案、《煤矿安全规程》等法规、文件。

（2）调度工作各项技术支撑完备。

【培训要点】

（1）备有《煤矿安全规程》规定的图纸。

（2）事故报告程序图（表）。

（3）矿领导值班、带班安排与统计表。

（4）生产计划表。

（5）重点工程进度图（表）。

（6）矿井灾害预防和处理计划。

（7）事故应急救援预案等。

图（表）保持最新版本。

（3）岗位人员具备相关技能并规范作业。

【培训要点】

（1）调度机构负责人应具备煤矿安全生产相关专业大专（同等学历）及以上文化程度，并具有三年以上煤矿基层工作经历。

（2）调度值班人员具备煤矿安全生产相关专业中专（同等学历）及以上文化程度，并具有两年以上煤矿基层工作经历。

（3）基层工作经历是采掘、通风、机电区队和生产科室等的工作经历。

（4）调度值班人员应经三级及其以上培训机构培训并取得煤矿安全培训合格证明，持有效证件上岗。

## 二、调度管理

（1）掌握生产动态，协调落实生产计划，及时协调解决安全生产中的问题。

【培训要点】

1. 生产动态管理

掌握生产动态主要包括矿井生产系统、采掘工作面等动态情况，掌握巷道贯通、初（末）次放顶、过地质构造、回采面安装（拆除）、停产检修、大型设备检修、恢复生产、重点工程等情况；露天矿掌握穿爆、采装、运输、排土作业动态、矿坑运输、大型设备检修等；井工矿和露天矿还应掌握煤矿供电、疏干排水、采空区、火区等情况，详细记录相关工程进展和安全技术措施落实情况。

2. 协调落实生产计划

生产（产运销）计划主要指煤矿的月度和年度计划，运输和销售业务由上级单位（集团）统一管理的，仅考核生产计划（下同）。生产作业计划指回采、掘进工作面和辅助工程计划，露天矿指剥离工程计划等。

3. 协调解决安全生产中的问题

要及时有效地解决生产中出现的各种问题，并详细记录解决问题的时间、地点、参加人、内容、处理意见、处理结果等。

（2）出现险情或发生事故时，调度员有停止作业、撤出人员授权，按程序及时启动事故应急救援预案，跟踪现场处置情况并做好记录。

【培训要点】

煤矿矿长要与调度人员签订《煤矿调度人员十项应急处置权》授权书；出现险情和发生事故时，及时下达调度指令，组织处置；按规定分级汇报，启动事故应急预案，做好应急值班职守，并做好事故信息报告、现场处置情况等记录；对影响安全生产的重大隐患及时按要求下达调度指令，并跟踪落实整改。

煤矿调度人员在接到险情和事故报警后，如威胁到现场人员人身安全时，应在第一时间下达撤人指令并通知到有关人员。

煤矿调度人员十项应急处置权如下：

（1）汛期本地区气象预报为降雨橙色预警天气或24 h以内连续观测降雨量达到50 mm以上；或受上游水库、河流等泄洪威胁时；或发现地面向井下溃水的。

（2）井下发生突水，或井下涌水量出现突增，有异常情况，危及职工生命及矿井安全的。

（3）井下发生瓦斯、煤尘、火灾、冲击地压等事故的。

（4）供电系统发生故障，不能保证安全供电的。

（5）主要通风机发生故障，或通风系统遭到破坏，不能保证矿井正常通风的。

（6）安全监测监控系统出现报警，情况不明的。

（7）煤层自然发火有害气体指标超限或发生明火的。

（8）井下工作地点瓦斯浓度超过规定的。

（9）采掘工作面有冒顶征兆，采取措施不能有效控制；或采掘工作面受冲击地压威胁，采取防冲措施后，仍未解除冲击地压危险的。

（10）有其他危及井下人员安全险情的。

（3）汇报及时准确，内容、范围符合程序要求。

【培训要点】

调度应履行班、日、旬（周）、月汇报制度，除汇报生产计划完成情况、影响计划完成的原因和领导带班情况外，重点汇报安全生产、重点工程情况，遇有重大安全问题，应及时汇报措施、处理情况并提出解决问题的有关建议。

（1）报上一级调度室的调度报表、安全生产信息应经调度部门负责人或分管矿领导审核后，按规定要求及时上报。

（2）专题汇报主要指节假日停产放假、检修安排，停、复产安全技术措施，矿井大修、主要大型设备检修安排及安全措施，拆启密闭排放瓦斯、重大排（探）放水安排及安全技术措施，初（末）次放顶、巷道贯通安全技术措施等应以书面形式按规定要求汇报，其他专题汇报按上级要求完成。

（3）季节性汇报主要是指雨季防汛、防雷电，冬季防寒、防冻，冬、春季防火等季节性工作安排应按规定要求报上一级调度部门，发生紧急情况要立即报告本单位负责人和上一级调度室。

（4）发生影响生产超过1h的非人身伤亡生产事故，重伤及以上人身伤亡事故，应立即报告当班值班领导，在接到报告后1h内向上一级调度室报告事故信息；发生较大及以上事故，在接到报告后立即报告上一级调度室；发生死亡事故，还应按规定在1h内报当地安全监管部门。

（5）发生影响生产安全的突发性事件，应在规定时间内向矿负责人和有关部门报告。

（4）调度台账齐全，记录及时、准确、全面、规范。

【培训要点】

调度台账主要包括调度值班、调度交接班、安全生产例会、重点作业工程，安全生产问题、重大安全隐患排查及处理情况等台账；建立产、运、销、存的统计台账（运、销企业集中管理的除外）。台账应内容齐全，数据准确，字迹工整。

### 三、调度信息化

（1）装备有线或无线（露天煤矿）调度通信系统。

【培训要点】

（1）井工矿应装备调度通信系统，并具有汇接、转接、录音、放音、扩音、群呼、组呼、监听、强插、强拆等功能；调度总机应与上级调度总机、矿区专网、市话公网联网。应具备不少于 2 种与井下通信联络的手段，并保证至少一种是有线通信。即除有线通信外，还应有无线通信和广播系统两种通信方式中的至少 1 种，以满足事故应急救援通信的需要。

（2）露天矿调度通信系统应具有录音、放音、扩音、监听、群呼、组呼、无线对讲等功能。

（3）煤矿调度室应配备传真机、打印机、复印机，调度工作台上所有电话都应该有录音功能，录音保存时间不能少于一个季度。

（4）调度室与矿长、安全副矿长（安监站长）、生产副矿长、总工程师、采掘工作面、中央变电所、中央水泵房、主通风机房、主副井绞车房、井底车场、地面主变电所、井下主要硐室、救护队、车队、医院（井口保健站）、应急物资仓库等之间应设置直通电话或者具有强插、强拆功能的直拨电话。

（2）装备安全监控系统、井下人员位置监测系统、露天煤矿车辆定位系统，可实时调取相关数据。

【培训要点】

（1）调度室有安全监测监控终端显示，并具有声光报警、数据存储查询功能；露天矿应装备边坡稳定监测系统；监测监控系统应实现联网、运行正常。煤矿安全监控系统必须 24 h 连续运行。

（2）接入煤矿安全监控系统的各类传感器应符合《煤矿安全监控系统及检测仪器使用管理规范》（AQ 1029—2019）的规定，稳定性应不小于 15 d。

（3）调度室应具有井下人员定位系统监控终端显示并运行正常，具有声光报警、数据存储查询功能，准确显示井下总人数及人员分布情况。

（3）引导建立安全生产信息管理系统、安装图像监视系统。

【培训要点】

信息管理系统应对产、运、销、存统计和安全、生产等信息进行管理和存储，通过网络实现信息和调度统计报表的实时传输，并与本单位相关部门和上一级调度室联网。

系统具有调度日报、旬（周）报、月报表，矿领导下井统计表，生产安全事故统计表，采掘工作面接续情况表，初（末）次放顶预报表，巷道贯通预报表，专题汇报材料等处理功能。数据信息保存期应不少于2年，进行数据备份，保证存储安全。

工业视频管理系统是对各生产重要岗点的现场进行实时监控的系统，能对历史图像进行回放。按照国家规定，图像监视系统应当在矿调度室设置集中显示装置，实时显示地面储煤场、主要运输胶带、火车装车点、副井上下井口、井下主要转载点、主要水仓入口、主通风机房等场所视频信号，并具有存储和查询功能。图像存储时间应不小于7天，有图像信号上传功能，与集团公司联网，工业视频信号清晰稳定。安装图像监视系统的矿井，应当在矿调度室设置集中显示装置，并具有存储和查询功能。

## 四、职工素质及岗位规范

（1）调度人员熟悉煤矿井下各大生产系统等主要情况，掌握生产作业计划、生产过程中的动态变化，协调组织生产，具备应急处置能力，持证上岗。

**【培训要点】**

（1）调度人员培训计划和培训资料。

（2）培训内容：煤矿井下各大生产系统、采掘工艺和头面数量、重点工程情况、矿井灾害情况；掌握生产作业计划、生产过程中的动态变化，协调组织生产等。

（3）调度人员培训合格并取得安全管理人员安全资格证书，持有效证件上岗。

（2）严格执行岗位安全生产责任制，无"三违"行为。

**【培训要点】**

（1）调度人员操作规范，无违章指挥、违章作业和违反劳动纪律行为。

（2）调度设施齐全、完好；室内外整洁，办公设施及用品摆放整齐有序，通道畅通。

（3）调度室：图纸、资料、文件、牌板及工作场所清洁整齐、置物有序（调度室内应有悬挂（或摆台）图纸的位置）。

## 五、应急管理

（1）落实煤矿应急管理主体责任，主要负责人是应急管理和事故应急救援的第一责任人；明确应急管理的分管负责人和主管部门。

**【培训要点】**

煤矿应急组织机构包括应急管理的领导机构和工作机构。

（1）煤矿应急管理的领导机构是在该生产经营单位常设安全生产行政机关的基础上组建的。其名称一般为安全生产应急救援领导小组或应急救援指挥部。一般应由该生产经营单位高管层的行政正职担任领导小组的组长（或指挥长），其他高管层成员为副组长（或副指挥长）。领导小组（或指挥部）的成员应包括本生产经营单位的各副总工程师。

（2）煤矿应急管理的工作机构包括该领导机构下设的应急管理办公室和应急救援的各个专业小组。

（3）应急管理办公室应在本单位生产调度室的基础上组建，其办公室地点也应该设立在生产调度室。应明确办公室专职（或兼职）的主任、副主任。小型和中型煤矿至少应配备一名专职应急管理人员，大型煤矿至少应配备2名专职应急管理人员。

（4）应急救援专业小组的组建是必需的。煤矿应该依照本生产经营单位的重大安全生产事故的类型和特征组建应急救援专业小组，但至少应包括抢险救援、医疗救护、技术专家、通信信息、物资装备、交通运输、后勤服务、财力保障、治安保卫、善后处置等专业的。

（5）应急救援的各个专业小组应明确正、副组长和成员，其人员数量，应以满足日常性的应急管理和满足应急状态下的应急救援需求为原则。专业小组成员的个人素质、技能应能够支持该专业的日常性管理需求和应急救援需求。

（6）应急救援管理指挥机构、工作机构、应急救援专业小组的组建和应急管理人员的配备，一般应以煤矿行政文件的形式体现。

（2）建立健全应急管理和应急救援制度，明确岗位职责。

**【培训要点】**

结合煤矿应急管理的基本状况，煤矿应建立以下应急管理制度：

（1）应急工作例会管理制度。

（2）对应急职能、职责等管理工作的考核制度。

（3）应急救护协议管理制度。

（4）应急指挥通信网络保密、运行、维护管理制度。

（5）预防性安全检查管理制度。

（6）应急宣传、教育管理制度。

（7）应急培训管理制度。

（8）安全生产事故应急预案管理制度。

（9）应急演练和应急评估管理制度。

（10）应急救援队伍管理制度。

（11）安全生产应急专项经费保障制度。

（12）应急救援物资保障管理制度。

（13）应急救援通信和信息传递保障管理制度。

（14）应急救援交通运输保障管理制度。

（15）应急医疗救护保障管理制度。

（16）应急救援现场警戒保卫管理制度。

（17）应急值守管理制度。

（18）应急信息报告、处置和预警管理制度。

（19）气象灾害停产、停工及紧急避险撤人管理制度。

（20）应急资料档案管理制度。

（3）应急管理和应急救援资源有保障。

**【培训要点】**

煤矿应急管理和应急救援必须以人员、物力、财力和技术等资源的保障为基础。

1. 通信与信息保障的基本要求

（1）设立本煤矿生产安全事故应急救援的指挥场所，一般应设置在本煤矿的生产调度室。

（2）建立本煤矿应急值守制度，实行24 h应急值守。应急值守制度应悬挂在应急指挥场所醒目位置。

（3）应急指挥场所应配备显示系统、中央控制系统、有线和无线通信系统、电源保障系统、录音录像和常用办公等设备设施。

（4）应急指挥场所的应急通信网络应与本煤矿所有应急响应的机构、上级应急管理部门和社会应急救援部门的接警平台相连接。

（5）应急指挥场所应保持最新的本煤矿应急机构和人员、上级应急管理部门、社会应急救援部门的通信方式，其通信方式至少应有两种。

（6）应急指挥场所应能与本煤矿上级应急指挥机构进行纸质信息、电子文档信息的传递和接收。

（7）应配备专职技术管理人员对应急指挥场所的应急设备、设施、通信网络进行维修、维护和保养，确保日常畅通和应急状态下的畅通。

（8）本煤矿应急通信网络应建立健全保密、运行维护的管理制度。

2. 应急救援物资与装备保障的基本要求

（1）煤矿应按照批准的应急预案文本要求储备应急救援的设备、设施、装备、工具、材料等物资。

（2）煤矿应建立应急救援物资与装备的管理制度。

（3）应急救援物资与装备的管理必须明确管理的责任部门、责任人。

（4）煤矿对储备的应急救援物资与装备，必须建立台账，清晰注明每一类物资的品名、类型、规格型号、性能、数量、用途、存放位置、管理责任人及其通信联系方式等信息，其中通信联系方式至少应有两种。

（5）煤矿应制定措施以保障应急救援物资与装备的完好、有效。某些具有使用有效期限的应急救援物资（例如药品类），应制定及时更新的措施。

3. 交通运输保障的基本要求

（1）煤矿应建立应急救援交通运输保障管理制度。

（2）煤矿应确保在应急救援情况下实施交通运输保障的交通工具，其交通工具包括保障人员安全运输和物资装备安全运输。

（3）应明确交通和运输保障的管理部门、管理职能和岗位职责。

（4）应有交通和运输工具实际操作人员的通信联络方式，其联络方式至少应有两种。

（5）煤矿应制定确保交通和运输工具能够实时及时出动、可靠投入运行的保障性措施。

4. 医疗与救护保障的基本要求

（1）煤矿设有职工医院的，应以该职工医院的医疗救护人员技术骨干为基础，组建应急医疗救护专业小组。

（2）应急医疗救护专业小组的成员其专业技能应能够覆盖现场救护基本施救范围，包括创伤急救、急性职业中毒窒息急救、伤员搬运等。

（3）应急医疗救护专业小组应结合本煤矿事故抢险和应急救护的基本特征，配置必需的医疗急救药品、器材和交通工具。医疗急救的药品、器材和交通工具必须明确管理责任人和管理措施。

（4）煤矿未设职工医院、不具备组建应急医疗救护专业小组的，应与附近三级以上医疗机构签订应急救护服务协议，其协议书的文本必须规范和具有约束力。

（5）煤矿必须建立确保应急医疗救护专业小组及时出动和有效实施急救的保障方案或措施。

5. 技术保障的基本要求

（1）煤矿应依照批准的专项应急预案的事故类别，组建由相关专业组成的应急救援技术专家人才库。

（2）煤矿的应急救援技术专家人才库的专业类别，应完整覆盖各个专项应急预案应急救援处置措施所需要的技术专业。每一类技术专业的专家人数至少有

1 人。

（3）当本煤矿技术专业资源不足时，可以利用外聘的方式，吸纳外部技术专家进入本煤矿技术专家人才库。外聘的技术专家应有规范的聘用手续和可靠的通信联络方式。

（4）应明确一定的周期由本煤矿技术负责人主持召集技术专家人才库人员进行重大事故预防、应急救援活动的学术讨论。

6. 技术保障的基本要求

（1）煤矿应建立安全生产应急专项经费保障制度。

（2）煤矿应建立可靠的应急救援资金渠道，保障应急救援及时到位。

7. 其他保障的基本要求

（1）煤矿应在应急预案之中载明为确保应急救援顺利实施的现场治安秩序维护、重要场所保卫、重要物资保卫等方面的保障性措施。

（2）煤矿应在应急预案之中载明为确保应急救援顺利实施的后勤、服务等方面的保障性措施。

（3）上述保障性措施必须具有可操作性。

（4）组建应急救援队伍或有应急救援队伍为其服务。

【培训要点】

（1）建立矿山救护队。

（2）矿山救护队应进行资质认证并取得资质证。

（3）矿山救护队应实行军事化管理和训练。

（4）矿山救护队按规定配备必需的装备、器材，装备、器材应明确管理职责和制度，定期检查、维护。

不具备建立矿山救护队条件的煤矿应组建兼职应急救援队伍，或与就近的专业矿山救护队签订救护协议。兼职矿山救护队要定期接受专职矿山救护队的业务培训和能力提升，并依照计划进行训练。

（1）兼职矿山救护队应根据矿山的生产规模、自然条件、灾害情况确定编制，原则上应由 2 个以上小队组成，每个小队由 9 人以上组成。

（2）兼职矿山救护队应设专职队长及仪器装备管理人员。兼职矿山救护队直属矿长领导，业务上受总工程师（或技术负责人）和矿山救护大队指导。

（3）兼职矿山救护队员由符合矿山救护队员条件，能够佩用氧气呼吸器的矿山生产、通风、机电、运输、安全等部门的骨干工人、工程技术人员和干部兼职组成。

（4）兼职矿山救护队按规定配备必需的装备、器材，装备、器材应明确管理职责和制度，定期检查、维护。

（5）兼职矿山救护队应有完备的学习、值班、会议、修理、装备场所、训练场所及训练设备。

（5）编制生产安全事故应急救援预案及年度灾害预防和处理计划，按照规划和计划组织应急救援预案演练，组织实施灾害预防和处理计划。

【培训要点】

（1）按照生产安全事故应急预案管理办法和生产经营单位生产安全事故应急预案编制导则的规定，结合本煤矿危险源分析、风险评价结果、可能发生的重大事故特点编制安全生产事故应急预案。

（2）应急预案的内容应符合相关法律、法规、规章和标准的规定，要素和层次结构完整、程序清晰、措施科学、信息准确、保障充分、衔接通畅、操作性强。

（3）按照生产安全事故应急演练指南，编制应急演练规划、计划和应急演练实施方案。

（4）应急演练规划应在 3 个年度内对综合应急预案和所有专项应急预案全面演练覆盖。

（5）年度演练计划应明确演练目的、形式、项目、规模、范围、频次、参演人员、组织机构、日程时间、考核奖惩等内容。

（6）应急演练方案应明确演练目标、场景和情景、实施步骤、评估标准、评估方法、培训动员、物资保障、过程控制、评估总结、资料管理等内容，演练方案应经过评审和批准。

（7）依照批准的规划、计划和方案实施演练，应急演练所形成的资料应完整、准确，归档管理。

# 第 36 课　标　准　要　求

## 一、调度基础工作

### 1. 组织机构

调度室每天 24 h 专人值守，每班工作人员满足调度工作要求。

【培训要点】

（1）调度室应 24 h 专人值守，并适当配备调度统计、综合业务等人员。

（2）人员配备应考虑调度人员下井（坑）时间。井口或井下设调度站的，人员配备应满足 24h 值班要求，调度人员持证上岗，每班双人上岗。

**2. 管理制度**

制定并严格执行调度值班制度、调度会议制度、交接班制度、汇报制度、信息汇总分析制度、调度人员入井（坑）制度、业务学习制度、事故和突发事件信息报告与处理制度、文档管理制度。

**3. 技术支撑**

备有《煤矿安全规程》规定的图纸、事故报告程序图（表）。矿领导值班、带班安排与统计表、生产计划表、重点工程进度图（表）、矿井灾害预防和处理计划、事故应急救援预案，图（表）保持最新版本，矿井灾害预防和处理计划按照年度编制并保持最新，应急救援预案按照国家应急救援预案管理的相关法规、标准实施及时修订。

【培训要点】

（1）图纸：备有《煤矿安全规程》规定的图纸，并保持最新版本。

（2）图表：事故报告程序图（表）、矿领导值班、带班安排与统计表、生产计划表、重点工程进度图（表），并保持最新版本。

（3）计划：矿井灾害预防和处理计划按照年度编制并保持最新。

（4）预案：应急救援预案按照国家应急预案管理的相关法规、标准实施及时性修订和换版修订。

## 二、调度管理

**1. 计划与实施**

组织召开日调度会，对年度、月度生产计划进行跟踪、协调、落实、考核。

【培训要点】

（1）生产平衡会（或例会）。就是每旬、每月的生产总结分析会，在这个会议上检查总结每旬、每月的生产任务完成情况和生产中存在的问题，各单位生产任务超欠原因，平衡下个生产期的计划，研究落实解决问题的措施办法。

（2）日调度会要求在矿的全体安全生产矿领导、安全生产指挥中心、安全部、正副经理。各生产、辅助单位及地面部室的行政负责人参加。

**2. 组织协调**

（1）掌握生产动态，协调落实生产作业计划，按规定处置生产中出现的各种问题，并准确记录。

【培训要点】

（1）生产作业计划是指回采、掘进工作面和辅助工程计划，露天矿指剥离工程和辅助工程计划等。

（2）全矿井生产作业计划（对照矿井经营预算计划）。

（3）调度值班记录内容：是否掌握生产动态，协调落实生产作业计划，按规定处置生产中出现的各种问题，时间、地点、参加人员、内容、处理意见、处理结果等应记录清楚。

（2）按规定及时上报安全生产信息，下达安全生产指令并跟踪落实、做好记录。

【培训要点】

（1）保证矿井安全生产信息的畅通，做到"上情下达，下情上报"和调度信息"灵准快"，确保领导指示和意图及时下达，基层反映和出现的问题能够快速汇报处理。

（2）调度指令制度以指令单形式落实，指令单分当班安全生产工作安排，班中运行情况汇报，当班安全事故"三违"及隐患处理情况、交班情况、班后调度汇报及值班领导意见，内容应如实记录。

**3. 应急处置**

出现险情或发生事故时，调度人员及时下达撤人指令、按规定报告，按程序启动事故应急救援预案，跟踪现场处置情况并做好记录。

【培训要点】

（1）"出现险情或发生事故时，及时下达撤人指令"是指接到险情和事故报告后，如威胁到现场人员人身安全时，应第一时间下达受威胁区域的撤人指令，并有相应的记录。

（2）不能存在出现险情未下达撤人指令或未按程序启动事故应急预案或未及时跟踪现场处置情况。

（3）调度指令单必须认真填写，及时报送。

（4）处置记录要规范、清楚、翔实。

**4. 深入现场**

按规定深入现场，了解安全生产情况。

**5. 调度记录**

（1）有日调度会会议记录，记录真实、完整，保存时限符合规定。

（2）有调度值班、交接班及产、运、销、存的统计台账（运、销、存由企业集中管理的除外）和安全信息统计台账（记录），内容齐全、真实、规范。内容应包括：班、日的采掘进尺和煤炭产量、运量、销量、存量，重点工程，安全状况，值班，矿领导带班下井等信息。

【培训要点】

各类调度会议要按时召开，并做好记录，记录要真实、完整；记录页码连续，编码不能有缺页和涂改。

**6. 调度汇报**

（1）每班调度汇总有关安全生产信息。

【培训要点】

（1）每班调度汇总安全生产信息。

（2）节假日停产放假、检修安排，停、复产安全技术措施，矿井大修、主要大型设备检修安排及安全措施，拆启密闭排放瓦斯、重大排（探）放水安排及安全技术措施，初（末）次放顶、巷道贯通安全技术措施等应提前报上一级调度部门。

（3）记录内容齐全。

（2）按规定时间和内容要求准确及时上报调度安全生产信息日报表，旬（周）、月调度安全生产信息统计表和矿领导值班带班情况统计表。

【培训要点】

（1）汇报时间：日报、旬（周）报、月报。

（2）汇报内容：调度安全生产信息。

（3）矿领导值班带班情况。

（3）发生影响生产安全的突发事件，应在规定时间内向矿负责人和有关部门报告。

【培训要点】

（1）汇报时间：立即汇报。

（2）汇报上级：矿负责人和有关部门。

（3）汇报内容：影响生产安全的突发性事件。

**7. 雨季"三防"**

组织落实雨季"三防"相关工作，并做好记录。

## 三、调度信息化

**1. 通信装备**

（1）装备调度通信系统，与主要硐室、生产场所（露天矿为无线通信系统）、应急救援单位、医院（井口保健站、急救站）、应急物资仓库及上级部门实现有线直拨。

（2）有线调度通信系统有选呼、急呼、全呼、强插、强拆、监听、录音功能。调度工作台电话录音保存时间不少于 3 个月。

（3）按《煤矿安全规程》规定装备与重要工作场所直通的有线调度电话。

【培训要点】

（1）查现场和安装维修记录：重要工作场所安装有直通调度的有线电话，

并试拨。

（2）重要工作场所包括采掘工作面、中央变电所、中央水泵房、主通风机房、主副井绞车房、地面主变电所、井下主要硐室、井底车场、救护队、医院（井口保健站）、应急物资仓库等。

**2. 监控系统**

（1）跟踪安全监控系统有关参数变化情况，掌握矿井安全生产状态。

（2）及时核实、处置系统预（报）警情况并做好记录。

【培训要点】

（1）监测监控系统设计、安装等相关资料和监测监控系统图。

（2）调度人员熟悉安全监控系统有关参数，及时掌握矿井安全生产状态。

（3）调度员及时掌握并处置报警（调度室内有监测人员值班的要相互沟通并有记录）。

**3. 人员位置监测**

装备井下人员位置监测系统，准确显示井下总人数、人员时空分布情况，装备露天煤矿车辆定位系统。系统具有数据存储查询功能。矿调度室值班员监视人员或车辆位置等信息，填写运行日志。

【培训要点】

（1）人员位置监测系统，要准确显示井下总人数、人员时空分布情况，数据存储查询功能运行正常，能调取历史数据。

（2）井口人员下井公示人数，井下外来人员配备定位卡，核定下井准确人数，并与微机显示人数一致。

**4. 图像监视**

矿调度室设置图像监视系统的终端显示装置，并实现信息的存储和查询。

【培训要点】

（1）矿调度室图像监视系统的终端显示和设计等相关资料。

（2）显示装置运行正常、存储或查询功能齐全。

（3）图像存储时间应不小于 7 d，有图像信号上传功能。

**5. 信息管理系统**

采用信息化手段对调度报表、生产安全事故统计表等数据进行处理，实现对煤矿安全生产信息跟踪、管理、预警、存储和传输功能。

【培训要点】

（1）系统功能齐全、运行正常。

（2）能对调度报表、生产安全事故统计表等数据进行处理。

（3）能对煤矿安全生产信息跟踪、管理、预警、存储和传输。

## 四、职工素质及岗位规范

### 1. 专业技能

（1）调度人员要熟悉煤矿井下各大生产系统、采掘工艺和头面数量、重点工程情况、矿井灾害情况；掌握生产作业计划、生产过程中的动态变化，协调组织生产；具备应急处置能力；

（2）人员经培训合格，持证上岗。

### 2. 规范作业

（1）严格执行岗位安全生产责任制；

（2）无"三违"行为。

【培训要点】

（1）调度人员操作规范，无违章指挥、违章作业和违反劳动纪律行为。

（2）调度设施齐全、完好；室内外整洁，办公设施及用品摆放整齐有序，通道畅通。

（3）调度室：图纸、资料、文件、牌板齐全，工作场所清洁整齐、置物有序（调度室内应有悬挂（或摆台）图纸的位置）。

## 五、应急管理

### 1. 指挥场所

有固定的应急救援指挥场所。

### 2. 制度建设

建立健全并严格执行以下制度：

（1）事故监测与预警制度；

（2）应急值守制度；

（3）应急信息报告和传递制度；

（4）应急投入及资源保障制度；

（5）应急救援预案管理制度；

（6）应急演练制度；

（7）应急救援队伍管理制度；

（8）应急物资装备管理制度；

（9）安全避险设施管理和使用制度；

（10）应急资料档案管理制度。

【培训要点】

（1）矿要形成正式文件下发，确保制度的权威性，制度要素的完整性，制度的合理性、可操作性。

（2）制度内容与国家安全生产和应急管理法律法规规章等基本要求的符合性。

（3）制度内容设置的合理性，没有内容重叠或遗漏，职责不明确，程序不清晰等情况。

**3. 应急保障**

（1）配备应急救援物资、装备或设施，建立台账，按规定储存、维护、保养、更新、定期检查等。

（2）有可靠的信息通信和传递系统，保持最新的内部和外部应急响应通讯录。

（3）配置必需的急救器材和药品；与就近的医疗机构签订急救协议。

（4）建立覆盖本煤矿所有专项应急救援预案相关专业的技术专家库。

【培训要点】

（1）煤矿应急预案中物资保障的相关程序、内容、管理台账。

（2）煤矿指挥部的通信系统和信息资料的传输系统，通信系统的功能满足程度。

（3）通信系统日常维护和保养职责任务明确。

（4）指挥部最新的煤矿内部通信录，指挥部最新的外部通信录。

（5）煤矿应急预案对医疗急救保障的相关内容，急救器材配置或设置、急救药品的设置或配置、急救医务人员的配置、井口（井下）急救站设置情况。

（6）急救协议书的签署（日期、有效期、有效性等）。

（7）煤矿应急预案对技术专家设置的相关资料：专家库的管理主责部门和负责人、专家类别的完整覆盖程度、专家能力确认程序、专家聘任程序、专家日常管理和应急状态下紧急集结的程序、专家通信录。

（8）技术专家不能由矿内领导担任（如果由矿领导兼任，不得分）。

**4. 安全避险系统**

按规定建立完善井下安全避险设施，设置井下避灾路线指示标识。每年由总工程师组织开展安全避险系统有效性评估。

【培训要点】

（1）安全避险系统内容："六大系统"相关知识。

（2）避灾路线标识设置情况。

（3）安全避险设施管理制度的内容完整性、管理职责及执行情况。

（4）煤矿对安全避险系统有效性实施评估的制度性规定。

（5）总工程师一年组织一次安全避险系统有效性实施评估，有评估程序、记录和报告。

（6）安全避险系统实施持续改进。

**5. 应急广播系统**

井下设置应急广播系统，井下人员能够清晰听到应急指令。

【培训要点】

（1）井下应急广播系统图。

（2）井下应急广播系统要实现井下作业地点全覆盖。

（3）现场抽查应急广播系统防爆要求是否符合，试验广播是否能正常使用。

（4）现场抽查调度室对井下应急广播系统的使用操作是否熟练。

**6. 个体防护装备**

按规定配置足量的自救器，入井人员随身携带，并能熟练使用；矿井避灾路线上按需求设置自救器补给站。

【培训要点】

（1）自救器管理主责部门、管理程序。

（2）自救器发放场所：检查自救器管理台账，确认满足程度和备用量的符合程度。

（3）自救器资金投入保障、使用和管理的有效性。

（4）井下现场按要求在避灾路线上设置自救器补给站。

**7. 紧急处置权限**

明确授予带（跟）班人员、班组长、安检员、瓦斯检查工、调度人员的遇险处置权和现场作业人员的紧急避险权。

【培训要点】

（1）"五类人员"的"两项权力"的授权方式和权威性。

（2）"五类人员"的"两项权力"的行使记录。

**8. 技术资料**

（1）井工煤矿应急指挥中心备有最新的采掘工程平面图、矿井通风系统图、井上下对照图、井下避灾路线图、灾害预防与处理计划、应急救援预案。

（2）露天煤矿应急指挥中心备有最新的采剥、排土工程平面图和运输系统图、防排水系统图及排水设备布置图、井工老空区与露天矿平面对照图、应急救援预案。

**9. 队伍建设**

（1）煤矿有符合要求的矿山救护队为其服务。

（2）井工煤矿上级公司未设立矿山救护队或行车时间超过 30 min 的，煤矿应设立兼职救护队，并与行车时间 30 min 以内到达的矿山救护队签订救护协议。

（3）兼职救护队按照《矿山救护规程》的相关规定配备器材和装备，实施军事化管理，器材和装备完好，定期接受专职矿山救护队的业务培训和技术指导，按照计划实施应急施救训练和演练。

【培训要点】

（1）兼职矿山救护队成立文件与人员业务培训和证件信息。

（2）兼职矿山救护队休息室、学习室办公室、会议室、装备室、值班室、战备器材室与战备器材配置落实情况。

（3）兼职矿山救护队军事化管理制度和台账信息。

（4）兼职矿山救护队技术指导和保障资金、津贴救护队员情况。

**10. 应急预案**

（1）预案编制与修订：

①按照《生产安全事故应急预案管理办法》和年度安全风险辨识评估报告编制应急救援预案，并按《生产安全事故应急条例》规定及时修订；

②按规定组织应急救援预案的评审，形成书面评审结果；评审通过的应急救援预案由煤矿主要负责人签署公布，及时发放；

③应急救援预案与煤矿所在地政府的生产安全事故应急救援预案相衔接。

【培训要点】

（1）煤矿应编制应急预案。应急预案管理制度的各环节：编制—评审—签署—发布—备案—培训—宣贯—实施—评估—修订各环节资料或记录齐全。

（2）编制与修订应急预案应符合国家安全生产监督管理总局令第88号规定的7种情形：①依据的法律、法规、规章、标准及上位预案中的有关规定发生重大变化的；②应急指挥机构及其职责发生调整的；③面临的事故风险发生重大变化的；④重要应急资源发生重大变化的；⑤预案中的其他重要信息发生变化的；⑥在应急演练和事故应急救援中发现问题需要修订的；⑦编制单位认为应当修订的其他情况下及时修订。

（3）依据《生产安全事故应急预案管理办法》（国家安全生产监督管理总局令〔2016〕第88号），煤矿应急预案要3年评估一次。

（4）依据国家安全生产监督管理总局令第88号，应急预案评审、签署、发布环节要规范。

（2）**按照应急救援预案和灾害预防与处理计划的相关内容，针对重点工作场所、重点岗位的风险特点制定应急处置卡，现场作业人员随身携带。**

【培训要点】

（1）应急预案和灾害预防与处理计划。

（2）针对重点工作场所、重点岗位的风险特点制定应急处置卡并悬挂。

（3）现场作业人员随身携带应急处置卡。

（3）**按照分级属地管理的原则，按规定时限、程序完成应急救援预案上报并进行备案，并依法向社会公布。**

（4）煤矿发生事故按规定启动应急救援预案，实施应急响应、组织应急救援；并按照规定的时限、程序上报事故信息。

**11. 应急演练**

（1）有应急演练规划、年度计划和演练工作方案，内容符合相关规定。

【培训要点】

（1）煤矿要制定 3 年演练规划。

（2）根据《生产安全事故应急演练指南》（AQ/T 9007—2011）要求制订演练工作方案。

（2）按规定 3 年内完成所有综合应急救援预案和专项应急救援预案演练，至少每半年组织 1 次生产安全事故应急救援预案演练。

【培训要点】

（1）编制 3 年应急预案演练计划。

（2）按计划进行演练。

（3）应急救援预案及演练、灾害预防和处理计划的实施由矿长组织；记录翔实完整，进行评估、总结，并将演练情况报送县级以上地方政府负有安全生产监督管理职责的部门。

【培训要点】

（1）矿长组织实施应急预案及演练、灾害预防和处理计划。

（2）演练和实施记录齐全，有音像资料，有电话录音。

（3）演练评估和总结符合要求。

（4）预案演练文本编制符合规范、完整。

（5）及时将演练情况报送县级以上地方政府负有安全生产监督管理职责的部门。

**12. 资料档案**

（1）应急资料归档保存，连续完整，保存期限不少于 3 年。

（2）应急管理档案内容完整真实（应包括组织机构、工作制度、应急救援预案、上报备案、应急演练、应急救援、协议文书），管理规范。

【培训要点】

（1）煤矿应急管理资料归档的制度性规定、归档资料保存期限的规定、纸质版档案资料的管理、电子版档案资料的管理。

（2）管理部门、管理责任人及保存方式方法:有不少于 3 年的档案目录卷宗。

（3）档案资料的收集、移交、归档、归卷各环节是否符合档案管理要求。

（4）日常管理内容：检索是否方便；保存方式方法；档案资料的安全可靠性；借阅、复印、使用管理。

# 第 18 讲　质量控制：职业病危害防治和地面设施

## 第 37 课　工作要求（风险管控）

### 一、职业病危害防治

**1. 职业病危害防治管理**

（1）建立健全相关管理制度，完善职业病危害防治责任制。

【培训要点】

煤矿企业应建立健全下列职业危害防治制度：

（1）职业病危害防治责任制度；

（2）职业病危害警示与告知制度；

（3）职业病危害项目申报制度；

（4）职业病防护设施管理制度；

（5）职业病个体防护用品管理制度；

（6）职业病危害日常监测及检测评价管理制度；

（7）建设项目职业卫生"三同时"制度；

（8）劳动者职业健康监护及其档案管理制度；

（9）职业病诊断、鉴定及报告制度；

（10）职业病危害防治经费保障及使用管理制度；

（11）职业病危害防治档案管理制度；

（12）职业病危害事故应急管理制度；

（13）法律、法规、规章规定的其他职业病危害防治制度。

（2）定期开展职业病危害因素检测、职业病危害现状评价工作。

【培训要点】

检测和评价的相关规定：

（1）按规定委托取得资质认定的职业健康技术服务机构进行作业场所浓度

或强度的检测和评价。

（2）作业场所危害因素浓度或强度若超过职业接触限值，应及时采取有效的治理措施，治理措施难度较大的应制订规划，限期解决。

（3）职业卫生防护措施在投入使用时和在设备大修后，应先进行危害因素浓度或强度检测和评价。

**2. 职业病危害因素监测**

（1）为劳动者创造符合国家职业卫生标准和卫生要求的工作环境和条件。

【培训要点】

煤矿企业为劳动者配备符合要求的防护用品，用人单位必须采用先进的工艺、技术、装备和材料，设计合理的生产布局，设置有效的职业病防护设施，进行严格的职业卫生管理，从根本上保证工作场所环境职业病危害达到国家职业卫生标准要求。

作业场所与作业岗位设置警示标识和告知卡是用人单位在其工作场所进行危害告知的具体形式。警示告知能够引起劳动者对职业病危害的重视，提高劳动者的防范意识，进而提升其职业病危害防控能力。

（2）实施由专门人员负责的职业病危害因素日常监测，并确保监测监控系统处于正常运行状态。

【培训要点】

日常监测的主要职责：

（1）明确日常监测人员，并对数据的准确性负责。

（2）明确尘、毒、噪声的合理布点（布置图），明确监测时间，并做好记录。

（3）规定监测办法。

（3）职业病危害因素监测地点、监测周期、监测方法符合规定要求。

【培训要点】

煤矿企业应当每年进行一次作业场所职业病危害因素检测，每 3 年进行一次职业病危害现状评价。检测、评价结果存入煤矿企业卫生档案，定期向从业人员公布。定期检测范围应当包含用人单位生产职业病危害的全部工作场所，用人单位不得要求职业卫生技术服务机构仅对部分职业病危害因素或部分二作场所进行指定检测。

**3. 职业健康监护**

做好接触职业病危害因素人员职业健康检查和岗位调整工作。

【培训要点】

（1）接触职业病危害从业人员的职业健康检查周期按下列规定执行：

①接触粉尘以煤尘为主的在岗人员，每2年1次；

②接触粉尘以矽尘为主的在岗人员，每年1次；

③经诊断的观察对象和尘肺患者，每年1次；

④接触噪声、高温、毒物、放射线的在岗人员，每年1人。

接触职业病危害作业的退休人员，按有关规定执行。

（2）对检查出职业禁忌证和职业相关健康损害的从业人员，必须调离损害岗位，妥善安置；有下列病症之一的，不得从事接尘工作：

①活动性肺结核病及肺外结核病；

②严重的上呼吸道或者支气管疾病；

③显著影响肺功能的肺脏或者胸膜病变；

④心、血管器质性疾病；

⑤经医疗鉴定，不适于从事粉尘作业的其他疾病。

（3）有下列病症之一的，不得从事井下工作：

①《煤矿安全规程》第六百六十六条所列病症之一的；

②风湿病（反复活动）；

③严重的皮肤病；

④经医疗鉴定，不适于从事井下工作的其他疾病。

**4. 职业病病人保护**

（1）及时安排重点岗位上提出职业病诊断申请的劳动者、疑似职业病病人进行诊断，并做好职业病病人治疗、定期检查、康复工作。

【培训要点】

根据健康结果，对劳动者个体的健康状况结论可分为5种。

（1）目前未见异常：本次职业健康检查各项检查指标均在正常范围内。

（2）复查：检查时发现单项或多项异常，需要复查确定者，应明确复查的内容和时间。

（3）疑似职业病：检查发现疑似职业病或可能患有职业病，需要提交职业病诊断机构进一步明确诊断者。

（4）职业禁忌症：检查发现有职业禁忌症的患者，需写明具体疾病名称。

（5）其他疾病或异常：除目标疾病之外的其他疾病或某些检查指标的异常。

煤矿应及时安排疑似职业病人进行诊断；在疑似职业病人诊断或者医学观察期间，不得解除或者终止劳动合同，诊断、医学观察期间的费用由煤矿承担。

（2）保障职业病病人依法享受国家规定的职业病待遇。

【培训要点】

职业病人享受以下待遇：

（1）用人单位应当保障职业病人依法享受国家规定的职业病待遇。

（2）用人单位应当按照国家有关规定，安排职业病病人进行治疗、康复和定期检查。

（3）用人单位对不适宜继续从事工作的职业病病人，应当调离原岗位，并妥善安置。

（4）用人单位对从事接触职业病危害的作业劳动者,应当给予适当岗位津贴。

（5）职业病病人的诊疗、康复费用，伤残以及丧失劳动能力的职业病病人的社会保障，按照国家有关工伤保险的规定执行。

（3）如实提供职业病诊断、伤残等级鉴定所需资料。

【培训要点】

单位提供资料后，应在职业卫生档案中留存职业病患者职业病诊断证明复印件和伤残等级鉴定结果复印件。

## 二、地面设施

（1）地面办公场所满足工作需要，办公设施及用品齐全，通道畅通，环境整洁。

【培训要点】

办公室、会议室配置合理，满足工伤需要，室内（办公室、会议室、传达室、值班室等）整洁，无蛛网、积尘、墙面无剥脱，窗明几净。室内外无杂物、无痰迹、无烟蒂。会议室、接待室、活动室应有禁烟标志，应配消毒设施；室内所有办公用品应摆放整齐有序。

（2）职工"两堂一舍"（食堂、澡堂、宿舍）设计合理、设施完备、满足需求，食堂工作人员持健康证明上岗，澡堂管理规范，保障职工安全洗浴，宿舍人均面积满足需求。

【培训要点】

食堂证照齐全，证件包括卫生许可证、营业执照、员工健康证等证件，证件必须齐全、有效；职工食堂位置要适中，不易离矿井过远；不能与有危害因素的工作场所相邻设置，不能受有害因素影响；设计布局合理，应符合《煤炭工业矿井设计规范》中矿井行政、公共建筑面积指标的要求；食堂卫生应符合国家卫生标准要求；严格执行《食品卫生法》，职工食堂作业人员必须持证（健康证明）上岗，并每年至少进行一次体检。

（3）工业广场及道路符合设计规范，环境清洁。

【培训要点】

工业广场的设计应符合矿井生产需要，并符合《煤炭工业矿井设计规范》

中工业场地总平面布置的有关规定，工业区与生活区域应分开设置，相对独立，地面整洁并进行绿化；物料分类码放整齐；停车场规划合理、画线分区，车辆按规定停放整齐，照明符合要求；标识等规范、清晰。

（4）地面设备材料库符合设计规范，设备及材料验收、保管、发放管理规范。

**【培训要点】**

设备材料库是指矿井器材库、器材棚、消防材料库、油脂库等，其建筑面积指标应根据矿井规模进行设计和施工，其设计指标符合《煤炭工业矿井设计规范》中的有关规定。

设备库设计应与矿井规模相适应，设计合理；仓储配套设备设施齐全、完好；不同性能的材料应分区或专库存放并采取相应的防护措施；货架布局合理，实行定置管理。

建立物资管理制度；验收单签字或印章齐全；库内物资应做到账、卡、物三相符；按照先进先出原则发放合格物资；实现信息化管理。

（5）保障职工生活服务，提高职工获得感、幸福感、安全感。

**【培训要点】**

煤矿要牢固树立"职工利益无小事"的观念，坚持"以人为本，人文关怀"的工作理念，为职工办实事，不断增强职工获得感、幸福感、安全感。

# 第38课  标 准 要 求

## 一、职业病危害防治管理

### 1. 制度完善

按规定建立完善职业病危害防治相关制度，主要包括：

职业病危害防治责任制度，职业病危害警示与告知制度，职业病危害项目申报制度，职业病防护设施管理制度，职业病个体防护用品管理制度，职业病危害日常监测及检测、评价管理制度，建设项目职业卫生"三同时"制度，劳动者职业健康监护及其档案管理制度，职业病诊断、鉴定及报告制度，职业病危害防治经费保障及使用管理制度，职业病危害防治档案管理制度，职业病危害事故应急管理制度及法律、法规、规章规定的其他职业病危害防治制度。

### 2. 经费保障

职业病危害防治专项经费满足工作需要。

【培训要点】

（1）煤矿年初研究年度生产经营经费计划里要根据职业病防治工作需要，安排年度职业病危害防治专项经费计划，计划制定程序合规成文。

（2）提取、审批、使用和列支做到有章可循手续齐备，并做到满足工作需要。

**3. 工作计划**

有职业病危害防治规划、年度计划。年度计划应包括目标、指标、进度安排、保障措施、考核评价方法等内容。

【培训要点】

（1）煤矿应根据上一年度制定职业病危害防治工作总结，制定规划、年度计划，制定程序符合要求并行文。

（2）年度计划内容要齐全，落实要有痕迹。

**4. 危害告知**

与劳动者订立或者变更劳动合同时，应将作业过程中可能产生的职业病危害及其后果、防护措施和相关待遇等如实告知劳动者，并在劳动合同中载明。

【培训要点】

（1）煤矿与劳动者订立或者变更劳动合同时，将作业过程中可能产生的职业病危害及其后果、防护措施和相关待遇等书面告知劳动者。

（2）告知书规范，内容有岗位针对性；内容完整。

**5. 工伤保险**

为存在劳动关系的劳动者足额缴纳工伤保险。

**6. 检测评价**

每年进行 1 次作业场所职业病危害因素检测，每 3 年进行 1 次职业病危害现状评价；根据检测、评价结果，制定整改措施。

【培训要点】

（1）煤矿要按规定委托有职业病危害因素检测、职业病危害现状评价资质单位，按周期要求进行期职业病危害因素检测和职业病危害现状评价。

（2）检测、评价结果按要求向煤矿安全监察机构报告。

（3）煤矿应针对检测、评价报告中超标项目进行整改。

**7. 个体防护**

按照《煤矿职业安全卫生个体防护用品配备标准》（AQ 1051）为劳动者发放符合要求的个体防护用品，做好记录，并指导和督促劳动者正确使用，严格执行劳动防护用品过期销毁制度。

**【培训要点】**

（1）煤矿劳保用品发放依据及按岗位划分符合 AQ 1051 标准；发放符合要求的个体防护用品，做好记录。

（2）劳动防护用品性能须达到标准要求。

（3）教育指导和督促员工正确使用。

（4）严格执行劳动防护用品过期销毁制度。

## 二、职业病危害

### 1. 粉尘

（1）采煤工作面回风巷距煤壁、掘进工作面距迎头 30 m 内设置有粉尘浓度传感器，并接入安全监控系统。

**【培训要点】**

（1）采掘工作面设置粉尘传感器，悬挂位置符合规定。

（2）监控终端，粉尘传感器数据实现在线监测，记录处置等。

（2）粉尘监测采样点布置符合《煤矿安全规程》规定。

（3）粉尘监测周期符合规定，总粉尘浓度井工煤矿每月测定 2 次、露天煤矿每月测定 1 次或采用实时在线监测；粉尘分散度每 6 个月测定 1 次或采用实时在线监测；呼吸性粉尘浓度每月测定 1 次；粉尘中游离二氧化硅含量每 6 个月测定 1 次，在变更工作面时也须测定 1 次；开采深度大于 200 m 的露天煤矿，在气压较低的季节应当适当增加测定次数。

**【培训要点】**

（1）煤矿要按《煤矿作业规程》规定进行粉尘监测；

（2）不具备相应检测能力的矿井可委托检测机构进行测定。

（4）采用定点监测、个体监测方法对粉尘进行监测。

（5）粉尘浓度不超过规定：粉尘短时间定点监测结果不超过时间加权平均容许浓度的 2 倍；粉尘定点长时间监测、个体工班监测结果不超过时间加权平均容许浓度。

**【培训要点】**

（1）煤矿按《煤矿作业规程》要求对作业场所空气中粉尘（总粉尘、呼吸性粉尘）浓度进行监测，超限 2 倍的应当制定有效措施。

（2）要做好报告、台账和记录。

### 2. 噪声

（1）按规定配备有 2 台（含）以上噪声测定仪器，作业场所噪声至少每 6 个月监测 1 次。

【培训要点】

（1）煤矿要配备 2 台以上噪声测定仪器。

（2）要对作业场所按周期要求进行噪声监测，同时噪声测定仪器按周期要求校验。

（2）噪声监测地点布置符合规定。

（3）劳动者接触噪声 8 h 或 40 h 等效声级不超过 85 dB（A）。

【培训要点】

煤矿按劳动者工作场所接触噪声地点进行噪声监测，噪声声级是否超标，超标应制定整改措施。

**3. 高温化学毒物**

（1）采掘工作面回风流和机电设备硐室设置温度传感器；采掘工作面空气温度超过 26 ℃、机电设备硐室超过 30 ℃时，缩短超温地点工作人员的工作时间，并给予高温保健待遇；采掘工作面的空气温度超过 30 ℃、机电设备硐室超过 34 ℃时停止作业；有热害的井工煤矿应当采取通风等非机械制冷降温措施，无法达到环境温度要求时，采用机械制冷降温措施。

（2）对作业环境中氧化氮、一氧化碳、二氧化硫浓度每 3 个月至少监测 1 次，对硫化氢浓度每月至少监测 1 次；化学毒物等职业病危害因素浓度/强度符合规定。

【培训要点】

煤矿要按规定要求对作业环境中化学毒物进行监测，化学毒物职业病危害因素浓度/强度符合规定，超标时要制定整改措施。

## 三、职业健康监护

**1. 上岗前检查、在岗期间检查**

（1）组织新录用人员和转岗人员进行上岗前职业健康检查，检查机构具备职业健康检查资质，形成职业健康检查评价报告；不安排未经上岗前职业健康检查和有职业禁忌证的劳动者从事接触职业病危害的作业。

（2）按规定周期组织在岗人员进行职业健康检查，检查机构具备职业健康检查资质，形成职业健康检查评价报告；发现与所从事职业相关的健康损害的劳动者，调离原工作岗位并妥善安置。

【培训要点】

煤矿人力资源部要根据岗位、工种人员清单，委托具备职业健康检查资质的医院对接触职业病危害因素的人员，按规定周期组织在岗人员进行职业健康检查，发现与所从事的职业相关的健康损害的劳动者，应调离原工作岗位并妥善安置。

## 2. 离岗检查

准备调离或脱离作业及岗位人员组织进行离岗职业健康检查，检查机构具备职业健康检查资质，形成职业健康检查评价报告。

【培训要点】

煤矿人力资源部门要根据岗位、工种人员清单，要委托具备职业健康检查资质的医院对离岗、退休人员或脱离作业及岗位人员进行离岗职业健康检查。

## 3. 结果告知

按规定将职业健康检查结果书面告知劳动者。

## 4. 监护档案

建立劳动者个人职业健康监护档案，并按照规定的期限妥善保存。档案包括劳动者个人基本情况、劳动者职业史和职业病危害接触史、历次职业健康检查结果及处理情况、职业病诊疗等资料。劳动者离开时应如实、无偿为劳动者提供职业健康监护档案复印件并签章。

【培训要点】

（1）煤矿要建立劳动者个人职业健康监护档案，档案资料要齐全，并按照规定的期限妥善保存，专人保管。

（2）要无偿为劳动者提供职业健康监护档案复印件并签章。

## 四、职业病病人保护

### 1. 职业病病人待遇

保障职业病病人依法享受国家规定的职业病待遇。

### 2. 治疗、定期检查和康复

安排职业病病人进行治疗、定期检查、康复。

### 3. 职业病病人安置

将职业病病人调离接触职业病危害岗位并妥善安置。

## 五、办公场所

（1）办公室配置满足工作需要，办公设施齐全、完好。

（2）配置有会议室，设施齐全、完好。

## 六、两堂一舍

### 1. 职工食堂

（1）基础设施齐全、完好，满足高峰时段职工就餐需要。

（2）符合卫生标准要求，工作人员按要求持健康证明上岗。

**2. 职工澡堂**

（1）职工澡堂设计合理，满足高峰期升井（坑）职工洗浴要求。

（2）设有更衣室、浴室、厕所，更衣室、浴室有冬季取暖设施，有防滑、防寒、防烫安全设施。

**3. 职工宿舍**

（1）职工宿舍布局合理，人均面积不少于 5 m²。

（2）室内整洁，设施齐全、完好，物品摆放有序。

（3）厕所设置符合《工业企业设计卫生标准》的要求。

## 七、职工生活服务

（1）为井下职工提供免费班中餐服务或补助。

（2）洗衣房设施齐全，为职工提供衣物清洗、烘干服务。

（3）有健身活动、图书阅览场所，配备相应设施器材、报刊书籍，保障职工日常活动需要。

（4）提供免费网络服务，覆盖职工宿舍等矿内生活区域。

## 八、工业广场

**1. 工业广场**

（1）工业广场设计符合规定要求，布局合理，工作区与生活区分区设置。

（2）物料分类码放整齐。

（3）煤仓及储煤场储煤能力满足煤矿生产能力要求。

（4）停车场规划合理、划线分区，车辆按规定停放整齐，照明符合要求。

**2. 工业道路**

工业道路应符合《厂矿道路设计规范》的要求，道路布局合理，实施硬化处理。

**3. 环境卫生**

（1）依条件实施绿化。

（2）厕所规模和数量适当、位置合理，设施完好有效，符合相应的卫生标准。

（3）每天对储煤场、场内运煤道路进行整理、清洁，洒水降尘。

## 九、地面设备材料库

（1）仓储配套设备设施齐全、完好。

（2）不同性能的材料分区或专库存放并采取相应的防护措施。

（3）货架布局合理，实行定置管理。

# 第19讲 持 续 改 进

## 第39课 工 作 要 求

### 一、工作机制

建立持续改进相关工作制度，涵盖对体系的考核评价、持续改进要求。

【培训要点】

持续改进工作是全员参与的一项工作，煤矿要建立持续改进工作机制。

1. 煤矿安全生产标准化管理体系持续改进机制的工作机构

煤矿企业要成立煤矿安全生产标准化管理体系持续改进领导机构、工作机构，制定《煤矿安全生产标准化管理体系持续改进实施办法》，明确标准化持续改进工作的分管负责人、管理部门和人员，明确分管负责人、管理部门和人员的职责。

2. 煤矿安全生产标准化管理体系持续改进机制的制度

煤矿要制定持续改进工作机制制度。制度内容要全面，工作制度具体有可操作性。应包括：对体系的内部审核、考核评价、持续改进的具体要求；对考核工作的责任分工、工作流程、整改落实、总结分析、绩效管理、改进相关规定及具体要求。

3. 煤矿安全生产标准化管理体系持续改进工作机制的程序步骤

步骤一：分析现状，找出问题。是对现状的把握和分析，在分析的同时发现问题，发现问题是解决问题的第一步，是分析问题的条件。

步骤二：分析产生问题的原因。找准问题后分析产生问题的原因至关重要，运用头脑风暴法等多种集思广益的科学方法，把导致问题产生的所有原因统统找出来。

步骤三：要因确认。区分主因和次因是有效解决问题的关键。

步骤四：拟定措施、制定计划。(5W1H)，即：为什么制定该措施（Why）、达到什么目标（What）、在何处执行（Where）、由谁负责完成（Who）、什么时间完成（when）、如何完成（How）措施和计划是执行力的基础，尽可能使其具有可操性。

步骤五：执行措施、执行计划。高效的执行力是组织完成目标的重要一环。

步骤六：检查验证、评估效果。

步骤七：标准化，固定成绩。

步骤八：处理遗留问题。所有问题不可能在一个 PDCA 循环中全部解决，遗留的问题会自动转进下一个 PDCA 循环，如此，周而复始，螺旋上升。

## 二、检查评价

煤矿每季度至少组织 1 次标准化管理体系运行情况的全面自查自评。

煤矿应根据内部自查自评和外部（含煤矿安全生产标准化工作主管部门）检查考核结果，评估体系运行的有效性；定期归纳分析问题和隐患产生的根源，制定改进措施并落实。

【培训要点】

煤矿企业应根据内部自查自评和外部检查考核（包括安全监管部门的外部检查考核）结果编制问题或隐患清单，并及时下发问题或隐患整改通知书，落实整改单位、整改责任人等。

煤矿企业定期对内部自查自评和外部检查考核的结果进行分析总结，重点分析归纳问题或隐患产生的根源，提出改进措施和建议，并确保改进措施的落实到位。

自评人员（或外部检查人员）根据计划进行自评（检查），通过面谈、提问、查阅文件、现场查看、测试等方式来收集客观证据，并记录自评结果，对受评部门做出自评。自评员（或外部检查人员）应对照安全生产标准化管理体系的考评要求，通过检查表的方式逐项检查，对数量较多的同类项目可以采取随机抽样的方法进行，保证所抽取样本具有代表性，并认真做好记录。

现场自评后，自评组（外部检查组）应对评审所有检查结果，以书面形式列出不符合项，并通知被查部门，以使不符合项得到确认，同时，限定被查部门对不符合项的整改时间，并要求有针对性地展开不符合项的整改活动，以确保整个自评按照计划时间进行。

## 三、内部考核

根据安全生产目标完成情况、标准化管理体系内部自查自评和外部检查考核结果情况，对体系运行部门进行绩效考核，并兑现奖惩。

【培训要点】

煤矿企业须将安全生产目标完成情况、标准化管理体系内部自查自评和外部检查考核结果，纳入绩效管理进行考核，根据标准化管理体系内部自查自评和外部检查考核情况，煤矿企业应定期分析，找出短板弱项，形成报告，提出针对性改进措施。

自评组（或外部检查人员）按照煤矿安全生产标准化管理体系的考核要求，对完成煤矿企业自评检查后，应根据各专业组检查结果统一编写自评报告，自评报告要真实、客观地衡量煤矿企业的安全生产管理工作。根据《评分办法》整理出自评的认可项、改进项和不符合项（短板弱项）。

自评组（或外部检查人员）对自评发现的不符合项编写"不符合项报告"和整改意见。各部门在收到不符合项报告后，应在限定整改时间内落实整改资金和整改责任人，按照自评组的整改意见负责整改措施实施。

自评组应在整改要求的时限内，对不符合项的整改情况进行督促检查，确保不符合项能按计划时间整改完毕，不影响自评计划的实施。若受查部门未实施相应的整改措施，自评组人员应向煤矿企业领导如实反映，由煤矿企业领导责成处理。

1. 整改措施跟踪的目的

（1）促进受评查部门认真分析原因，找出不符合的根源，防止类似情况再次发生，进一步完善煤矿企业安全生产标准化管理体系，创造良好的运行条件。

（2）使受评查部门按照整改措施计划进行有效的纠正，为过去出现的问题画上句号。

2. 措施制定方面

（1）针对不符合的原因所采取的整改措施是否具有可行性、合理性及有效性。

（2）采取的整改措施是否与不符合项严重程度相适应。

（3）整改措施是否可以防患于未然。

（4）整改措施是否能举一反三，避免同类问题的发生。

3. 实施及效果方面

（1）计划是否按规定日期完成。

（2）计划中的各项措施是否全部完成。

（3）完成后的效果如何，是否有效控制了类似不符合项的再次发生。

（4）实施情况是否有记录可查，如为资料验证，则所提交的资料是否充分，已提交资料能否证明整改措施的有效性。

（5）整改措施和实施情况记录是否由不符合项的发生部门完成。

（6）评审组针对不符合项进行了以上跟踪验证后，应确认其有效性，在整改措施跟踪报告栏中注明验证结论并签字。

## 四、持续改进

煤矿矿长每年根据考核评价报告，研究制定改进方案，修改完善相应的管理制度，调整运行机制，提高体系运行质量。

【培训要点】

煤矿企业每年年底由煤矿矿长组织召开专题会议对标准化管理体系的运行机制、运行质量进行客观全面分析，并形成标准化管理体系运行分析报告；对报告提出的问题，制定改进工作方案，并相应的修改完善相关制度，调整和完善体系的运行机制，进一步提高安全生产标准化体系的运行质量。

做好标准化管理体系持续改进工作，明确每名员工的权限、职责、工作流程、工作标准，形成系统化、层次化、责任到岗位的管理体系，建立透明、开放、持续发现并改进问题的工作机制。

（1）落实责任，确保工作的主动性和组织的推动力。制定了详细的持续改进计划，确定了各时间段的工作任务和目标，并适时进行督促和验证，较好地保障煤矿安全生产标准化管理体系建设工作的有效开展。

（2）强化培训，不断统一思想、提高认识。煤矿安全生产标准化管理体系建设是一项需要全员了解、全员认知和参与的工作。为了做好标准化管理体系知识的普及，从管理标准、工作标准、技术标准、操作标准四方面展开，要精心策划组织标准化管理体系基础知识与工作要求的培训，提升煤矿全体员工对标准化管理体系建设工作的认识。

（3）理顺业务关系，优化岗位流程。通常情况下，进行煤矿安全生产标准化管理体系文件的编写，进行流程识别与描述。在标准化管理体系建设过程中，使各职能块的业务流程得到更加全面、充分的梳理，增加岗位作业标准化流程图绘制的内容，优化岗位作业标准化流程。

（4）加强内部检查人员队伍建设，夯实人才基础。以提升煤矿内部检查人员能力，增强标准化管理体系有效运行以及持续改进提供更为有效的内部检查支持为目的，提高内部检查人员队伍对标准要求、内部检查方法的掌握。

（5）发挥内部检查作用，确保体系运行有效。体系审核的目的是向煤矿企业的领导者提供体系各要素是否有效实施的证据，以便根据审核结果找出存在的问题，采取纠正措施，进一步完善煤矿安全生产标准化管理体系。

# 第40课 标 准 要 求

## 1. 工作机制

建立相关工作制度，涵盖对体系的考核评价、持续改进的要求，对考核工作的责任分工、工作流程、整改落实、总结分析、绩效管理、改进完善等内容作出规定并落实。

**【培训要点】**

（1）煤矿要建立持续改进的领导工作机制部门，制定《持续改进实施办法》，完善持续改进工作机制的相关制度，并行文下发。

（2）持续改进工作机制制度内容要全面，工作制度具体有可操作性。

（3）持续改进工作机制制度内容应包括以下要素：

第一，对体系的内部考核、考核评价、持续改进的具体要求。

第二，对考核工作的责任分工、工作流程、整改落实、总结分析、绩效管理、改进完善规定及具体要求。

（4）持续改进工作机制制度的落实。

**2. 考核评价**

**1）检查评价**

每季度对内部自查自评和外部检查考核的结果进行总结，归纳分析问题或隐患产生的根源，制定改进措施并落实。

**【培训要点】**

（1）煤矿每季度对内部自查自评和外部检查考核的结果要进行总结。

（2）总结内容齐全，应包括：分析归纳问题或隐患产生的根源，制定改进措施。

（3）改进措施的落实要到位。

**2）内部考核**

每季度根据标准化管理体系内部自查自评和外部检查考核结果，分解落实责任，纳入有关部门、人员绩效考核。

**【培训要点】**

（1）考核依据：标准化管理体系内部自查自评和外部检查考核结果。

（2）考核次数：每季度1次。

（3）考核落实：煤矿应分解落实责任，纳入绩效考核。

**3. 持续改进**

（1）每年底由煤矿矿长组织对标准化管理体系的运行质量进行客观分析，衡量规章制度、规程措施的有效性，形成体系运行分析报告。分析工作的依据应包含但不限于以下方面：

①安全生产目标考核结果。

②安全承诺考核结果。

③安全生产责任制考核结果。

④标准化内部自查和外部检查考核情况。

⑤国家政策、法规、标准变化调整情况。

⑥年度风险辨识结果及全年重大风险管控情况。

⑦职工诉求。

⑧本矿生产安全事故情况。

【培训要点】

（1）每年底由煤矿矿长组织对标准化管理体系的运行质量进行客观分析，召开专题会议，并形成体系运行分析报告。

（2）分析工作的依据应全面包含上述8个方面。

（3）撰写体系运行分析报告。

（2）**依据体系运行分析报告，按照实际需要调整理念目标和矿长安全承诺、组织机构、安全生产责任制及安全管理制度、风险分级管控、隐患排查治理、质量控制等内容，形成调整方案，明确责任人、完成时限，指导下一年度体系运行，明确保持、提升标准化管理体系等级的规划。**

【培训要点】

（1）煤矿依据体系运行分析报告，按实际需要对管理体系8个要素内容进行调整。

（2）形成对各项内容的调整方案，调整后的方案应能指导下一年度体系运行，方案中应明确责任人、完成时限等内容。

（3）制定保持、提升标准化等级规划。

**图书在版编目（CIP）数据**

煤矿安全生产标准化管理体系培训教材/宁尚根主编．－－北京：
应急管理出版社，2020
ISBN 978 - 7 - 5020 - 8118 - 8

Ⅰ．①煤…　Ⅱ．①宁…　Ⅲ．①煤矿—安全生产—标准化管理—
安全培训—教材　Ⅳ．①TD7 - 65

中国版本图书馆 CIP 数据核字（2020）第 091108 号

**煤矿安全生产标准化管理体系培训教材**

| | | |
|---|---|---|
| 主　　编 | 宁尚根 | |
| 责任编辑 | 成联君 | |
| 责任校对 | 邢蕾严 | |
| 封面设计 | 于春颖 | |

出版发行　应急管理出版社（北京市朝阳区芍药居 35 号　100029）
电　　话　010 - 84657898（总编室）　010 - 84657880（读者服务部）
网　　址　www. cciph. com. cn
印　　刷　海森印刷（天津）有限公司
经　　销　全国新华书店

开　　本　710mm×1000mm$^1/_{16}$　印张　23$^1/_4$　字数　445 千字
版　　次　2020 年 6 月第 1 版　2020 年 6 月第 1 次印刷
社内编号　20200453　　　　定价　65.00 元